香椿挥发性组分分析

主　编　王赵改　路风银
副主编　张　乐　蒋鹏飞　王晓敏
　　　　史冠莹　赵丽丽

Analysis of Volatile Components of *Toona sinensis*

中国轻工业出版社

图书在版编目（CIP）数据

香椿挥发性组分分析/王赵改，路风银主编．—北京：中国轻工业出版社，2024. 3
ISBN 978-7-5184-3483-1

Ⅰ．①香…　Ⅱ．①王…②路…　Ⅲ．①香椿—香气成分—研究　Ⅳ．①S644. 4

中国版本图书馆 CIP 数据核字（2021）第 077307 号

责任编辑：罗晓航
策划编辑：伊双双　罗晓航　　责任终审：劳国强　　整体设计：锋尚设计
排版制作：砚祥志远　　责任校对：郑佳悦　晋　洁　　责任监印：张　可

出版发行：中国轻工业出版社（北京鲁谷东街 5 号，邮编：100040）
印　　刷：北京君升印刷有限公司
经　　销：各地新华书店
版　　次：2024 年 3 月第 1 版第 1 次印刷
开　　本：710×1000　1/16　印张：15
字　　数：320 千字　插页：6
书　　号：ISBN 978-7-5184-3483-1　定价：138. 00 元
邮购电话：010-85119873
发行电话：010-85119832　010-85119912
网　　址：http：//www. chlip. com. cn
Email：club@ chlip. com. cn

210343K1X101ZBW

本书编写人员

主　编　王赵改　路风银

副主编　张　乐　蒋鹏飞　王晓敏　史冠莹　赵丽丽

参　编　万景瑞　李　婧　王继红　杨　慧　宋媛媛

　　　　曹世娜　王旭光　程家玮

前言

食品风味物质是指能对人的嗅觉和味觉产生刺激而获得特定感觉的物质，主要包括食品的气味和滋味。香气物质作为食品风味物质的一种，是食品感官质量的重要指标，也是食品能否为消费者接受的主要因素之一。因此，改善食品香气是食品企业占领市场、创造利润的有效手段。食用香料香精作为一种具有一定香型、可直接用于食品加香的混合物，2019 年全球市场规模达 152 亿美元，预计 2024 年可达 200 亿美元左右，市场前景广阔。香辛类植物作为食用香料香精的主要来源，种类繁多，结构复杂，国际上允许食用的香料品种就多达 2600 多种。

香椿作为一种优质香辛植物，在我国 28 个省（自治区、直辖市）均有分布，栽培面积逐年扩大，产量和产值稳步提升。目前，我国香椿现有栽培面积超过 $1.3\times10^5hm^2$，年产椿芽超过 1.0×10^5t，年产椿木约 $6.0\times10^5m^3$，年产值超 100 亿元，预计未来十年，年产值可达 1000 亿元。虽然种植规模较大，但香椿价格仍居高不下。究其原因，主要是人们对其特有的浓郁香气的喜爱，但香椿特征香气物质存在易散失、热敏性强、易被破坏等不稳定性特性。因此，了解香椿香气物质的理化特性对产业发展具有重要意义。

由于香椿香气成分的复杂性，编者结合多年来的研究工作，参阅了其他相关教材、专著和研究论文，精心编写了本书，旨在为香椿种植、适时采收、贮藏加工等生产过程中遇到的问题提供参考，同时为香椿香料香精的开发提供技术支持。

本书系统地阐述了香椿挥发性香气成分气相色谱-质谱联用指纹图谱的构建，香椿生长过程特征香气物质动态累积规律，采后贮藏条件和热加工处理方式对香椿特征香气的影响，以及香椿特征香气的释放、稳定性及高效制备方法等内容。

本书可作为高等学校食品科学与工程、食品质量与安全等专业的学习用书，也可供相关专业研究生和从事食品科学研究、食品分析及食品生产加工的科技人员参考。

鉴于编者知识水平的局限，书中难免有不足之处，欢迎读者批评指正。

编者

2023 年 11 月

目 录

CONTENTS

第一章　香椿挥发性组分研究概述

第一节 香椿产业发展简述

一、香椿概述

香椿［*Toona sinensis*（A. Juss.）Roem］，楝科香椿属，又名香椿头、春芽树、椿树，原产于中国，已有2300多年的栽培历史。香椿主要分布于东亚与东南亚地区，北起朝鲜南至印度尼西亚、泰国等地。我国南亚热带至暖温带的28个省区均有香椿的规模化种植，现有栽培面积超过$1.3\times10^5hm^2$，年产椿芽约1.0×10^5t，年产椿木约$6.0\times10^5m^3$，年产值超100亿元。根据嫩叶的颜色可以将香椿分为紫椿和绿椿两个大类，而由于品种和生长环境的不同，每个地区的香椿都有自己的特点，其中最为著名的香椿品种有河南焦作红香椿、山东西牟红香椿和安徽太和黑油椿。香椿品种不同，其特征与特性也不同。相对来说，红香椿要比绿香椿成熟早一些，紫红色叶片较多，纤维较少，油脂较多，香气更加浓郁。

二、香椿嫩芽的营养成分

香椿芽营养丰富，食用价值较高，据测定，每100g新鲜嫩芽叶中含蛋白质9.89g（叶菜之冠），脂肪0.89g，糖类7.29g，粗纤维2.789g，胡萝卜素0.93mg，维生素B_1 0.21mg，维生素B_2 0.13mg，维生素C 56mg，单宁399.5mg，钙110mg，磷120mg，铁3.4mg，钾548mg，镁32.1mg，锌5.7mg，铜4.29mg。香椿芽还含有天冬氨酸、苏氨酸、丝氨酸、谷氨酸、甘氨酸、丙氨酸、异亮氨酸、亮氨酸、酪氨酸、苯丙氨酸、赖氨酸、组氨酸、精氨酸等17种氨基酸，特别是人体必需的氨基酸种类丰富、含量高、搭配合理。其中所含谷氨酸和天冬氨酸占氨基酸总量的42.33%，亮氨酸含量约是玉米的7.5倍。香椿香味浓郁，风味独特，营养丰富，素有“树上蔬菜”“蔬菜皇后”之称。

三、香椿老叶的营养成分

香椿老叶粗蛋白和粗纤维含量分别高达17.63g/100g和15.8g/100g，分别为玉米种子2倍和4倍左右；必需氨基酸含量为玉米的2倍之多，其中亮氨酸含量约是玉米的7.5倍。香椿老叶中还含丰富的钙、磷、镁、钾等常量元素和铁、锰、锌等微量元素。其中钙含量为玉米的18倍，磷含量是玉米的1.5倍。

四、香椿的功能活性成分

香椿具有很高的药用价值，香椿的根、茎、皮、叶、和果实都有一定的医疗作用，均可入药。古时以根皮、树皮、叶片和果荚入药，始见于《新修本草》（又名《唐本草》）。香椿味苦、性凉，在中医中常用于治疗风湿痛、腹泻痢疾、肠肺炎症、崩漏带下、遗精白浊、疳积、白秃、疔疽、疥疮等病症。香椿具有较好的杀虫抑菌、清热解毒、疏肝健胃、涩肠止痢、敛疮止血等功效。现代化学与医学研究发现，香椿中含有丰富皂苷、萜类、亚麻酸、鞣质、蒽醌、生物碱等成分，且类黄酮含量是银杏和苦荞等天然植物的 3~4 倍，具有消炎、解热、抗菌、抗病毒、抗氧化、调节血糖血脂、活血化瘀、增强机体免疫、抗肿瘤等功效。民间有“食用香椿，不染杂病”之说。因此，香椿的生物活性和医疗保健作用近年来受到广泛关注和研究。

五、香椿的香气成分

香椿特征香味是其最重要的感官质量指标，决定其食用价值、商品价值及产业前景。随着科学技术的发展，关于香椿特征性风味物质成分的研究越来越多，研究发现香椿中存在丰富的含硫化合物，这些含硫化合物对香椿的特殊香气的形成具有重要的作用。

香气一直是一个古老而又神秘的话题，对其研究可以追溯到远古时代，早先的人们对香气的认识比较模糊。直到 19 世纪，随着物理和化学学科的发展，科学家开始从化学本质上对香气成分进行研究。20 世纪 50 年代早期气相色谱的出现，以及 20 世纪 80 年代发展起来的气相色谱-质谱联用（GC-MS）技术、气相色谱-嗅闻（GC-O）技术，开创了香气研究分析的新领域。这些仪器帮助科技工作者分离、鉴别芳香天然化合物中具有特殊贡献的挥发性物质和特征性呈香物质。20 世纪 90 年代至今，随着高精密测试仪器的发展，香气成分的研究也更加广泛、深入，香气成分生物合成途径及其相关酶的研究，栽培条件、外界环境因子和采后处理对水果蔬菜香气形成的影响研究相继出现。

第二节　香气成分的分离分析技术

食品中香气成分的分离、分析技术和评价方法是研究食品中香气成分的基础。食品中挥发性风味物质的分析鉴定，不仅对了解食品的化学组成、控制食品的感官质量有着重要的意义，而且对模拟食品的香味也有实践意义。食品中的挥发性风味物质的分析应该包括三部分：首先应尽量完全地从食品中抽提出香味组分，然后借助现代仪器进行定性、定量的分析，最后是对重要的特殊挥发性组分进行分析即评价其对香气的贡献。

一、食品中香气成分的提取

食品中香气物质的提取是其香气分析的第一步，由于食品中香气成分含量低、组成复杂、易挥发、不稳定，在提取过程中易发生氧化、聚合、缩合、基团转移等反应，故需采取特殊提取技术。

(一) 蒸馏法

蒸馏法是一种热力学的分离方法。本方法基于挥发性风味化合物的挥发特性，利用混合液体或固-液食品体系中各组分的沸点不同，使低沸点组分蒸发、冷凝后，再用有机溶剂收集完成萃取。目前在食品风味成分提取中的应用主要有水蒸气蒸馏法、真空减压蒸馏法和同时蒸馏萃取法。

1. 水蒸气蒸馏法

水蒸气蒸馏（SD）法是最传统的基于水蒸气压差不同进行化学物质分离的方法之一，20 世纪 60 年代开始普遍用于食品风味分析。该方法是将水蒸气通入待测食品样中，混合加热，当食品蒸气压和水蒸气压总和达到 1 个大气压时，混合体系开始沸腾，水蒸气将挥发性风味物质一并带出。因此，在常压下使用水蒸气蒸馏，能在低于 100℃的情况下将高沸点组分与水一起蒸出来，而蒸馏时混合物的沸点保持不变。此法适于提取和富集具有挥发性、能随水蒸气蒸馏而不被破坏的不溶于水的化合物，这些化合物的沸点大多高于 100℃，并在 100℃左右有一定的蒸气压。SD 法操作简单，容易控制实验温度，待提取的挥发性成分不易被破坏或流失，但提取效率较低，高温下蒸馏时会造成某些热敏性挥发性风味成分分解。因此，目前该法经常与微波或超声技术联用。

2. 同时蒸馏萃取法

同时蒸馏萃取（SDE）法又称 Likens-Nickerson 提取法，是由美国的 Likens 和 Nickerson 在 1964 年发明的一种提取、分离和富集食品中挥发性、半挥发性风味成分的有效方法。该法将水蒸气蒸馏与溶剂萃取相结合，使含有样品组分的水蒸气和萃取溶剂蒸气在一定的装置中充分混合，冷凝后两相充分接触实现组分的相转移，通过蒸馏和萃取反复循环实现高效萃取，减少实验步骤，缩短分析时间。可以把 10^{-9} 级浓度的挥发性有机物从脂质或水介质中浓缩数千倍，对微量成分提取效率高。近年来，SDE 因为操作简单、重复性好和回收率高被用作气相色谱（GC）技术、气相色谱-质谱联用（GC-MS）技术、液相色谱（LC）技术等分析方法的前处理方法，已经广泛应用于食品、饮料、香精香料和烟草中挥发性和半挥发性风味成分的分析。

但由于高温操作使得低蒸气压组分提取效果不理想，容易破坏食品中原有的某些热敏性较强的风味化合物，或在萃取过程中形成某些非样品本身的挥发性风味成分。如 Ri-Aumatell 等发现 SDE 法与顶空-固相微萃取（HS-SPME）相比，可分析出更多的大分子萜烯类、酸类和酯类化合物，这是因为蒸馏过程中某些风味成分发生了变化，生成了一些人为的风味成分。此外，SDE 萃取完成后，在去除溶剂时，溶剂会带走一部分风味成分，容易散失一些易挥发的风味化合物，影响分析结果的准确性。

目前，可以采用提取技术结合的方法减少风味物质提取过程中的损失，使提取的风味物质更准确地反映出对食品起真正作用的风味成分。例如，对于热敏性产物，真空-SDE 和顶空取样可以互相补充，并被认为是能从非挥发性物质中分离挥发物的仅有的技术。

3. 真空减压蒸馏法

真空减压蒸馏（VD）法在比较温和的条件下，能够克服 SD 法的缺点，是其替代技术。该技术利用真空泵降低系统内压力，从而降低样品沸点，使待分析风味化合物在较低的温度下得以富集。此技术适用于在常压蒸馏时未达沸点即已受热分解、氧化或聚合的热敏性物质。Lindsay 等利用减压蒸馏提取温度低的特点，设计了一个低温、减压蒸馏装置提取黄油中的挥发性成分，并用毛细管色谱柱进行分析，得到了一些低沸点的醛类、甲基酮和醇类化合物。与 SD 和 SDE 相比，VD 的优点是萃取温度较低，对食品本身的风味成分影响较小，但缺点是萃取效率较低，缺乏选择性。该法也经常与超声技术联用，如 Da Porto 等采用超声技术结合 VD 分析留兰香精油中的挥发性风味成分，发现超声处理能明显提高萃取效率。

4. 分子蒸馏法

分子蒸馏（MD）是一种在高真空度下进行液-液分离操作的连续蒸馏过程。分子蒸馏是建立在不同物质挥发度不同的基础上的分离操作，在低于物质沸点下进行，当冷凝表面的温度与蒸发物质的表面温度有差别时就能进行分子蒸馏。其优点是蒸馏温度低、受热时间短、没有沸腾鼓泡现象，适合于高沸点、热敏性物料的分离，且分子蒸馏是不可逆的。分子蒸馏技术在食品中挥发性物质的应用已经得到广泛的研究。陆韩涛等利用分子蒸馏在不同真空度下，将不同的组分提纯并除去带色杂质和异臭，得到质量和品位俱佳的芳香油。另外，通过分子蒸馏制备的茉莉精油和大花茉莉精油，其香气也非常浓郁、新鲜，其特征香尤为突出。

（二）溶剂萃取法

溶剂萃取法是通过搅拌、混合或离心将风味化合物从食品基质中转移到有机溶剂或超临界流体中，以达到分离和富集风味成分的目的。该方法最先应用于有机化学和分析化学方面，其中浸提和超临界流萃取是 2 种典型的溶剂萃取法。

1. 浸提法

浸提（DE）法是一种最传统的挥发性风味成分提取方法，是根据风味物质的理化特性，选择合适的溶剂和萃取温度，直接将食品中的风味成分从原材料中萃取出来。该法提取工艺简单，成本较低，浸提法具有良好的重现性，但该法受溶剂和萃取时间等因素的影响较大，如 Mebazaa 等比较了二氯甲烷、甲醇和乙醇 3 种溶剂对苦豆中挥发性风味成分的萃取效果，发现甲醇的效果最好。浸提法提取风味成分工艺流程简单，投资少，适合于大规模工业生产，但该法提取效率较低，需使用大量有机溶剂，容易导致有机溶剂残留，干扰检测结果的准确性。因此这种方法主要应用于工业生产香精香料，在食品风味的研究中使用较少。

2. 超临界流体萃取法

超临界流体萃取（SFE）法是以超临界流体为溶剂，利用其良好的溶解性能和渗透能力，通过调节体系的温度和压力等参数，使处于超临界状态下的流体对液体或固体样品中挥发性风味成分的溶解度急剧增加，从而实现对风味物质的富集和分离。该技术是近 30 年发展的一种广泛应用于食品香料、植物油和生物碱的优良萃取技术。CO_2 的临界温度低（31℃），与室温相近，在超临界状态下，CO_2 具有很强的提取能力，且无溶剂残留、对环境无污染。当其通过样品时，带走样品中挥发性化合物，形成超临界“溶液”。在减压后，CO_2 与挥发性化合物分离，如此反复，可得到浓缩的芳香物质。该法既可避免热敏性萃取物的降解，又可防止有用成分的氧化，得到的芳香物质几乎与样品中的完全相同。目前 CO_2 流体是 SFE 技术中最常用的超临界流体。此外，超临界流体萃取技术的低温萃取环境不会导致脂肪的氧化，因此该技术在脂肪酸的提取与分析中也有广泛应用。与 DE 相比，超临界状态下的流体具有气体的低黏度、高扩散系数和液体的高密度特性，对许多成分都具有相当高的分离能力。但 SFE 受温度和压力影响较大，对风味成分萃取的重复性较差，不适合定量分析食品中的风味化合物、萃取饮料等液体样品中的挥发性风味成分。

（三）顶空捕集法

顶空捕集法包含许多利用气相从食品基质中分离挥发性成分的无溶剂萃取技术组成。顶空分析技术的发展可追溯到 1959 年，该技术是将一定量的固（液）态样品置于有一定顶端空间的容器中，在一定的温度、压力、时间等条件下，收集平衡态上空气体的方法。食品顶空气体成分是刺激人嗅觉细胞而产生的相应嗅觉化合物，代表了食品的真实风味，因此采用顶空气体捕集法也是目前食品风味分析应用最广泛的方法之一，一般分为静态顶空和动态顶空 2 种。

1. 静态顶空萃取法

静态顶空萃取（SHS）法是将样品置于密闭容器中，在样品和周围顶空物之间达到热力学动态平衡后，直接抽取顶空气体进样。该技术在 20 世纪 60 年代已发展成一项非常成熟的技术，并取得了广泛应用。Mebazaa 等用静态顶空-固相微萃取-气相色谱-质谱联用（SHS-SPME/GC-MS）技术在苦豆中鉴定出 67 种挥发性化合物，并发现超声、水浴温度、萃取时间等影响顶部气体平衡的因素都会影响萃取效率。SHS 方法的优点在于样品制备简便，不使用溶剂，不会存在交叉污染的问题，利用自动进样技术能够提供高的可重复性、可操作性和灵敏度。但这种方法仅适于高度挥发性或高含量组分的检测，且不同的香气组分由于挥发性不同，其存在于容器顶空中的含量也不同，影响分析结果的准确性。

2. 动态顶空萃取法

动态顶空萃取（DHS）法又称吹扫捕集（PT）法，是顶空技术发展的第 2 次突破，出现在 20 世纪 70 年代。该法采用惰性气体流（一般为高纯氮气）通过待测样品，将其中的挥发性化合物带出，再用装有吸附剂的捕集管吸附和萃取气体流中的挥发性风味物质。DHS 具有取样量少、富集效率高、基质影响小和容易实现在线监测等特点，被广泛应用于各种食品挥发性风味物质的提取。DHS 的提取条件较温和，可以获得某些热敏相对较低的风味成分，而且吹扫的惰性气体不会污染提取的风味物质。但该方法在溶剂解吸时会存在交叉污染，故动态顶空技术经常与吸附萃取联用，来萃取风味成分。Pontes 等用动态顶空-固相微萃取-气相色谱-质谱联用（DHS-SPME-GC-MS）技术分析 5 种香蕉的挥发性成分，发现该方法能很好地解决交叉污染问题，并鉴定出 68 种挥发性成分。

虽然顶空萃取方法简单快速且不需要溶剂，但无论是 DHS 还是 SHS，都依赖于萃取的蒸气压和温度，且不能很好地反映样品基质中挥发性风味化合物的浓度。

(四) 吸附萃取技术

吸附是指固体表面或液体表面对气体或溶质的吸着现象，即在流动相和固定相的界面处产生溶质组分浓缩现象，分为物理吸附和化学吸附。此种分离提取技术比较温和，结合现代食品样品萃取浓缩技术的简单化、小型化、易操作、低样本容量以及减少或不使用有机溶剂的绿色分析原则，在近几年发展非常迅速，特别是对于痕量分析，这些基于吸附-解吸的萃取技术几乎适合所有食品样品基质的挥发性和半挥发性化合物的萃取。此外，这些萃取技术一般都具有高通量特性，方便与高选择性和高灵敏度的检测系统联用。其中固相微萃取技术和搅拌棒吸附萃取技术是吸附萃取技术在食品挥发性风味成分研究中的典型应用。

1. 固相微萃取技术

固相微萃取（SPME）技术是 Janusz Pawliszyn 在 1989 年发明的一种快速、无溶剂的试验样品前处理技术，该技术将 0.6~0.9μL 吸附剂涂抹在光学纤维上，实现对样品基质的挥发性成分萃取，通过色谱进样口提供能量完成解吸和进样。SPME 萃取过程包括 2 个步骤：①将萃取目标化合物从样品基质中分开；②将完成萃取的化合物解吸附至分析仪器。1993 年，美国的 Supelco 公司推出了商业化的 SPME 设备，该装置是通过石英纤维表面极性和交联度不同的高分子涂层，对样品中的有机物进行萃取和富集，在 1 个简单的装置中同时完成采样、萃取、富集和进样过程。目前 Supelco 公司生产的纤维涂层有聚二甲基硅烷（PDMS）、碳分子筛/聚二甲基硅烷（CAR/PDMS）、二乙烯基苯/碳分子筛/聚二甲基硅烷（DVB/CAR/PDMS）、聚二甲基硅烷/二乙烯基苯（PDMS/DVB）、聚乙二醇/二乙烯基苯（CW/DVB）、聚乙二醇［PEG（CW）］、聚丙烯酸酯（PA）、聚乙二醇/模化树脂（CW/TPR）等，不同涂层的特性和吸附能力见表 1-1 和图 1-1。SPME 与以往分析食品中挥发性化合物的常用方法相比，将萃取、浓缩、解吸、进样等功能集于一体，具有不使用溶剂、操作简单、成本低、检测速度快、灵敏度高、能够尽可能减少被分析的香气物质的损失等优点，并能够与 GC、GC-MS、高效液相色谱（HPLC）、高效液相色谱-质谱（HPLC-MS）联用。此外，SPME 可以直接对液体样品进行萃取-浸入式固相微萃取（DI-SPME），也可以与顶空方法联用对样品进行萃取（HS-SPME）。此外还有纤维针式固相微萃取（Fiber SPME）、管内固相微萃取（In-tube SPME）和固相微萃取搅拌棒技术（SBSE）。尽管 SPME 仍然被认为是一种新型样品前处理技术，但经过近 20 年来的快速发展，该技术已经相当成熟。目前已在环保、医药、食品、香料等领域得到应用，并取得良好的效果。

表 1-1　　不同 SPME 萃取头的特性

萃取头种类	交联类型	适用萃取化合物类型
PDMS	非键合	小分子挥发、半挥发性非极性化合物
CAR/PDMS	部分交联	痕量挥发性化合物分析
DVB/CAR/PDMS	高度交联	C3~C20 大范围分析
PDMS/DVB	部分交联	醇、胺等极性挥发性、半挥发性物质
CW/DVB	部分交联	极性物质，尤其是醇类
PEG	非键合	挥发性及半挥发性化合物

续表

萃取头种类	交联类型	适用萃取化合物类型
PA	部分交联	极性半挥发性物质，酚类
CW/TPR	部分交联	表面活性剂，多用于高效液相色谱分析

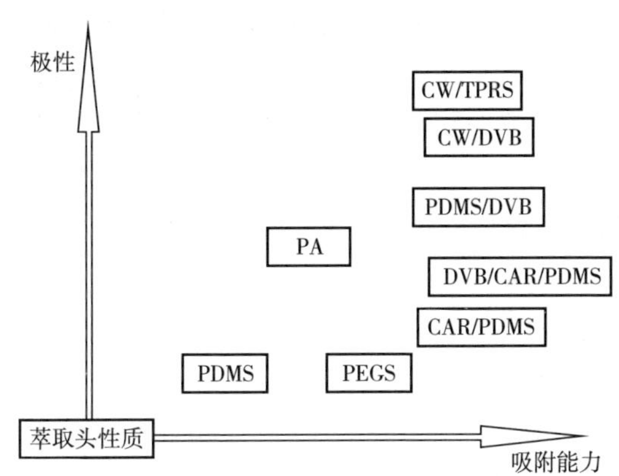

图 1-1　不同萃取头的极性及吸附能力

但 SPME 对实验条件非常敏感，样品的搅动状态、温度、样品与顶空的体积以及纤维涂层的状态（污染、湿度等）都会对结果造成明显影响，因此 SPME 不太适合定量分析。SPME 不能萃取高挥发性的化合物，Hork 等采用固相萃取（SPE）、SPME 和搅拌棒萃取（SBSE）3 种方法分析牛肉的游离脂肪酸，发现 SPME 只能萃取 C4∶0~C12∶0 的脂肪酸成分，对于高挥发性或不稳定化合物（C1∶0~C4∶0）的萃取效果不理想。食品基质中通常含有的糖类、脂肪、蛋白质、色素等非挥发性成分会污染吸附剂，因此在食品分析中 SPME 通常采用顶空固相微萃取技术。

顶空-固相微萃取（HS-SPME）的联用产生于 1993 年，其装置由手柄和萃取头组成。HS-SPME 分析中萃取头具有一定的预浓缩作用，分析的灵敏度高于静态顶空分析，在分析的精密度方面好于动态顶空分析，所以近些年来该方法比较常用。但此方法也存在不足，如不便于加入内标定量，而且分析结果同吸附头的选择有很大的关系。如果一种分析物主要存在于液相中，在一定的时间内，浸入液体方式取样的 SPME 比 HS-SPME 更为灵敏；反之，则 HS-SPME 更为灵敏。

2. 搅拌棒吸附萃取

搅拌棒吸附萃取（SBSE）是 Pat Sandra 等在 1999 年提出的新型无溶剂或少溶剂，集萃取、净化和富集为一体的样品前处理技术。该技术在磁力搅拌子上覆盖一层玻璃垫，再将 25~200μL 吸附材料 PDMS 涂抹在玻璃垫上，自身搅拌的同时完成萃取，避免了磁力搅拌子的竞争吸附；SBSE 的吸附剂涂层量比 SPME 大很多，一般是 SPME 的 50~250 倍，因此具有更大的样品容量、更高的回收率和更好的重现性，提高了浓缩效率，极大地降低了检测限，适用于复杂样品中痕量物质的分析；同时吸附剂中非极性聚合物 PDMS 可促进目标化合物分子的疏水作用，增加吸附材料与目标化合物之间的分子作用力，提高萃取效率，PDMS 吸附材料的扩散特性和热稳定性使 SBSE 能够在较大的温度范围内完成萃取和解吸，能很好地与气相色谱等分析仪器联用。Tienpont 等发现顶空搅拌棒吸附萃取（HSSE）对高挥发性化合物的检测限可以达到 1×10^{-12}（ppt）级别。与 SPME 相比，SBSE 对半挥发性和不挥发性化合物具有更高的灵敏度和萃取效率，因此 SBSE 在国外已经应用于酒类和水果的挥发性风味成分分析中，但在国内的研究和应用较少。

虽然 SBSE 近年来发展非常迅速，但作为一种新型的吸附萃取技术，SBSE 吸附剂的选择性远小于 SPME。目前商品化 SBSE 的吸附剂涂层一般为 PDMS，这种材料对非极性或弱极性的挥发性和半挥发性化合物萃取效果非常好，但对于 C1~C4 的强挥发性化合物或不稳定化合物的萃取效率不高，对于酚类等极性化合物的超痕量分析也比较困难，需要进行衍生化处理，很大程度上限制了 SBSE 的应用和推广。因此，各种新型 SBSE 涂层开始被研究与开发，如 Liu 等制作出一种可耐 300℃高温的新型 PDMS 溶胶-凝胶涂层；此外，采用化学聚合法和黏胶黏附法已成功获得了新型 SBSE 涂层，这些新型涂层在经过化学改性后，不仅具有更好的稳定性和耐热性，而且在萃取时具有更高的选择性，特别是分子印迹聚合物涂层，对模板分子具有特异选择性，能消除复杂基体的干扰。由此可见，商品化的 PDMS 涂层已经不能满足各种复杂样品中分析物质的萃取，开发新的涂层是 SBSE 技术发展的重点方向。

（五）吸附与解吸法

1. 柱吸附法

重松洋子提出了 Porapack Q 柱吸附-溶剂洗脱法，并将该法应用于茶叶香气分析。李拥军比较了柱吸附法和 SDE 法提取茶叶香气的效果，认为 SDE 法在香气提取过程中会产生一些化合物的合成与降解反应，而柱吸附法的次生反应较少。在此法中吸附剂的选择是吸附效果的关键（表 1-2）。

表 1-2　风味研究中常用的吸附剂　　单位：m^2/g

吸附剂类型	名称	比表面积
	活性炭	1150~1250
Porapack Q	二乙烯基苯聚合物	550~650

续表

吸附剂类型	名称	比表面积
Tenax TA	聚 2,6-二苯基对苯醚	18.6
XAD4	苯乙烯聚合物	849
XAD7	苯乙烯聚合物	445
XAD9	苯乙烯聚合物	70

2. 吸附丝法

吸附丝法主要是应用于地质和天然气等方面的一种技术。侯镜德等首次采用吸附丝法对珍眉茶的香气组分进行了测定，用气相色谱程序升温保留指数等方法确定了 63 个组分。用 R 型聚类分析、多元线性回归分析，研究了茶叶中微量香气成分与质量等级间的数理关系。

（六）溶剂辅助风味蒸发

溶剂辅助风味蒸发系统（SAFE）是一种新型的、从复杂食品基质中直接分离香气化合物的方法。是德国 W. Engel 等在 1999 年发明的。SAFE 系统是由蒸馏单元与高真空泵两部分组成。利用溶剂在低温和高真空条件下的迅速汽化，辅助目标香气物质蒸发，除去难挥发物质，样品中的热敏性挥发性成分损失少，萃取物具有样品原有的自然风味，特别适合于复杂的天然食品中挥发性化合物的分离分析，具有高效、低溶剂的优势。刘笑生等通过采用 SAFE 和 SDE 技术，对金华火腿的皮下脂肪进行风味分析，SAFE 法和 SDE 法中分别发现 40 种和 22 种风味成分，可见 SAFE 法在保证提取新鲜火腿脂肪中原始风味的同时，提取出的风味物质种类上明显优于 SDE 法。Werkhoff 等用 SAFE 法对 Parmesan 干酪的香气进行了提取，用气相色谱-质谱联用（GC-MS）加以分析，并与用 SDE 的结果进行了比较，结果表明：用 SAFE 法制备的香气提取物，完全没有像 SDE 法那样有受热产生的挥发物，与原样品的香气成分十分接近。

二、食品中香气成分的检测方法

随着科学技术不断地发展，精密分析仪器也逐渐增加，这为食品风味的研究提供了更加完善的技术方法。目前检测出的食品挥发性成分已有 8000 多种，但在每种食品中起主要作用的挥发性物质成分含量不同，对香味的贡献大小不一，所以要对挥发性成分进行定性、定量分析。常用的分析方法有：气相色谱（GC）技术、气相色谱-质谱联用（GC-MS）技术、气相色谱-嗅闻（GC-O）技术、高效液相色谱（HPLC）技术、液相色谱-质谱联用（LC-MS）技术和电子鼻（electronic nose）技术等。

（一）气相色谱法

色谱分析由色谱分离和检测两部分组成，以气体为流动相的色谱法称为气相色谱法。气相色谱法按固定相的物态分类，分为气-固色谱（GSC）法和气-液色谱（GLC）法两类。气相色谱法的特点是：气体流动相的黏度小，传质速率高，能获得很高的柱效；气体迁移速率高，分析速度就快，一般几分钟可完成一个分析周期；气相色谱具有高灵敏度的检测器，最低检测限达 10^{-7} ~ 10^{-14}g，最低检出浓度为 μg/kg 级，适用于痕量分析；分析样品可以是气体、液体和固体。在食品风味物质研究的领域中毛细管气相色谱用得最多。毛细管柱内不装填料，空心柱阻力小，长度可达百米。将固定液直接涂在管壁上，总的柱内壁面积较大，涂层可很薄，则组分在气相和液相相间的传质阻力降低，这些因素使得毛细管柱的柱效比填充柱有了很大的提高。全二维气相色谱是用一个调制器把不同固定相的两根柱子串联起来，两个柱子的操作温度不同，通过控制两个柱子的温差可以使待测物质的出峰时间和顺序发生变化，从而使不理想的风味化合物能够分离检出。与一维气相色谱相比，全二维气相色谱分辨率高、灵敏度高、定性准确、分析时间短等。基于此优点以后将得到更广泛的应用。

（二）气相色谱-质谱联用法

气相色谱主要用于定量分析，难以进行定性分析，而质谱仪则具有灵敏度高、定性能量强的特点，它可以确定化合物的分子质量、分子式甚至官能团。但是一般的质谱仪只能对单一的组分才能给出良好的定性，对混合物效果不佳，且进行定量分析也复杂，所以二者联用时就可以发挥各自的特点。当混合样品注入气相色谱，经色谱柱分离后的物质由分子分离器进入电离室，被电子轰击形成离子，其中部分离子进入离子检测器。经过质谱快速扫描后的导出组分的质谱图，以此作为定性、定量分析的依据。GC-MS 技术综合了气相色谱高分离能力和质谱高鉴别能力的优点，实现了风味物质的一次性定性、定量分析。满足鉴别能力强、灵敏度高、分析速度快和分析范围广等要求，该方法在有机化学、生物化学、食品化学、医药、化工和环境监测等方面得到广泛的应用。随着 GC-MS 技术的不断发展，其在食品风味物质的研究中将会发挥越来越重要的作用。

（三）气相色谱-离子迁移谱法

离子迁移谱（IMS）是一种新兴的分析技术，是一种根据气体离子在电场中迁移速率的不同来检测微量气体和表征化学离子物质的分析技术。IMS 是一项久负盛名的技术，可用作机场安检、军事安全、化学战剂和非法毒品的探测器。近年来，IMS 被广泛应用于生物化学、制药和食品等领域。它的有效性已被证明，可用于分析和表征不同性质的挥发性化合物。鉴于IMS的优点，近年来它在食品中得到了广泛的应用，包括食品加工、新鲜度和储存条件的控制，质量评估和优化，食品成分分析，有毒化学检测。然而，由于分离性差，IMS在实际应用中仍有一定的局限性。对复杂样品（如群集）的分析将在电离区进行，这将使离子识别变得困难甚至不可能。将IMS与其他仪器相结合，是更好地发挥其优势，产生更好的分析结果的一种更合适、更有效的方法。气相色谱与离子迁移谱的联用技术利用GC突出的分离特点和IMS快速响应、高灵敏度的优势，形成具有高分辨率、高灵敏度、分析高效、操作简便等特点的气体快速检测技术，尤其在痕量检测中的优势极为突出，检测限可达到至纳克甚至皮克级。相比于GC-MS技术，气相色谱-离子迁移谱（GC-IMS）技术分析的香气前处理过程更为简洁，几乎不需要过多前处理过程，能够保证香气物质不会因前处理过程而发生改变或流失，更针对性地对香气物质进行定性和定量分析。这些优点使其在食品分类、掺假检测、食品新鲜度鉴定、生产过程的质量控制以及食品中关键香气和异味化合物的表征等方面有着广泛的应用。

但IMS作为GC检测器在精确定量分析方面有局限性，因为IMS的响应是非线性的，这意味着提供10^{-9}和10^{-12}水平的浓度可能会带来挑战。同时缺乏像NIST质谱库这样的库，是GC-IMS在食品风味分析中不太受欢迎的另一个原因，但随着技术的发展，将建立一个完整的GC-IMS数据库，以实现快速、灵敏、自动化的表征。食品风味的多样性要求进一步发展这项技术，以改善GC-IMS的特定功能，并探索新的应用。

（四）气相色谱-嗅闻技术

气相色谱-嗅闻（GC-O）技术最早由Fullerl于1964年提出的，是将气味检测仪同分离挥发性物质的气相色谱仪相结合的技术。属于一种感官检测技术，即气味检测法，其原理是在气相色谱柱末端安装分流口，将经GC毛细管柱分离后得到的流出组分按照一定的分流比一部分进入仪器检测器［通常为氢火焰离子检测器（FID）和质谱（MS）］，另一部分通过传输线进入嗅闻端口让人鼻（即感官检测器）进行感官评定。有几种GC-O嗅闻检测技术可用来鉴别香味化合物并根据它们的香味强度或对总体香气的贡献来对它们进行排序，如混合特征香气相应分析（Charm）、芳香萃取物稀释分析（AEDA）、时间强度分析（OSME）、及检测频率分析（DF）等技术。GC-O与GC-MS相比，虽然GC-MS是目前对香味成分监测分析最常用的方法，但由于食品中产生的大量挥发性化合物中，只有一小部分的挥发物具有香味活性，且它们的含量和阈值都很低。对于静态顶空分析而言，其顶空的挥发物浓度一般在10^{-11}～10^{-4}g/L，但只有当挥发物浓度≥10^{-5}g/L时才能被MS检测到，也就是说MS只能检测出含量相对多的挥发性物质。而且 GC-MS 是一种间接的测量方法，无法确定单个的香味活性物质对整体风味贡献的大小。而 GC-O 却能解决上述问题，它将气相色谱的分离能力和人鼻子敏感的嗅觉联系起来，实现从某一食品基质的所有挥发性化合物中区分出关键风味物质。GC-O 技术同样存在不足之处，如嗅闻人员的专业水平和自身对香味的敏感度不同、浓度稀释度与香味阈值的关系等，都会很大的影响测试结果。GC-O 和 GC-MS 技术各有优缺点，因此，二者的结合可相互弥补之间的不足，并发挥更大的优势。气相色谱-嗅闻-质谱联用（GC-O-MS）技术现已较为广泛地应用于食品风味研究，并成为研究热点领域，相关的研究也获得了一定的进展。目前，已出现了全二维气相色谱-质谱联用（GC×GC-MS）技术，可使各香气成分得到更好的分离，获得更为可靠、丰富的信息，它在气味活性分析中必将发挥更大的作用，应用范围也将更加广泛。

（五）高效液相色谱法

高效液相色谱（HPLC）法是 20 世纪 60 年代末，在经典液相色谱的基础上，引入了气相色谱的理论和实验方法。根据分离机制的不同，高效液相色谱可分为四大基础类型：分配色谱、吸附色谱、离子交换色谱、凝胶色谱。

HPLC 不受试样挥发性的限制，可用于分离分析高沸点、大分子、热稳定性差的有机化合物；可用于各种离子的分离分析；可利用组分分子尺寸大小的差别、离子交换能力的差别以及生物分子间亲和力的差别进行分离；可选择固定相和流动相以达到最佳分离效果，对于性质和结构类似的物质，分离的可能性比气相色谱法更大，还有色谱柱可反复使用、样品不被破坏、易回收等优点。但 HPLC 有“柱外效应”。在从进样到检测器之间，除了柱子以外的任何死空间（进样器、柱接头、连接管和检测池等）中，如果流动相的流型有变化，被分离物质的任何扩散和滞留都会显著地导致色谱峰的加宽，柱效率降低。而且高效液相色谱检测器的灵敏度不及气相色谱。

（六）高效液相色谱-质谱联用法

高效液相色谱-质谱联用（HPLC-MS）法将 HPLC 对复杂基体化合物的高分离能力与 MS 的强大的选择性、灵敏度、相对分子质量及结构测定功能组合起来，提供了可靠、精确的相对分子质量及结构信息，特别是适合亲水性强、挥发性强的有机物，热不稳定化合物及生物大分子的分离分析，为香味化学成分的快速分析提供了一个重要的新技术。但是，高效液相色谱的固定相的分离效率、检测器的检测范围以及灵敏度等方面，与目前已成熟的 GC-MS 技术相比，HPLC-MS 还处于发展阶段，对于气体和易挥发物质的分析方面远不如气相色谱法，因此，它在香味检测中的应用还不是很广泛，但 HPLC-MS 所具备的一系列优点，决定了它的应用前景将会更广泛。

（七）电子鼻技术

1964 年，Wilkens 和 Hatman 利用气体在电极上的氧化-还原反应对嗅觉过程进行了电子模拟，这是关于电子鼻的最早报道。1994 年，Gardne 发表了关于电子鼻的综述性文章，正式提出了“电子鼻”的概念，标志着电子鼻技术进入到成熟、发展阶段。电子鼻主要有三个组成部分：气敏传感器阵列、信号处理系统和模式识别系统。电子鼻对气味的分析识别分为 3 个过程：①气敏传感器阵列与气味分子反应后，通过一系列物理化学变化，将样品中挥发性成分的整体信息（指纹数据）转化产生电信号；②电信号经过电子线路，根据各种不同的气味测定不同的信号，将信号放大并转换成数字信号输入计算机中进行数据处理；③处理后的信号通过模式识别系统，最后定性或定量的输出对气体所含成分的检测结果。电子鼻技术与以往的检测技术相比的优势是客观性强，不受人为因素的影响；检测速度快，重复性好，不易疲劳；易于操作、样品无需前处理、检测时对环境要求低；灵敏度高，对浓度低的样品也能检测；有毒无毒的气味均能检测；灵活性好，价格有优势。因此，电子鼻有可能远离装备精良的化学实验室和技术专家而进入我们的生活。

目前，国内外对电子鼻的研究比较活跃，尤其是在食品行业中的应用，如酒类、烟草、饮料、肉类、乳类、茶叶等具有挥发性气味的食品的识别和分类，主要是为其进行等级划分和新鲜度的判断。由于电子鼻可以在几小时、几天甚至数月的时间内连续地、实时地监测特定位置的气味状况，还可用于生产在线监控和保质期的调查等。在医药、化妆品、石油化工、包装材料、环境检测等领域同样得到了广泛的应用。

Hodgins 等实验研究表明电子鼻可以像人鼻一样分析复杂的气体，而不打乱气体的母体，因此，它可以提供感知数据与分析数据之间的关联。电子鼻（NOSE）在香精香料行业有多种应用，既可作为一种开发工具，又可作为一种质量控制（QC）检测工具。Hansen 等采用包含 6 个金属氧化物传感器的电子鼻、感官评价及 GC-MS，在线分析猪肉制品加工中挥发性气体成分变化、评价肉制品的感官质量，并对环境条件进行监控，最终对产品的质量进行预测和评价。

三、食品中香气成分的定量分析方法

（一）归一法

归一法是将样品的全部组分馏出，并测出其峰高或峰面积，某些不需要定量的组分也必须测出其峰高或峰面积及校正因子。某组分百分含量即该组分峰面积或峰高与校正因子的积，与该样品中各组分峰面积或峰高与校正因子的积之和的百分比值。

（二）外标法

外标法是在一定的操作条件下用已知浓度的纯样品配成不同含量的标准样，定量进样，用峰面积或峰高对标准样定量作标准曲线。被测样品也定量进样，所得峰面积或峰高从标准曲线中查出组分的百分含量。此法多用于气体分析。

（三）内标法

内标法是准确称取样品，加入一定量某纯物质作内标物，最理想的内标物是采用待测化合物的同位素标记化合物，可以保证内标物化合物的化学性质，色谱行为，质谱行为与待测物一致，这样来消除化合物之间的差别带来的误差。根据其相应峰面积或峰高之比，求出待测组分的百分含量。内标物的选择应考虑 3 个方面：①在待测物中不存在；②与待测组分不发生化学作用且与组分峰不重叠；③要求该物与样品互溶、性质接近、含量相近及组分峰接近。

上述三种定量分析方法的优点，详见表 1-3。

表 1-3 不同定量方法的优点

定量分析方法	是否需定量进样	优点
归一法	否	适合少量进样，仪器与操作条件变动对结果影响较小
外标法	是	操作、计算简便，不必用校正因子，不必加内标物
内标法	是	实验误差小，结果可比性强的特点

四、食品中重要香气成分的评价方法

（一）风味强度法

该法综合考虑了被分离化合物的阈值（threshold value）、感官评价（taste panel assessment）与浓度（quantitative data）。风味强度在数值上等于浓度与阈值之比。当挥发性成分浓度接近或高于阈值时，风味强度接近或大于 1 表明该组分对食品的香气有较重要的影响，风味强度越大，说明该组分对食品香气的贡献越大。但人们还不能测定所有挥发性成分的感官阈值，使该法的使用仅局限于评价已知阈值的挥发性成分物质。

（二）主成分分析法

主成分分析是将多个指标转化为少数几个互相无关的综合指标（主成分）的一种多元统计分析方法。基本思路是：首先求出原始 p 个挥发性成分的 p 个主成分，然后选取少数几个主成分来代替原始 p 个挥发性成分，再根据每个原始挥发性成分在少数几个主成分或贡献率最大的主成分中的载荷数值大小来评价 p 个挥发性成分的相对重要性。该方法与感官评定无直接关系，能避免传统的嗅闻法和风味强度法的不稳定性；该方法可以通过计算机统计软件进行，可以使判断过程简单化，因此是一种很有潜力的评定方法。

（三）偏最小二乘法回归

化学计量学最早可追溯到 20 世纪 70～80 年代，该学科涉及数学、计算机等多门学科，是一门新兴的交叉学科。近年来，化学计量学得到了快速发展，广泛应用于生物学、化学、食品科学和社会学等诸多领域，并发挥出了重要作用。在众多数理统计方法中，主成分分析法、判别因子分析、偏最小二乘（PLSR）法、是较为常用的方法。PLSR 回归分析被认为是色谱，光谱和感觉科学中最强大的多变量校准技术，集中了主成分、典型相关性分析和多元线性回归分析优点，同时增设了虚拟响应矩阵，可数据拟合及预测能力，可以解决传统多元回归方法无法克服的问题，与其他分析方法（聚类分析和主成分分析）相比优势明显，且在分析小样本量变量的相关性时更加可靠。因此，该方法发展迅速，在食品中的应用范围非常广泛。

（四）香气提取物稀释分析法

1987 年，德国 Grosch 教授及其研究小组通过对 Charm Analysis 的改进，发明了香气提取物稀释分析法（AEDA）。将香气提取物原液分别在 2 种不同极性的气相色谱柱（如极性的 DB-Wax 柱以及非极性的 DB-5 柱）上进行 GC-O 分析。一般将香气提取物原液在极性的 DB-Wax（或 DB-FFAP）柱上进行系列稀释吸闻，即 AEDA，找出所嗅出的气味活性化合物（odor-active compounds）对所测食品的香气贡献程度，再将香气提取物原液在非极性的 DB-5 柱上进行 GC-O 分析，然后根据公式，计算出每种嗅出物的保留指数（*RI*）（在极性 DB-Wax 柱以及非极性的 DB-5 柱），根据有关资料（书、网站），判断出每种化合物为何物。最后，在气质联机（GC-MS）上进行验证以及定量分析。选择几种该食品最有代表性的香气化合物组成标准溶液或模型系统（standard solution or model system），看看是否符合该食品的香气感觉，并在气相色谱上进行验证（所推断的化合物的 *RI* 值是否与标准化合物的 *RI* 值相符）。为了消除人的个体差异，该技术需要至少 3 人的结果进行综合。

（五）人工嗅觉系统

人工嗅觉系统的研究是建立在对生物嗅觉系统的模拟基础上的，它由气敏传感器阵列和模式分类方法两大部分构成。气敏传感器阵列在功能上相当于嗅感受器细胞，模式识别器、智能解释器和知识库相当于人的大脑，其余部分则相当于嗅神经信号传递系统。

检测器：瞬时、敏感的检测微量、痕量气体分子，以得到与气体化学成分相对应的信号。

数据处理器：对检测得到的信号进行识别与分类的，将有用信号与噪声加以分离。

智能解释器：将测量数据转换为感官评定指标，得到与人的感官感受相符的结果。

国内外对人工嗅觉系统的研究方兴未艾，主要是以食品为应用对象，集中在酒、茶叶、肉类和鱼等食品气味的识别。目的是按香气进行质量分级和新鲜程度的判别。国内外对人工嗅觉系统的研究大多数还处于实验室阶段，即使是已经商品化的产品，如法国的智能鼻，也难以将测量数据转换成与人的感官感受相一致的结果。

第三节 挥发性组分种类介绍

风味物质是指能对人的嗅觉（气味）和味觉（滋味）产生刺激而获得特定感觉的物质。香气物质作为风味物质的一种，它给食品带来风味，是食品感官质量的重要指标，也是食品能否为消费者接受的主要因素之一。食品风味化学史上第一个风味化合物——苯甲醛由 Vogel（1818 年）和 Martres（1819 年）从苦杏仁中提取并于 1832 年鉴定确认，至此，食品风味化学这一食品研究新领域开始得到重视并蓬勃发展，随着现代科学技术的不断进步，精密分析仪器的出现使得食品风味的研究手段不断得以改进和完善。绝大部分的水果和部分蔬菜都能呈现怡人的芳香，果蔬中已知的挥发性香气物质有 2000 多种，其中包括萜烯类、醛类、醇类、酯类、酮类、含硫化合物和杂环类。这些香气成分能客观地反映不同植物的风味特点，是评价某种水果或者蔬菜品质的重要指标。

迄今为止，香椿中已鉴定出 100 多种挥发性化合物，其中大部分是硫化物、萜烯、烃类、酸、醇、酯和酚类等。目前已报道的香椿特有香气主要贡献者有（*Z*/*E*）-2-巯基-3,4-二甲基-2,3-二氢噻吩、（*E*,*E*）-二丙烯基二硫化物、（*E*,

Z)-二丙烯基二硫化物、硫化氢、硫化丙烯以及己醛、(Z)-3-己烯醛、(E)-2-己烯醛等醛类物质、(Z)-3-己烯-1-醇、丁香酚、2-甲氧基苯酚、4-乙基苯酚、β-紫罗兰酮等。

一、硫化物

硫化物是香椿主要的特征香气成分，含硫化合物主要有(E,E)-二丙烯基二硫化物、(E,Z)-二丙烯基二硫化物、硫化氢、硫化丙烯、二丙烯基二硫化物和二丙烯基三硫化物、(Z/E)-2-巯基-3,4-二甲基-2,3-二氢噻吩、2,4-二甲基噻吩和3,4-二甲基噻吩等。二丙烯基二硫化物和二丙烯基三硫化物，也是洋葱、大蒜和其他葱科植物特有的香气来源，通常是在粉碎过程中被大蒜酶裂解的S-(1-丙烯基)-L-半胱氨酸亚砜（前体）非常快速的酶降解，随后发生一系列化学反应而形成的。香椿风味前体物质-谷氨酰胺-(S-丙烯基)-半胱氨酸二肽在酶的作用下形成丙烯基硫醇，进一步氧化形成丙烯基二硫醚，加热至85℃形成2-巯基-3,4-二甲基-2,3-二氢噻吩（蒸煮香椿味），持续加热降解为2,4-二甲基噻吩和3,4-二甲基噻吩（刺激味）。在Strecker降解过程中，亮氨酸、异亮氨酸和甲硫氨酸可分别生成2-甲基丁醛、3-甲基丁醛和甲硫醛。随后降解为丙烯醛和甲硫醇。甲硫醇很容易氧化成二甲基二硫化物。二甲基硫也可以由甲硫氨酸的热降解形成，二甲基硫是甲硫氨酸的S-甲基化形式，是一种非蛋白生成氨基酸，存在于各种蔬菜中。在番茄酱和熟芦笋中也发现了甲硫醚和二甲基硫。

二、醛类物质

香椿中带有绿色气味的脂类气味物质主要有正己醛、2-己烯醛、苯甲醛、壬醛以及β-环柠檬醛等。醛类分子由于其化学结构的特点，既可以参与氧化反应又可以发生还原反应，因此在许多生化反应中表现均很活跃。醛类物质的气味阈值通常非常低，故其对风味会产生较大的影响。此外，醛类作为一种中间体，对其他挥发性化合物的产生至关重要。醛类物质多是由于脂肪氧合酶作用于脂质中长链多不饱和脂肪酸衍生而来。例如，己醛来源于亚油酸氧化作用：亚油酸的自氧化产生1,3-氢过氧化物,1,3-氢过氧化物断裂则生成己醛；壬醛则是由油酸氧化产生的。不同的醛类气味特征不同。C3、C4的醛类化合物具有强烈的刺激气味；C5~C9的醛类物质具有青草香、油脂味；C10~C12的醛类物质具有橘子皮和柠檬的气味；C16以上的醛类物质几乎闻不到气味。此外，醛类物质的含量受加工处理方式的影响很大。

三、萜烯类物质

萜烯类化合物是香椿挥发性成分中含量较高的一类物质，萜烯类化合物的主要成分为含有 C15 的倍半萜烯化合物，香椿中的萜烯类物质主要包括 α-蒎烯、β-荜澄茄油烯、古巴烯、(-)-异丁香烯、(E) -石竹烯、律草烯、(-)-γ-杜松烯、β-蛇床烯等。研究表明，萜烯类大多具有酯香、花香、水果香、甜香等比较柔和的气味，起到调和含硫化合物刺激性的作用。另据文献记载，植物的抗病性可能与萜烯类化合物的大量存在有关，推测这也正是香椿在生长过程中极少发生病害的原因之一。

四、醇类、酯类物质

醇类物质主要由脂肪酸氧化或羰基化合物还原而产生。不同的醇类物质其气味特征不同：C1~C3 的醇类物质具有酒香；C6~C9 的醇类物质除果香外还带有油脂味；当碳原子数进一步增加则出现花香味道；碳原子数在 14 以上的高级醇几乎不带气味。直链饱和醇的气味阈值较高，因而对气味影响不大。相较于直链饱和醇，不饱和醇的阈值更低，且其气味独特，具有特殊的蘑菇香味和泥土香味。

酯类化合物一般具有花香、果香，其在果蔬中的含量很少，但具有很高的香气值，因此对于果蔬呈香呈味具有重要贡献，香椿芽菜中酯类化合物主要为正己酸乙烯酯。

五、酮类物质

酮类物质的阈值高于具有相同碳原子数的醛类物质，其为多不饱和脂肪酸受热氧化和降解的产物，往往具有甜的花香和果香，并且当酮类化合物的碳链增加时就会呈现更加明显的花香芬芳。

六、其他

香椿中含有的其他类物质主要为酚类化合物如丁香酚、异丁香酚、对乙烯基愈创木酚和萜烯类氧化物如石竹烯氧化物、异香橙烯环氧化物、喇叭烯氧化物等。酚类化合物的沸点可能很高，如丁香酚（254℃）、异丁香酚（266℃）、苯乙酸（265. 5℃）和香兰素（285℃），或者它们的浓度较低，因此它们的气味可以被其他高丰度挥发性化合物抑制。萜烯类氧化物是萜烯类发生氧化反应得到的一类物质，具有部分萜烯类物质的性质。

第四节　小结

食品的挥发性风味物质的分离、分析与评价技术已广泛地应用于各种食品的香味分析中。国内外学者对食品的香味成分的分离与分析做了大量的工作，研究了其形成机制和性质，并对部分香味进行了模拟。纵观食品香气的分析技术发展，食品香味的分析已经逐渐从感官分析与评价走向电子化、智能化、过程化分析的时代。现阶段的食品香味分析还主要是基于成品或半成品的取样分析，在食品的加工与储藏过程中的香气变化的分析与检测还存在着各种各样的限制，即使是对香气形成过程的研究，也只能是在不同阶段定点取样分析。随着中国食品工业特别是传统食品与国际食品工业的接轨，以及消费者对食品质量的要求越来越高，制定各种食品中香味物质的定性、定量的标准，建立动态的香气检测过程，实现香味形成的在线控制，将是今后研究的重点。当然，对单体香味物质的分离提取和性质的研究以及香气的模拟也将是食品风味研究人员一项极其艰巨的任务。

参考文献

[1] Chia Y C, Rajbanshi R, Calhoun C, et al. Anti-neoplastic effects of gallic acid, a major component of *Toona sinensis* leaf extraction oral squamous carcinoma cells[J]. Molecules, 2010, 15(11): 8377-8389.

[2] Da Porto C, Decorti D. Ultrasound-assisted extraction coupled with under vacuum distillation of flavour compounds from spearmint (carvone-rich) plants: Comparison with conventional hydrodistillation[J]. Ultrasonics Sonochemistry, 2009, 16(6): 795-799.

[3] Engel W, Bahr W, Schieberle P. Solvent assisted flavour e-vapor ation-anew and versatile technique for the careful and direct isolation of aroma compounds from complex food matrices[J]. Eur Food Res Technol, 1999, 209: 237-241.

[4] Gimeno E, Castellote A I, Lamuela-Ravent R M, et al. Rapid determination of vitamin E in vegetable oils by reversed-phase high-performance liquid chromatography[J]. Journal of Chromatography A, 2000, 881(1-2): 251-254.

[5] Hodgins D, Conover D. Evaluating the electronic nose [J]. Perfumer & Flavorist, 1995, 20(6): 1-8.

[6] Lindsay R C, Day E A, Sandine W E. Identification of volatile flavor components of butter culture [J]. Journal of Dairy Science, 1965, 48(12): 1566-1574.

[7] Liu W, Wang H, Guan Y. Preparation of stir bars for sorptive extraction using sol-gel technology [J]. Journal of Chromatography A, 2004, 1045(1): 15-22.

[8] Mebazaa R, Mahmoudi A, Fouchet M, et al. Characterisation of volatile compounds in *Tunisian fenugreek* seeds [J]. Food Chemistry, 2009, 115(4): 1326-1336.

[9] Nafti A, Cheikh R B, Rega B, et al. Characterisation of volatile compounds in *Tunisian fenugreek* seeds [J]. Food Chemistry, 2009, 115(4): 1326-1336, 16 (6): 795-799.

[10] Peris M, Escudert L. A 21st century technique for food control: Electronic noses [J]. Analytica Chimica Acta. 2009, 638(1): 1-15.

[11] Pontes M, Pereira J. Dynamic headspace solid-phase microextraction combined with one-dimensional gas chromatography-mass spectrometry as a powerful tool to differentiate banana cultivars based on their volatile metabolite profile [J]. Food Chemistry, 2012, 134(4): 2509-2520.

[12] Ridgway K, Lalljie S P D, Smith R M. Sample preparation techniques for the determination of trace residues and contaminants in foods [J]. Journal of Chromatography A, 2007, 1153(1): 36-53.

[13] Riu-Aumatell M, Vargas L, Vichi S, et al. Characterisation of volatile composition of white salsify (*Tragopogon porrifolius* L.) by headspace solid-phase microextraction (HS-SPME) and simultaneous distillation extraction (SDE) coupled to GC-MS [J]. Food Chemistry, 2011, 129(2): 557-564.

[14] Sajiki J, Yonekubo J. Determination of free polyunsaturated fatty acids and their oxidative metabolites by high-performance liquid chromatography (HPLC) and mass spectrometry (MS) [J]. Anal Chim Acta, 2002, 465: 417-426.

[15] Thomas H, Mikael A P, Derek V. Sensory based quality control utilizing an electronic nose and GC-MS analyses to predict end-product quality from raw materials [J]. Meat Science, 2005, 69: 621-634.

[16] Tienpont B, David F, Bicchi C, et al. High capacity headspace sorptive extraction [J]. Journal of Microcolumn Separations, 2000, 12(11): 577-584.

[17] Wang S Q, Chen H T, Sun B G, et al. Recent progress in food flavor analysis using gas chromatography-ion mobility spectrometry (GC-IMS) [J]. Food Chemistry, 2020, 315: 126158.

[18] Werkhoff P, Brennecke S, Bretschneider W, et al. Modern methods for isolating and

quantifying volatile flavor and fragrance compounds[A]. Marsili R. Flavor fragrance and odor analysis[C]. New York: Marcel Dekkr Inc,2002:139-204.

[19] Xiao L, Lee J, Zhang G, et al. HS-SPME GC/MS characterization of volatiles in raw and dry-roasted almonds(*Prunus dulcis*)[J]. Food Chemistry,2013,151: 31-39.

[20] Zhai X T, Granvogl M. Characterization of the key aroma compounds in two differently dried *Toona sinensis*(A. Juss.) Roem by means of the molecular sensory science concept[J]. Journal of Agricultural and Food Chemistry,2019,67(35):9885-9894.

[21] 丁艳芳,谢海燕,王晓曦,等. 食品风味检测技术发展概况[J]. 现代面粉工业,2013,27(1):22-26.

[22] 郭凯,芮汉明. 食品中挥发性风味成分的分离、分析技术和评价方法研究进展[J]. 食品与发酵工业,2007(4):110-115.

[23] 李超,柯润辉,王明,等. 气相色谱-嗅闻仪/质谱仪检测技术在食品香气物质分析中的研究进展[J]. 食品与发酵工业,2020,46(2):293-298.

[24] 李聚英,王军,戴蕴青,等. 香椿特征香气组成及其在贮藏中变化的研究[J]. 北京林业大学学报,2011,33(3):127-131.

[25] 李楠. 红香椿中特征性风味物质的鉴定及其在加工过程中的变化[D]. 天津:天津科技大学,2017.

[26] 李拥军,施兆鹏. 柱吸附法和SDE法提取茶叶香气的研究[J]. 湖南农业大学学报,2001,27(4):299-295.

[27] 宋永,张军,李冲伟. 食品挥发性风味物质的提取方法[J]. 中国调味品,2008(6):77-78.

[28] 孙晓健. 香椿挥发性有机硫化物的呈味特性研究[D]. 天津:天津科技大学,2019.

[29] 田怀香,王璋,许时婴. 超临界 CO_2 流体技术提取金华火腿中挥发性风味组分[J]. 食品与机械,2007(2):18-22.

[30] 王晓敏,史冠莹,杨慧,等. 河南不同产地香椿基本成分及风味物质分析[J]. 食品科学,2017,38(18):144-149.

[31] 谢诚,欧昌荣,汤海青,等. 食品中挥发性风味成分提取技术研究进展[J]. 核农学报,2015,29(12):2366-2374.

[32] 尹雪华,王凤娜,徐玉勤,等. 香椿的营养保健功能及其产品的开发进展[J]. 食品工业科技,2017,38(19):342-345,351.

[33] 重松洋子,下田满哉. 红茶香气成分的比较分析[J]. 日本食品工业学会志,1994,4(11):768-777.

第二章 香椿挥发性香气组分指纹图谱库

第一节　香椿挥发性香气物质测定方法的建立

顶空固相微萃取（HS-SPME）技术是一种集萃取、浓缩、解吸、进样于一体的适用于复杂样品分析的前处理技术，它的敏感、快速、样品用量少、操作简单、不用溶剂、可自动化、能直接与气质联用仪等现代仪器联用的特点使其在食品香气成分分析上具有强大的优势，然而不同极性萃取头、萃取温度以及萃取时间对香气成分有很大的影响。因此，选择合适的萃取条件对香气成分的分析有至关重要的作用。基于此，本节采用单因素逐步优化的方法对萃取头、萃取时间、萃取温度进行优化，萃取头类型 50/30μm DVB/CAR/PDMS、65μm PDMS/DVB、75μm CAR/PDMS 3 种；采取萃取温度 10、20、30、40、50℃ 五个梯度；萃取时间 5、15、30、45、60min 五个梯度。根据不同梯度色谱峰的总面积确定最佳的萃取温度、萃取时间、萃取头类型。为了验证顶空固相微萃取方法的可行性，试验在最优萃取条件的基础上，以红油香椿为研究对象，通过香椿香气成分中关键气体成分的变化，分别进行精密性和稳定性试验。

一、材料与设备

（一）材料与试剂

香椿，品种为红油香椿，于 2018 年 4 月 3 日采自河南省农业科学院原阳基地香椿园，选取新鲜、健壮、成熟度相对一致、无病虫害和机械损伤的香椿嫩芽。液氮，郑州博越商贸股份有限公司。

（二）仪器与设备

ME204E 型电子天平，梅特勒-托利多仪器（上海）有限公司；7890AGC-5975CMS 型气相色谱-质谱联用仪，美国安捷伦公司；HP-5MS 石英毛细管色谱（30m×0. 25mm×0. 25μm）；顶空固相微萃取装置（包括手持式手柄，50/30μm DVB/CAR/PDMS、65μm PDMS/DVB、75μm CAR/PDMS 萃取头，20mL 棕色顶空瓶），美国安捷伦公司；C20 型玻璃仪器气流烘干器，郑州杜甫仪器厂。

二、试验方法

（一）顶空固相微萃取条件优化

1. 萃取流程

新鲜香椿切碎→称取 1.0g 于 20mL 棕色顶空瓶里→密封垫密封→40℃水浴中平衡 15min→萃取头插入顶空瓶中，萃取 30min→立即取出，插入 GC-MS 解吸 5min。

2. 萃取条件优化单因素试验

采用单因素逐步优化的方法对萃取头、萃取时间、萃取温度进行优化。采用萃取头类型有 50/30μm DVB/CAR/PDMS、65μm PDMS/DVB、75μm CAR/PDMS 三种；采取萃取温度有 10、20、30、40、50℃ 五个梯度；采用萃取时间有 5、15、30、45、60min 五个梯度。根据不同梯度色谱峰的总面积确定最佳的萃取温度、萃取时间、萃取头类型。

（二）GC-MS 分析条件

GC 条件：HP-5MS 石英毛细管柱（30m×0.25mm×0.25μm）；载气 He，进样口温度 250℃，无分流比；柱流速 1mL/min；程序升温：初温 40℃，保持 3min，以 5℃/min 的速率升温至 150℃，保持 2min；以 8℃/min 的速率升至 220℃，保持 5min。

MS 条件：穿梭线温度 230℃，电离方式为电子电离（EI），离子阱温度 230℃，扫描方式全扫描，扫描范围 *m/z* 40~800。检索图库：NIST 08. LIB。

（三）精密性试验

取粉碎的香椿嫩芽，按（二）项下的条件，连续进样 3 次，记录色谱图，计算各共有峰相对保留时间和相对峰面积的 *RSD*。

（四）稳定性试验

取同一供试样品，按（二）项下的条件，分别于 0、12、24h 时进样，记录色谱峰，计算各共有峰相对保留时间和相对峰面积的 *RSD*。

三、结果与分析

（一）萃取头的优化

根据极性及涂层厚度的不同，选取 50/30μm DVB/CAR/PDMS、65μm PDMS/

DVB、75μm CAR/PDMS 三种萃取头进行优化，结果如图 2-1[①] 所示。50/30μm DVB/CAR/PDMS 检测出色谱峰数量和面积明显比其他高，表明该类型萃取头具有较大萃取效率。

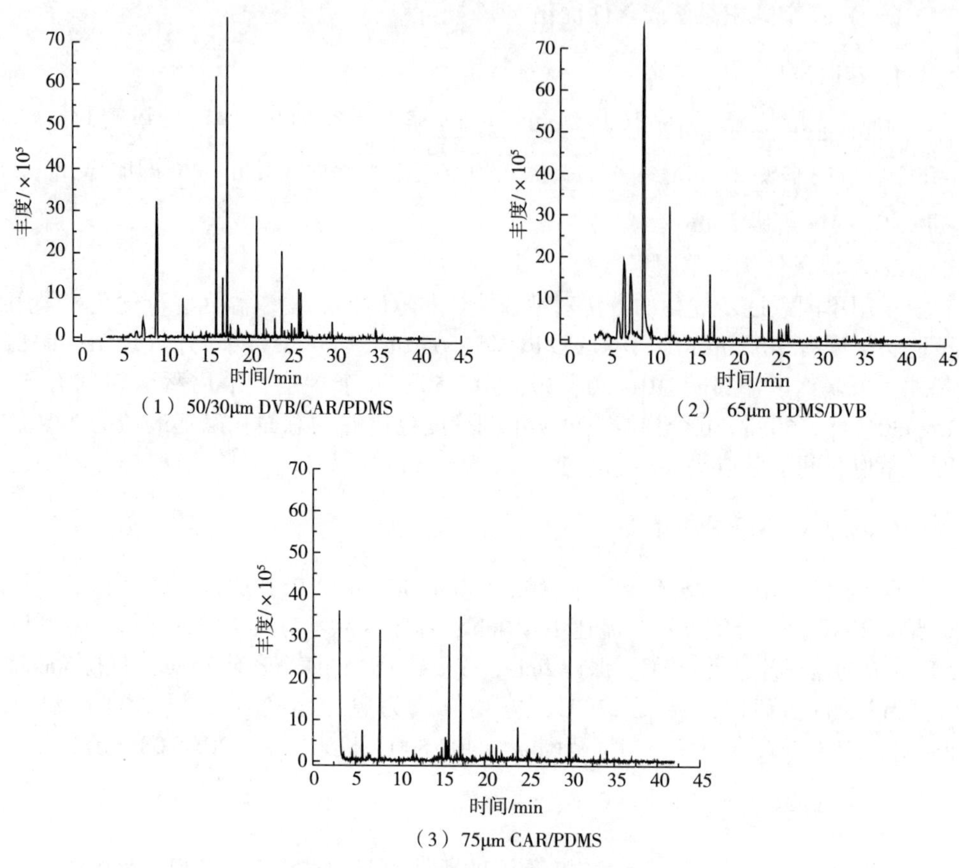

图 2-1 萃取头类型对萃取效果的影响

(二) 萃取温度的优化

在最优萃取头基础上进行萃取温度的优化，如图 2-2 所示，总峰面积随萃取温度的升高而上升，在萃取温度为 40℃时，总峰面积最大，为 17.7×10^8，随后当萃取温度升高到 50℃时，总峰面积降低，推测可能是部分含硫化合物、萜烯类化合物热不稳定的成分分解造成的。

① 图 2-1 中的“丰度”：质谱图上的每个峰代表一种质荷比离子，峰的强度代表离子的多少，其大小用“丰度”表示，即纵坐标的丰度代表质荷比离子强度。余图同理。——编者注

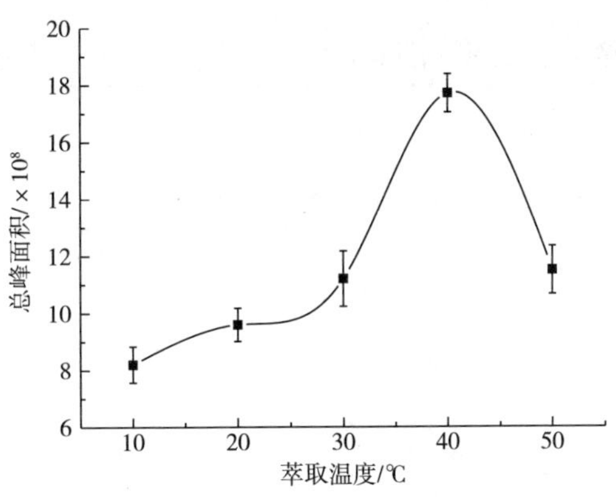

图 2-2 萃取温度对香椿总峰面积的影响

(三) 萃取时间的优化

在最优萃取头、萃取温度的基础上进行萃取时间的优化，如图 2-3 所示，可以看出在 5~30min 区间内，峰面积随着萃取时间的延长逐渐增大，随后基本保持不变，表明萃取 30min 已达到最大萃取效率，故选 30min 为最佳萃取时间。

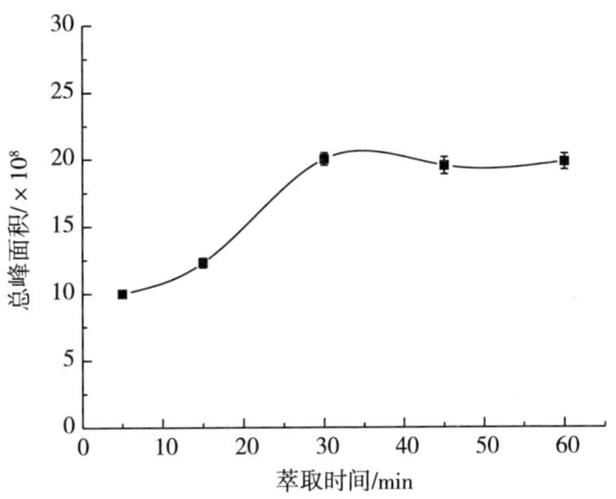

图 2-3 萃取时间对香椿总峰面积的影响

(四) 精密性和稳定性结果

对红油香香椿香气精密性和稳定性试验的总离子流分别如图 2-4 和图 2-5 所示（图 2-4、图 2-5 见书后插页），利用面积归一化法计算香椿香气成分中代表性香气物质的相对含量及标准偏差，如表 2-1 和表 2-2 所示。表 2-1 中所选取化合物相对含量的相对标准偏差均小于 5%，表明仪器精密度良好。表 2-2 中所选取化合物相对含量的相对标准偏差均小于6%，表明该方法稳定性良好。

表 2-1 精密性试验代表性化合物相对含量的相对标准偏差

序号	化合物名称	实验次数			*RSD*/%
		1	2	3	
1	2-己烯醛	3.75	3.68	3.57	2.47
2	2,4-二甲基噻吩	27.70	27.41	26.00	3.36
3	2-巯基-3,4-二甲基-2,3-二氢噻吩	35.62	35.95	34.85	1.59
4	猿草烯	4.82	5.10	4.62	4.97
5	α-蒎烯	4.28	4.39	4.50	2.51
6	异丁子香烯	4.70	4.80	4.89	1.98

表 2-2 稳定性试验代表性化合物相对含量的相对标准偏差

序号	化合物名称	实验次数			*RSD*/%
		1	2	3	
1	2-己烯醛	5.17	5.20	5.01	1.99
2	2,4-二甲基噻吩	27.23	26.04	27.13	2.46
3	2-巯基-3,4-二甲基-2,3-二氢噻吩	37.89	34.38	38.01	5.61
4	猿草烯	5.07	5.64	5.21	5.60
5	α-蒎烯	4.54	4.64	4.78	2.59
6	异丁子香烯	4.27	4.08	4.11	2.46

四、小结

基于最优顶空固相微萃取条件，萃取头为50/30μm DVB/CAR/PDMS，萃取温度40℃、萃取时间30min，在此条件下香椿挥发性成分的总峰面积最大，检测到的挥发性成分最多。

通过面积归一化法对代表性化合物的相对含量及相对标准偏差进行分析，均小于6%，证明顶空固相微萃取方法的精密性和稳定性可行。

第二节 香椿生长期挥发性香气物质指纹图谱的构建

香椿作为我国重要的特产木本风味植物资源之一，在我国有2300多年的栽培历史，其营养价值居蔬菜之首，且其香气物质兼具驱虫杀菌之功效，栽培期间不需施用农药。尽管香椿的特殊芳香自古以来就被人们所认识和关注，但是关于香椿挥发性化学物质的研究历史并不长，且前人研究都是针对香椿的不同部位或不同产地的香椿为对象，对其挥发性成分进行分析，目前并没有系统的对香椿整个生长期的挥发性成分进行研究，全国 22 个省（自治区、直辖市）均有香椿的规模化种植，不同地区由于海拔、温度、光照、湿度等差异使得香椿特征组分存在不同。香椿挥发性成分的指纹图谱数据仍处于空白。基于此，本节拟对整个生长期和不同地域香椿进行取样，利用固相微萃取技术提取香椿中的挥发性成分，通过 GC-MS 分离检测，再结合色谱指纹图谱相似度评价系统软件对结果分析处理后，建立香椿的挥发性成分指纹图谱数据，为香椿的品质鉴定和产品开发提供理论依据。

一、材料与设备

（一）材料与试剂

香椿品种为红油香椿，香椿生长期样品采自河南现代农业开发基地香椿园，2018 年 4—10 月定时采样，具体日期见表 2-3。

表 2-3　香椿样品采集日期

编号	采集日期	产地
S1	2018 年 4 月 3 日	基地香椿园
S2	2018 年 4 月 10 日	基地香椿园
S3	2018 年 4 月 17 日	基地香椿园
S4	2018 年 4 月 25 日	基地香椿园
S5	2018 年 5 月 2 日	基地香椿园
S6	2018 年 5 月 9 日	基地香椿园
S7	2018 年 5 月 15 日	基地香椿园
S8	2018 年 5 月 29 日	基地香椿园
S9	2018 年 6 月 6 日	基地香椿园
S10	2018 年 6 月 14 日	基地香椿园
S11	2018 年 6 月 25 日	基地香椿园
S12	2018 年 7 月 5 日	基地香椿园

续表

编号	采集日期	产地
S13	2018 年 7 月 17 日	基地香椿园
S14	2018 年 7 月 31 日	基地香椿园
S15	2018 年 8 月 14 日	基地香椿园
S16	2018 年 8 月 24 日	基地香椿园
S17	2018 年 9 月 11 日	基地香椿园
S18	2018 年 9 月 28 日	基地香椿园
S19	2018 年 10 月 15 日	基地香椿园
S20	2018 年 10 月 30 日	基地香椿园

（二）仪器与设备

7890AGC-5975CMS 型气相色谱-质谱联用仪，美国安捷伦公司；HP-5MS 石英毛细管色谱（30m×0.25mm×0.25μm）；顶空固相微萃取装置（包括手持式手柄，50/30μm DVB/CAR/PDMS 萃取头，20mL 棕色顶空瓶），美国安捷伦公司；C20 型玻璃仪器气流烘干器，郑州杜甫仪器厂。

二、试验方法

（一）样品处理

新鲜香椿研碎 → 称取 1.0g 于 20mL 棕色顶空瓶里 → 密封垫密封 → 40℃水浴中平衡 15min → 萃取头插入顶空瓶中，萃取 30min → 立即取出，插入 GC-MS 解吸 5min 。

（二）GC-MS 分析条件

GC 条件：HP-5MS 石英毛细管柱（30m×0.25mm×0.25μm）；载气 He，进样口温度 250℃，无分流比；柱流速 1mL/min；程序升温：初温 40℃，保持 3min，以 5℃/min 的速率升温至 150℃，保持 2min；以 8℃/min 的速率升至 220℃，保持 5min。

MS 条件：穿梭线温度 230℃，电离方式为电子电离（EI），离子阱温度 230℃，扫描方式全扫描，扫描范围 m/z 40~800。检索图库：NIST 08. LIB。

三、结果与分析

（一）香椿嫩芽指纹图谱的测定

将20个香椿样品按照样品萃取条件，并依次进样分析，得到香椿嫩芽指纹图谱（图2-6）和总离子流图（图2-7，见书后插页）。

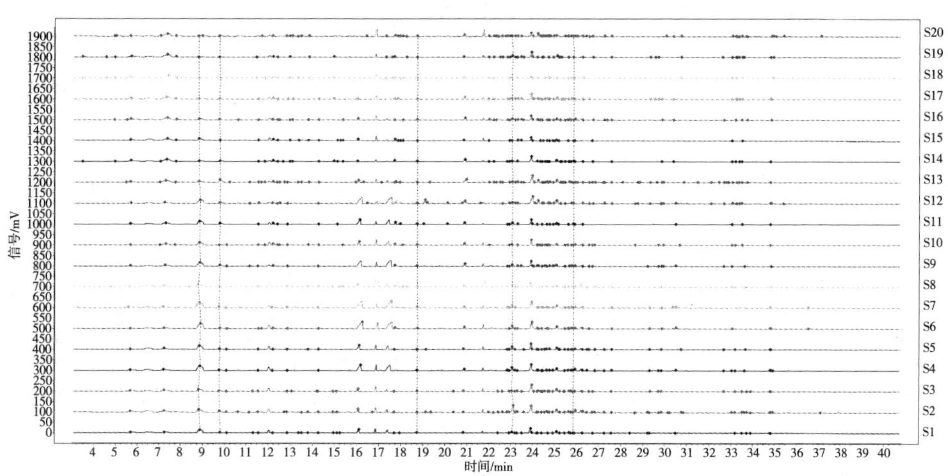

图2-6　20个香椿样品的GC指纹图谱

（二）指纹图谱共有模式的建立

将20个香椿样品的色谱数据导入"中药色谱指纹图谱相似度评价系统"进行图谱分析，以1号（取样日期2018年4月3日）色谱峰为参照峰，时间宽度设为0.10s，采用多点校正后进行自动匹配，共确认5个共有峰，通过NIST 08.LIB标准谱库检索，查阅相关文献资料，鉴定出该5个共有峰的化学组成结果见表2-4，结果表明共有物质主要为含硫类、醛类、萜烯类和酮类，分别是2,4-二甲基噻吩、2-蒎烯、β-环柠檬醛、古巴烯、β-紫罗兰酮，其中含硫类的2,4-二甲基噻吩含量较高（平均百分含量达19.39%），也是构成香椿特征风味的关键物质。不同生长期香椿挥发性成分的GC-MS指纹图谱共有峰的相对保留时间差别较小，*RSD*在0.02%~0.34%，说明20个香椿样品挥发性特征成分基本相同。但其共有峰的相对峰面积差别较大，*RSD*在47.2%~139.79%，说明20个香椿样品挥发性物质的主要特征成分含量差别较大。

表 2-4　4—10 月香椿样品挥发性成分 GC-MS 指纹图谱共有峰鉴定结果

峰号	保留时间 (t_R) /min	化合物名称	分子式	保留时间 *RSD/%*	峰面积 *RSD/%*	平均百分含量/%
1	8.851	2,4-二甲基噻吩	C_6H1_2O	0.34	75.22	19.39
2	9.772	2-蒎烯	$C_6H_{10}O$	0.13	97.38	3.32
3	18.744	β-环柠檬醛	C_6H_8S	0.04	47.2	0.61
4	23.057	古巴烯	$C_8H_{12}O$	0.08	139.79	2.90
5	25.857	β-紫罗兰酮	$C_{10}H_{18}O$	0.02	50.77	0.44

将 4—6 月 11 个香椿样品的色谱数据导入“中药色谱指纹图谱相似度评价系统”进行图谱分析，以 1 号（取样日期 2018 年 4 月 3 日）色谱峰为参照峰，时间宽度设为 0.10s，采用多点校正后进行自动匹配，共确认 13 个共有峰，通过 NIST 08.LIB 标准谱库检索，查阅相关文献资料，鉴定出该 13 个共有峰的化学组成结果见表 2-5，结果表明共有物质主要为醛类、含硫类、萜烯类、酮类及其他类，分别为正己醛、2-己烯醛、2,4-二甲基噻吩、2-蒎烯、(+) -柠檬烯、π 甲基-π［4-甲基-3-戊烯基］环氧乙烷、（2π3π） -1-甲基-蜡梅啶、古巴烯、β 荜澄茄油烯、猿草烯、β-紫罗兰酮、β-蛇床烯，其中含硫类的 2,4-二甲基噻吩含量较高平均百分含量达 25.94%，也是构成香椿特征风味的关键物质。不同生长期香椿挥发性成分的 GC-MS 指纹图谱共有峰的相对保留时间差别较小，*RSD* 在 0.02%~0.56%，说明 11 批香椿样品挥发性特征成分基本相同。但其共有峰的相对峰面积差别较大，*RSD* 在 26.28%~112.61%，说明 11 批香椿样品挥发性物质的主要特征成分含量差别较大。

表 2-5　4—6 月 11 个香椿样品挥发性成分 GC-MS 指纹图谱共有峰鉴定结果

峰号	保留时间 (t_R) /min	化合物名称	分子式	保留时间 *RSD/%*	峰面积 *RSD/%*	平均百分含量/%
1	5.684	正己醛	$C_6H_{12}O$	0.56	49.26	3.92
2	7.268	2-己烯醛	$C_6H_{10}O$	0.52	34.34	8.88
3	8.861	2,4-二甲基噻吩	C_6H_8S	0.35	37.83	25.94
4	9.771	2-蒎烯	$C_{10}H_{16}$	0.17	56.04	3.21
5	12.86	(+)-柠檬烯	$C_{10}H_{16}$	0.06	58.66	0.22
6	14.271	π 甲基-π［4-甲基-3-戊烯基］环氧乙烷	$C_{10}H_{18}O_2$	0.06	38.69	0.17
7	18.746	β-环柠檬醛	C_6H_8S	0.03	26.28	0.68

续表

峰号	保留时间 (t_R) /min	化合物名称	分子式	保留时间 RSD/%	峰面积 RSD/%	平均百分含量/%
8	20.875	(2π3π) -1-甲基-蜡梅啶	$C_{22}H_{26}N_4$	0.12	66.11	2.28
9	23.064	古巴烯	$C_{15}H_{24}$	0.09	112.61	4.00
10	24.427	β-荜澄茄油烯	$C_{15}H_{24}$	0.03	83.67	0.19
11	25.118	猿草烯	$C_{15}H_{24}$	0.04	46.02	3.49
12	25.861	β-紫罗兰酮	$C_{13}H_{20}O$	0.02	31.91	0.50
13	25.943	β-蛇床烯	$C_{15}H_{24}$	0.04	84.85	1.30

将7—10月9个香椿样品的色谱数据导入“中药色谱指纹图谱相似度评价系统”进行图谱分析，以12号（取样日期2018年7月5日）色谱峰为参照峰，时间宽度设为0.10s，采用多点校正后进行自动匹配，共确认13个共有峰，通过NIST 08.LIB标准谱库检索，查阅相关文献资料，鉴定出该11个共有峰的化学组成结果见表2-6，结果表明共有物质主要为醛类、含硫类、萜烯类、酮类及酯类，分别为正己醛、2-己烯醛、2,4-二甲基噻吩、2-蒎烯、(*E*)-3-己烯-1-醇乙酸酯、β-环柠檬醛、依兰烯、古巴烯、β-波旁烯、β-紫罗兰酮、10,12-三碳二烯酸甲酯，其中含硫类的2,4-二甲基噻吩含量较高平均百分含量达24.94%，也是构成香椿特征风味的关键物质。不同生长期香椿挥发性成分的GC-MS指纹图谱共有峰的相对保留时间差别较小，*RSD*在0.02%~0.61%，说明9个香椿样品挥发性特征成分基本相同。但其共有峰的相对峰面积差别较大，*RSD*在28.31%~146.58%，说明11批香椿样品挥发性物质的主要特征成分含量差别较大。

表2-6 7—10月9个香椿样品挥发性成分GC-MS指纹图谱共有峰鉴定结果

峰号	保留时间 (t_R) /min	化合物名称	分子式	保留时间 RSD/%	峰面积 RSD/%	平均百分含量/%
1	5.711	正己醛	$C_6H_{12}O$	0.18	40.47	10.26
2	7.371	2-己烯醛	$C_6H_{10}O$	0.61	28.31	24.94
3	8.838	2,4-二甲基噻吩	C_6H_8S	0.28	117.46	9.11
4	9.773	2-蒎烯	$C_{10}H_{16}$	0.05	146.58	3.50
5	12.211	(*E*)-3-己烯-1-醇乙酸酯	$C_8H_{14}O_2$	0.07	58.64	2.59
6	18.74	β-环柠檬醛	C_6H_8S	0.03	66.36	0.50
7	22.932	依兰烯	$C_{15}H_{24}$	0.03	36.81	0.28

续表

峰号	保留时间（t_R）/min	化合物名称	分子式	保留时间 RSD/%	峰面积 RSD/%	平均百分含量/%
8	23.048	古巴烯	$C_{15}H_{24}$	0.02	74.63	1.18
9	23.296	β-波旁烯	$C_{15}H_{24}$	0.02	49.45	1.40
10	25.853	β-紫罗兰酮	$C_{13}H_{20}O$	0.02	63.75	0.34
11	33.488	10,12-三碳二烯酸甲酯	$C_{24}H_{40}O_2$	0.02	72.98	0.23

（三）相似度分析

采用“中药色谱指纹图谱相似度评价系统”，以其共有模式为参照，进行相似度评价，结果见表2-7，20个香椿样品的GC-MS指纹图谱与对照图谱相似度为0.02~0.99。S5与对照指纹图谱S1最为接近，相似度达0.99，S2与S3，S4、S5、S6，S9、S10、S11，S15、S16，S17、S18、S19、S20比较接近，相似度大于0.85。S18、S19、S20与S1差异最大，相似度分别为0.079、0.227、0.044。以上结果同样可以从聚类分析中得到证实，因此可以认为采收期、生长环境对香椿挥发性成分具有很大影响。

采用“中药色谱指纹图谱相似度评价系统”，以其共有模式为参照，进行相似度评价，结果见表2-8，11个香椿样品的GC-MS指纹图谱与对照图谱相似度为0.99~0.02。S4、S5、S6，S8、S10、S11与对照指纹图谱S1最为接近，相似度均达0.870以上；S8与S9，S10、S11较为接近相似度在0.925以上；S10与S11相似度最高为0.966。总体来说4—6月11个香椿样品差异较小。

采用“中药色谱指纹图谱相似度评价系统”，以其共有模式为参照，进行相似度评价，结果见表2-9，9个香椿样品的GC-MS指纹图谱与对照图谱相似度为0.984~0.206。S6与S7、S8、S9较为接近相似度在0.9以上；S5、S6、S7、S8、S9相似度均达0.875以上。总体来说9月和10月的5个香椿样品差异较小。

（四）香椿挥发性成分指纹图谱的聚类分析

系统聚类分析可根据样品之间的亲疏远近关系将样品分类，样品相似度越大，二者之间的距离越近。适合样品数量较少时的聚类分析，最终输出树状图的聚类结果。根据本试验所得香椿嫩芽挥发性成分指纹图谱结果，分析不同生长期样品的共有峰，并将共有峰峰面积作为香椿挥发性成分聚类分析的分析对象，将数据导入SPSS19.0软件，采用组间连接法，并用欧式距离的平方为测度对其进行聚类分析。

表 2-7　20 个香椿样品挥发性成分 GC-MS 指纹图谱相似度评价结果

编号	S1	S2	S3	S4	S5	S6	S7	S8	S9	S10	S11	S12	S13	S14	S15	S16	S17	S18	S19	S20
S1	1																			
S2	0.529	1																		
S3	0.502	0.875	1																	
S4	0.883	0.52	0.525	1																
S5	0.99	0.569	0.516	0.876	1															
S6	0.885	0.621	0.643	0.975	0.876	1														
S7	0.576	0.622	0.632	0.525	0.576	0.643	1													
S8	0.625	0.694	0.637	0.507	0.653	0.592	0.625	1												
S9	0.76	0.557	0.494	0.522	0.75	0.633	0.671	0.68	1											
S10	0.817	0.416	0.383	0.662	0.803	0.691	0.498	0.515	0.865	1										
S11	0.891	0.481	0.426	0.778	0.876	0.803	0.556	0.563	0.871	0.966	1									
S12	0.571	0.767	0.87	0.588	0.577	0.733	0.739	0.641	0.661	0.495	0.548	1								
S13	0.276	0.591	0.661	0.345	0.269	0.434	0.387	0.313	0.49	0.549	0.509	0.636	1							
S14	0.297	0.213	0.198	0.118	0.285	0.137	0.122	0.171	0.539	0.73	0.593	0.16	0.643	1						
S15	0.446	0.455	0.434	0.339	0.424	0.405	0.418	0.564	0.68	0.761	0.701	0.41	0.641	0.769	1					
S16	0.289	0.366	0.332	0.22	0.271	0.255	0.251	0.44	0.535	0.67	0.577	0.282	0.707	0.847	0.93	1				
S17	0.306	0.217	0.221	0.121	0.291	0.136	0.117	0.159	0.51	0.713	0.569	0.164	0.617	0.984	0.762	0.835	1			
S18	0.079	0.101	0.109	0.041	0.063	0.037	0.023	0.077	0.281	0.525	0.4	0.04	0.564	0.872	0.78	0.874	0.872	1		
S19	0.227	0.154	0.135	0.059	0.224	0.063	0.049	0.064	0.412	0.648	0.496	0.077	0.541	0.952	0.697	0.769	0.957	0.894	1	
S20	0.044	0.078	0.083	0.032	0.036	0.035	0.02	0.116	0.286	0.513	0.392	0.072	0.597	0.834	0.759	0.875	0.823	0.948	0.836	1

表 2-8　4—6 月 11 个香椿样品挥发性成分 GC-MS 指纹图谱相似度评价结果

编号	S1	S2	S3	S4	S5	S6	S7	S8	S9	S10	S11
S1	1										
S2	0. 694	1									
S3	0. 654	0. 591	1								
S4	0. 879	0. 76	0. 584	1							
S5	0. 877	0. 879	0. 665	0. 952	1						
S6	0. 886	0. 671	0. 812	0. 899	0. 878	1					
S7	0. 582	0. 636	0. 464	0. 528	0. 68	0. 565	1				
S8	0. 882	0. 696	0. 64	0. 672	0. 773	0. 725	0. 645	1			
S9	0. 8	0. 633	0. 592	0. 55	0. 695	0. 66	0. 73	0. 926	1		
S10	0. 892	0. 679	0. 666	0. 721	0. 788	0. 744	0. 589	0. 954	0. 865	1	
S11	0. 947	0. 729	0. 687	0. 819	0. 863	0. 842	0. 666	0. 931	0. 871	0. 966	1

表 2-9　7—10 月 9 个香椿样品挥发性成分 GC-MS 指纹图谱相似度评价结果

编号	S1	S2	S3	S4	S5	S6	S7	S8	S9
S1	1								
S2	0. 734	1							
S3	0. 303	0. 643	1						
S4	0. 534	0. 641	0. 851	1					
S5	0. 421	0. 707	0. 952	0. 93	1				
S6	0. 303	0. 617	0. 984	0. 846	0. 942	1			
S7	0. 206	0. 564	0. 909	0. 78	0. 874	0. 91	1		
S8	0. 228	0. 541	0. 952	0. 783	0. 881	0. 957	0. 933	1	
S9	0. 241	0. 597	0. 913	0. 759	0. 875	0. 904	0. 948	0. 919	1

系统聚类分析结果如图 2-8 所示。不同生长期香椿样品主要分为三类，其中第一类为 S4、S6、S7；第二类为 S1、S2、S3、S5、S8、S9、S10、S11、S12、S15；第三类为 S13、S14、S16、S17、S18、S19、S20，对照表 2-1 发现，第一类样品采收期集中在 4 月底和 5 月上旬，很好的聚为一类；第二类采收期在 4 月上旬，5 月底，6 月和 7 月初聚为一类；第三类样品采收期集中在 7 月中下旬及 9 月、10 月。以上分析可以看出，采收期对香椿挥发性成分具有显著影响。

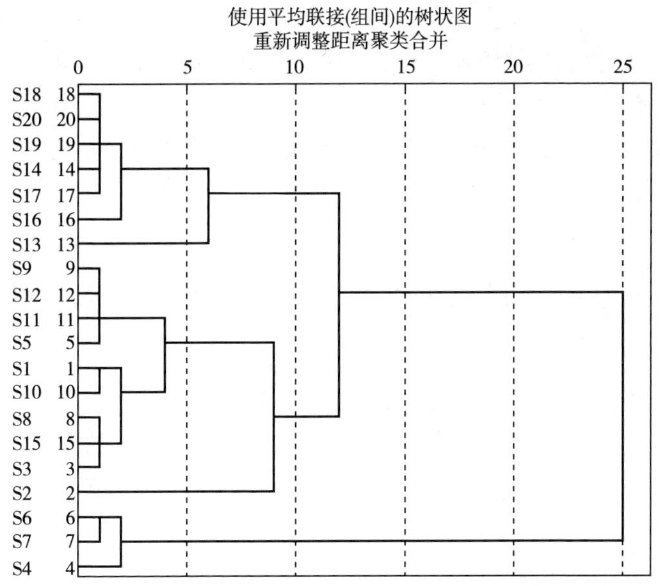

图 2-8　不同生长期香椿 GC-MS 指纹图谱聚类分析结果

四、小结

本节采用 GC-MS 技术建立不同生长期 4—10 月 20 批香椿样品的挥发性成分指纹图谱，共找到 5 个共有峰并鉴定出其化学成分作为香椿嫩芽的特征性风味物质，分别是 2,4-二甲基噻吩、2-蒎烯、β-环柠檬醛、古巴烯、β-紫罗兰酮，其中含硫类的 2,4-二甲基噻吩含量较高平均百分含量达 19.39%。4—6 月 11 批香椿样品的挥发性成分指纹图谱共确认 13 个共有峰，其化学成分分别为正己醛、2-己烯醛、2,4-二甲基噻吩、2-蒎烯、柠檬烯、π-甲基-π［4-甲基-3-戊烯基］环氧乙烷、(2π3π）-1-甲基-蜡梅啶、古巴烯、β-荜澄茄油烯、猿草烯、β-紫罗兰酮、β-蛇床烯，其中含硫类的 2,4-二甲基噻吩含量较高平均百分含量达 25.94%。7—10 月 9 个香椿样品的挥发性成分指纹图谱共确认 11 个共有峰，其化学成分分别为正己醛、2-己烯醛、2,4-二甲基噻吩、2-蒎烯、(*E*)-3-己烯-1-醇乙酸酯、β-环柠檬醛、依兰烯、古巴烯、β-波旁烯、β-紫罗兰酮、10,12-三碳二烯酸甲酯，其中含硫类的 2,4-二甲基噻吩含量较高平均百分含量达 24.94%，也是构成香椿特征风味的关键物质。不同生长期香椿挥发性成分的 GC-MS 指纹图谱共有峰的相对保留时间差别较小，*RSD* 在 0.02%~0.61%，但共有峰的相对峰面积差别较大。

根据挥发性成分相似度分析结果表明 20 批香椿样品挥发性成分的 GC-MS 指

纹图谱与对照图谱相似度为 0.02~0.99，差异较大。共有成分聚类分析结果表明，不同生长期香椿样品主要分为三类，采收期集中在 4 月底和 5 月上旬，较好地聚为一类；5 月底，6 月和 7 月初采集样品聚为一类；7 月中下旬及 9 月、10 月采收期样品聚为一类。因此可以认为采收期、生长环境对香椿挥发性成分具有很大影响。

第三节　不同产地香椿挥发性香气物质指纹图谱的构建

本节拟利用固相微萃取技术提取全国不同来源（贵州、云南、四川、广西、湖南、浙江、山西、安徽、湖北、河南、山东、河北 12 个具有温、光差异的省区取材）的香椿嫩芽中的挥发性成分，通过 GC-MS 分离检测，再结合色谱指纹图谱相似度评价系统软件对结果分析处理后，建立全国 12 个省区香椿挥发性香气成分的指纹图谱数据，为香椿的品质鉴定和产品开发提供理论依据。

一、材料与设备

（一）材料与试剂

试验材料为产自全国 12 个省区的香椿样品，具体产地见表 2-10；液氮，郑州博越商贸股份有限公司。

表 2-10　12 个不同产地香椿样品

编号	产地	采集时间	编号	产地	采集时间
S1	贵州	2019 年 3 月 7 日	S7	山西	2019 年 3 月 30 日
S2	云南	2019 年 3 月 9 日	S8	安徽	2019 年 4 月 1 日
S3	四川	2019 年 3 月 15 日	S9	湖北	2019 年 4 月 2 日
S4	广西	2019 年 3 月 17 日	S10	河南	2019 年 4 月 3 日
S5	湖南	2019 年 3 月 26 日	S11	山东	2019 年 4 月 10 日
S6	浙江	2019 年 3 月 26 日	S12	河北	2019 年 4 月 15 日

（二）仪器与设备

7890A-5975C 气相色谱-质谱联用仪、顶空固相微萃取装置（包括手持式手柄、50/30μm DVB/CAR/PDMS 萃取头、20mL 带硅胶垫棕色顶空瓶）：美国安捷伦公司；ME204E 型电子天平：梅特勒-托利多仪器（上海）有限公司；IKA A11

液氮研磨机：艾卡（广州）仪器设备有限公司；C20 型玻璃仪器气流烘干器，郑州杜甫仪器厂。

二、试验方法

（一）样品处理

新鲜香椿液氮粉碎 → 称取 1.0g 于 20mL 棕色顶空瓶里 → 密封垫密封 → 40℃水浴中平衡 15min → 萃取头插入顶空瓶中，萃取 30min（萃取头离样品约 1cm）→ 立即取出，插入 GC-MS 解吸 5min。

（二）GC-MS 分析条件

GC 条件：HP-5MS 毛细管色谱柱（30m×0.25mm×0.25μm）；升温程序：起始温度 40℃，保持 3min，以 5℃/min 速率升温至 150℃，保持 2min，以 8℃/min 速率升温至 220℃，保持 5min；进样口温度 250℃；载气 He，流速 1.0mL/min；无分流比。

MS 条件：电子电离源；扫描方式全扫描；离子源温度 230℃；四极杆温度 150℃；辅助加热器温度 250℃；溶剂延迟 3min；质量扫描范围 m/z 40～800；检索图库：NIST 08. LIB。

三、结果与分析

（一）香椿嫩芽指纹图谱的测定

将 12 个不同产地的香椿嫩芽样品按照方法中条件萃取样品，在方法中 GC-MS 分析条件下依次进样，得到香椿嫩芽指纹图谱（图 2-9）。

（二）指纹图谱共有模式的建立

将 12 个省区香椿嫩芽的色谱数据导入“中药色谱指纹图谱相似度评价系统”进行图谱分析，以 11 号色谱峰为参照峰，时间宽度设为 0.10s，采用多点校正后进行自动匹配，共确认 4 个共有峰，通过 NIST 08. LIB 标准谱库检索，查阅相关文献资料，鉴定出该 4 个共有峰的化学组成，结果见表 2-11。结果表明，共有物质主要为醛类和萜烯类，分别是正己醛、2-己烯醛、雪松烯、*Z*,*Z*,*Z*-1,5,9,9-四甲基-1,4,7-环己三烯，其中醛类是构成香椿主要香气特征的一大类物质，已

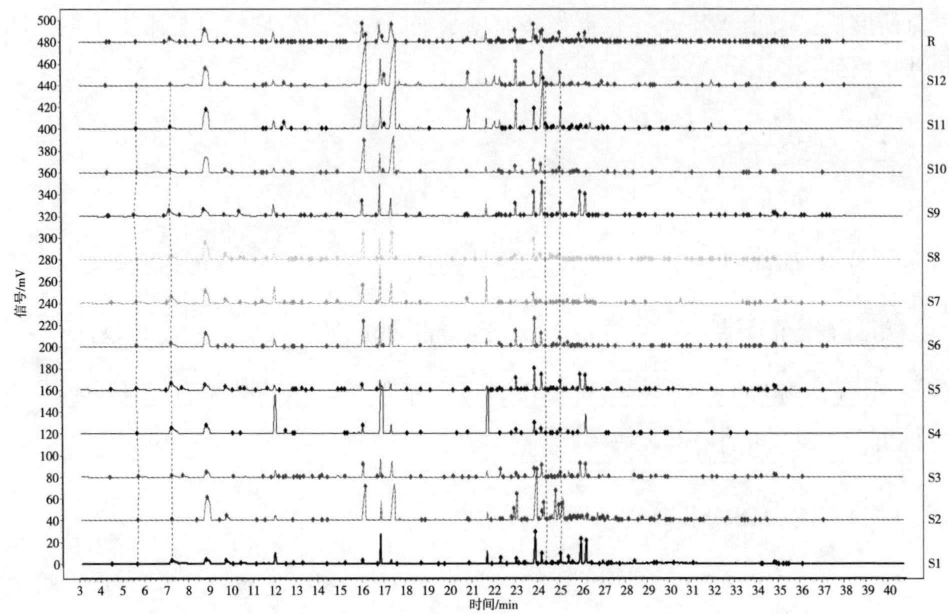

图 2-9　12 个省区香椿样品的 GC-MS 指纹图谱

醛、(*E*) -2-己烯醛等为构成新鲜香椿独特气味的主要贡献化合物。不同产地香椿嫩芽挥发性成分的 GC-MS 指纹图谱共有峰的相对保留时间差别较小，*RSD* 在 0.05%~0.73%，说明 12 种香椿嫩芽样品挥发性特征成分基本相同。但其共有峰的相对峰面积差别较大，*RSD* 在 64.35%~109.87%，说明 12 个省区香椿嫩芽挥发性物质的主要特征成分含量差别较大。

表 2-11　12 个省区香椿嫩芽样品挥发性成分 GC-MS 指纹图谱共有峰鉴定结果

峰号	保留时间 (t_R) /min	化合物名称	分子式	保留时间 *RSD*/%	峰面积 *RSD*/%	平均百分含量/%
1	5.685	正己醛	$C_6H_{12}O$	0.73	71.93	1.38
2	7.234	2-己烯醛	$C_6H_{10}O$	0.33	65.78	5.83
3	24.420	雪松烯	$C_{15}H_{24}$	0.05	109.87	0.28
4	25.093	*Z*,*Z*,*Z*-1,5,9,9-四甲基-1,4,7-环己三烯	$C_{15}H_{24}$	0.08	64.35	2.91

(三) 相似度分析

采用“中药色谱指纹图谱相似度评价系统”，以其共有模式为参照，进行相似度评价，结果见表2-12，12 个省区香椿样品的 GC-MS 指纹图谱与对照图谱相似度为 0.016~0.981。S11 与 S12、S4 与 S7、S6 与 S7（山东与河北、广西与山西、浙江与山西）最为接近，其相似度均大于0.9；S3与S6、S7与S8、S2与S6、S3与S7、S6与S8（四川与浙江、山西与安徽、云南与浙江、四川与山西、浙江与安徽）较为接近，相似度均大于0.8；S10与S12（河南与河北）差异最大，相似度仅为0.016。由此我们可以得出，全国不同产地香椿特征香气成分之间存在显著性差异，生长环境对香椿挥发性成分影响很大。

表2-12　12个省区香椿嫩芽挥发性成分GC-MS指纹图谱相似度评价结果

编号	S1	S2	S3	S4	S5	S6	S7	S8	S9	S10	S11	S12
S1	1											
S2	0.268	1										
S3	0.663	0.717	1									
S4	0.519	0.576	0.708	1								
S5	0.798	0.386	0.73	0.795	1							
S6	0.488	0.821	0.865	0.783	0.615	1						
S7	0.455	0.747	0.808	0.922	0.697	0.901	1					
S8	0.471	0.659	0.697	0.792	0.61	0.806	0.844	1				
S9	0.724	0.606	0.793	0.7	0.785	0.699	0.714	0.611	1			
S10	0.192	0.488	0.49	0.3	0.257	0.552	0.445	0.315	0.364	1		
S11	0.154	0.218	0.171	0.244	0.186	0.207	0.218	0.245	0.297	0.021	1	
S12	0.125	0.177	0.153	0.213	0.156	0.187	0.2	0.23	0.202	0.016	0.981	1

四、小结

本试验采用GC-MS技术建立了全国12个省区香椿嫩芽的挥发性成分指纹图谱，共找到4个共有峰并鉴定出其化学成分作为香椿嫩芽的特征性风味物质，分别是正己醛、2-己烯醛、雪松烯、*Z*,*Z*,*Z*-1,5,9,9-四甲基-1,4,7-环己三烯。

根据挥发性成分差异分析结果，12个省区香椿样品的相似度在0.016~0.981，相似度较低，表明全国不同区域、不同生长环境下香椿嫩芽挥发性成分差异较大。生长环境对香椿嫩芽挥发性成分影响显著，其中山东与河北、广西与山西、浙江与山西的香椿特征香气成分极为相似，这可能是由于广西、浙江、山西光照充足、气候湿度相似。

参考文献

[1]李俊秀,姜三平．基于主成分分析的图像自适应阈值去噪算法[J]．红外技术，

2014,36(4):311-314,319.
[2]龙立梅,宋沙沙,曹学丽. 基于香气成分气相色谱-质谱指纹图谱的判别分析和相似度评价用于绿茶等级差异研究[J]. 色谱,2019,37(3):325-330.
[3]潘泓杉,马红. 指纹图谱技术在食品品种判别方面的研究进展[J]. 现代农业科技,2018(12):240-242,244.
[4]乔善磊. 中药色谱指纹图谱相似度评价研究[D]. 上海:第二军医大学,2004.
[5]孙国祥,闫波,侯志飞,等. 中药色谱指纹图谱评价方法研究进展[J]. 中南药学,2015,13(7):673-681.
[6]王冠. 衍生化气相色谱指纹图谱方法的研究和应用[D]. 上海:同济大学,2006.
[7]王红广,安娜,车建途. 香气指纹图谱应用于山西老陈醋的身份识别[J]. 食品科学,2019,40(8):319-325.
[8]王晓敏,史冠莹,王赵改,等. 不同产地香椿抗氧化活性及挥发性成分的差异分析[J]. 现代食品科技,2020,36(7):271-281.
[9]谢晶,佟懿. 气味指纹图谱技术在食品挥发性气味分析中的应用[J]. 食品工业科技,2011,32(1):309-312.

第三章 香椿生长过程特征香气动态累积规律

第一节 香椿生长过程特征香气动态累积规律

第二节 不同栽培环境下香椿特征香气成分的变化规律

第三节 不同光照胁迫环境下香椿特征香气成分的变化规律

参考文献

第一节　香椿生长过程特征香气动态累积规律

香椿特征风味是其最重要的感官品质指标，决定其食用价值、商品价值及产业前景。香椿挥发性香气组分复杂、种类繁多，包括萜烯类、醛类、醇类、酮类、酯类和含硫类等。随着色谱、质谱技术的发展，香椿挥发性风味物质成为研究热点，主要集中在对其特征香气物质的提取、分离、质谱分析，以及品种、干燥方式、烫漂方式等与香气成分及差异的相关性等方面。目前鲜见系统地对香椿整个生长期的挥发性成分进行研究。基于此，本节对香椿整个生长期（4—10月）进行取样，利用固相微萃取技术提取香椿中的挥发性成分，通过GC-MS进行检测，分析不同生长期香椿特征香气物质动态合成规律，为香椿的品质鉴定和产品开发提供理论依据。

一、材料与设备

（一）材料与试剂

香椿，品种为红油香椿，采自河南现代农业研究开发基地香椿园，2018年4月至2018年10月定时采样，具体日期见表3-1。液氮，郑州博越商贸股份有限公司。

表3-1　香椿样品采集日期

编号	采集日期	产地	编号	采集日期	产地
S1	2018年4月3日	基地香椿园	S11	2018年6月25日	基地香椿园
S2	2018年4月10日	基地香椿园	S12	2018年7月5日	基地香椿园
S3	2018年4月17日	基地香椿园	S13	2018年7月17日	基地香椿园
S4	2018年4月25日	基地香椿园	S14	2018年7月31日	基地香椿园
S5	2018年5月2日	基地香椿园	S15	2018年8月14日	基地香椿园
S6	2018年5月9日	基地香椿园	S16	2018年8月24日	基地香椿园
S7	2018年5月15日	基地香椿园	S17	2018年9月11日	基地香椿园
S8	2018年5月29日	基地香椿园	S18	2018年9月28日	基地香椿园
S9	2018年6月6日	基地香椿园	S19	2018年10月15日	基地香椿园
S10	2018年6月14日	基地香椿园	S20	2018年10月30日	基地香椿园

（二）仪器与设备

7890AGC-5975CMS型气相色谱-质谱联用仪，美国安捷伦公司；HP-5MS石英毛细管色谱（30m×0.25mm×0.25μm）；顶空固相微萃取装置（包括手持式手柄，50/30μm DVB/CAR/PDMS 萃取头，20mL 棕色顶空瓶)，美国安捷伦公司；C20 型玻璃仪器气流烘干器，郑州杜甫仪器厂。

二、试验方法

(一) 样品处理

新鲜香椿研碎→称取 1.0g 于 20mL 棕色顶空瓶里→密封垫密封→40℃水浴中平衡 15min→萃取头插入顶空瓶中，萃取 30min→立即取出，插入 GC-MS 解吸 5min。

(二) GC-MS 分析条件

GC 条件：HP-5MS 石英毛细管柱（30m×0.25mm×0.25μm)；载气 He，进样口温度 250℃，无分流比；柱流速 1mL/min；程序升温：起始温度 40℃，保持 3min，以 5℃/min 的速率升温至 150℃，保持 2min；以 8℃/min 的速率升至 220℃，保持 5min。

MS 条件：穿梭线温度 230℃，电离方式为电子电离（EI)，离子阱温度 230℃，扫描方式全扫描，扫描范围 m/z 43~800。检索图库：NIST 08. LIB。

三、结果与分析

(一) 不同月份香椿的挥发性成分

对香椿整个生长期（4—10 月）采集的香椿样品香气成分进行 GC-MS 检测分析，通过谱库检索，同时参考资料、文献进行人工鉴定，并采用面积归一法计算香椿样品挥发性成分的相对含量，数量变化见表 3-2，GC-MS 分析结果见表 3-3，香气成分种类及相对百分含量比较见图 3-1（见书后插页)。

由表 3-2、表 3-3 可知，整个生长期（4—10 月）20 个香椿样品中共检出 234 种挥发性物质，其中 4—10 月分别检出 55、74、57、47、50、41、38、41、47、52、39、59、89、57、43、63、59、46、60、78 种成分。挥发性成分包括醇类 32 种、含硫类 7 种、醚类 1 种、醛类 7 种、酸类 5 种、酮类 19 种、烷烃类 12 种、萜烯类 77 种、酯类 34 种及其他类 30 种。整个生长期（4—10 月）20 批次香椿样品的挥发物中共同存在的化合物有 5 种，分别为 2,4-二甲基噻吩、正己醛、β-环柠檬醛、古巴烯、愈创木烯。但每种物质在各部位的相对含量存在差异，如 2,4-二甲基噻吩在 S7 中的含量高达 33.51%，而在 S18、S19、S20 中仅为 1%左右。

表 3-2 整个生长期香椿香气成分数量的比较

化合物分类	S1	S2	S3	S4	S5	S6	S7	S8	S9	S10	S11	S12	S13	S14	S15	S16	S17	S18	S19	S20
醇类	8	8	7	5	2	3	1	5	2	7	1	6	12	7	5	5	5	5	5	7
含硫类	3	2	2	3	2	4	5	2	2	2	3	2	4	2	2	3	2	2	2	2
醚类	1	1	1	0	1	1	1	0	0	0	0	1	0	0	0	0	0	0	0	0
醛类	6	7	4	5	6	4	4	6	5	6	3	6	8	7	4	6	4	5	5	6
酸类	0	0	0	0	0	0	0	0	0	0	0	1	1	1	0	0	2	1	1	2
酮类	2	3	4	3	2	4	2	5	2	5	2	4	8	5	5	7	9	4	3	3
烷烃类	2	2	1	1	2	0	0	1	0	2	0	2	3	0	2	3	0	3	2	5
萜烯类	23	34	27	23	28	18	20	18	28	20	19	23	37	22	14	28	25	15	22	31
酯类	5	11	4	3	4	4	1	3	6	8	9	9	7	7	4	6	6	9	9	
其他类	5	6	8	3	3	3	4	1	5	4	3	5	7	6	4	7	6	5	11	13
总计	55	74	57	47	50	41	38	41	47	52	39	59	89	57	43	63	59	46	60	78

表 3-3　整个生长期香椿香气成分 GC-MS 分析结果

序号	保留时间/min	化合物名称	分子式	相对百分含量/%																			
				S1	S2	S3	S4	S5	S6	S7	S8	S9	S10	S11	S12	S13	S14	S15	S16	S17	S18	S19	S20
醇类																							
1	4.608	(1-烯丙基环丙基）甲醇	$C_7H_{12}O$	—	—	—	—	—	—	—	—	—	—	—	—	—	—	—	—	—	0.15	0.11	—
2	4.95	2-癸烯-1-醇	$C_{10}H_{20}O$	—	—	—	—	—	—	—	—	—	—	—	—	—	—	—	0.33	—	—	—	—
3	4.961	(*E*)-2-戊烯-1-醇	$C_5H_{10}O$	—	—	—	—	—	—	—	—	—	—	—	—	—	—	—	—	—	0.98	0.92	0.42
4	4.975	(*Z*)-2-戊烯醇	$C_5H_{10}O$	—	—	—	—	—	—	—	—	—	—	—	—	—	0.67	—	—	—	—	—	0.46
5	7.392	3-己烯-1-醇	$C_6H_{12}O$	—	—	—	—	—	—	—	—	—	—	—	—	—	—	23.57	—	—	—	—	—
6	7.754	(*E*)-2-己烯-1-醇	$C_6H_{12}O$	—	—	—	—	—	—	—	—	—	2.10	—	—	—	—	—	—	—	—	—	—
7	7.798	正己醇	$C_6H_{14}O$	—	—	—	—	—	—	—	—	—	—	—	—	—	—	3.53	4.78	—	3.34	—	—
8	11.316	1-异辛烯-3-醇	$C_8H_{16}O$	0.13	—	0.12	—	—	—	—	—	—	—	—	—	—	—	—	—	—	—	—	—
9	12.865	2-甲基-5-(1-甲基乙烯基）-环己醇	$C_{10}H_{18}O$	—	—	—	—	—	—	—	—	—	0.13	—	—	—	—	—	—	—	—	—	—
10	14.275	(*Z*)-*A*,*A*-5-三甲基-5-乙烯基四氢化呋喃-2-甲醇	$C_{10}H_{18}O_2$	—	—	—	0.07	—	0.11	—	0.37	0.21	—	—	0.12	0.16	0.17	—	—	0.11	—	—	—

续表

序号	保留时间/min	化合物名称	分子式	相对百分含量/%																			
				S1	S2	S3	S4	S5	S6	S7	S8	S9	S10	S11	S12	S13	S14	S15	S16	S17	S18	S19	S20
11	14. 964	烯丙基正戊基甲醇	$C_9H_{18}O$	0. 47	0. 39	0. 66	—	—	—	—	—	—	—	—	—	—	1. 00	—	—	0. 67	1. 39	1. 84	—
12	15. 125	3,7-二甲基-1,6-辛二烯-3-醇	$C_{10}H_{18}O$	0. 58	0. 29	0. 21	—	—	—	—	—	—	—	—	—	—	—	—	—	—	—	—	—
13	15. 363	2,5-二甲基环己醇	$C_8H_{16}O$	—	—	—	—	—	—	—	0. 70	—	—	—	—	—	—	—	—	—	—	—	—
14	15. 368	6-甲基-5-庚烯-2-醇	$C_8H_{16}O$	—	—	—	—	—	—	—	—	—	—	—	—	—	0. 24	—	0. 30	—	—	—	—
15	15. 375	2,6-二甲基-环己醇	$C_8H_{16}O$	—	—	—	—	—	—	—	—	—	0. 44	—	—	—	—	0. 41	—	—	—	—	—
16	15. 944	1,7,7-三甲基双环[2. 2. 1]庚-5-烯-2-醇	$C_{10}H_{16}O$	—	—	—	—	—	—	—	—	—	—	—	—	0. 12	—	—	—	—	—	—	—
17	17. 114	(*Z*)-马鞭草烯醇	$C_{10}H_{16}O$	—	—	—	—	—	—	—	—	—	—	—	—	0. 27	—	—	—	—	—	—	—
18	22. 421	十氢-1,5,5,8*a*-四甲基-[1*s*-(1*π*3*aπ*4*π*7*π*8*aπ*]-1,4-甲偶氮-7-醇	$C_{15}H_{26}O$	—	—	—	—	—	—	—	—	—	—	—	—	—	—	—	—	—	—	—	0. 05
19	22. 634	檀香醇	$C_{15}H_{24}O$	—	0. 15	—	—	—	—	—	—	—	—	—	—	—	—	—	—	—	—	—	—

20	25.251	表蓝桉醇	$C_{15}H_{26}O$	—	—	—	—	—	—	—	—	—	—	—	—	—	0.05	—	—	—	—	—	—
21	25.422	8-雪松烯-13-醇	$C_{15}H_{24}O$	—	—	0.15	—	—	—	—	—	—	—	—	—	—	—	—	—	—	—	—	—
22	25.479	4,4,11,11-四甲基-7-四环[6.2.1.0(3.8)0(3.9)]十一醇	$C_{15}H_{24}O$	0.28	0.15	0.39	0.25	0.18	0.11	0.12	0.37	—	0.10	—	—	—	0.08	—	0.17	0.13	—	—	0.11
23	26.745	(-)-斯巴醇	$C_{15}H_{24}O$	0.13	—	—	—	—	—	—	—	—	—	—	—	—	—	—	—	—	—	—	—
24	28.426	八氢-2,2,4,7-四甲基-吲哚-1,3-乙烷(1*H*)-4-醇	$C_{15}H_{26}O$	0.19	—	—	—	—	—	—	—	—	—	—	—	—	—	—	—	—	—	—	—
25	28.766	6-异丙烯基-4,8*a*-二甲基-1,2,3,5,6,7,8,8*a*-十八氢萘-2-醇	$C_{15}H_{24}O$	—	—	—	—	—	—	—	—	—	—	—	0.11	0.05	—	—	—	—	—	—	—
26	29.951	4,4-二甲基-四环[6.3.2.0(2,5).0(1,8)]十三烷-9-醇	$C_{15}H_{24}O$	—	—	—	—	—	—	—	—	—	0.03	—	0.09	0.07	—	—	—	—	—	—	—
27	32.607	(4*b*)-12,13-环氧-单端孢霉-9-烯-4,15-二醇	$C_{15}H_{22}O_4$	—	—	—	—	—	—	—	—	—	—	—	—	—	—	—	—	—	—	0.03	—

续表

序号	保留时间/min	化合物名称	分子式	相对百分含量/%																			
				S1	S2	S3	S4	S5	S6	S7	S8	S9	S10	S11	S12	S13	S14	S15	S16	S17	S18	S19	S20
28	33.046	(3π5π)-2-亚甲基-胆固烷-3-醇	$C_{28}H_{48}O$	—	—	—	0.09	—	0.04	—	0.10	0.16	0.10	0.11	0.10	0.18	—	0.11	—	0.06	—	—	—
29	33.05	2-甲基-4-(2,6,6-三甲基环己-1-烯基)丁-2-烯-1-醇	$C_{14}H_{24}O$	—	—	—	—	—	—	—	—	—	—	—	—	0.21	—	—	—	—	—	—	—
30	33.196	1-三十七烷醇	$C_{37}H_{76}O$	0.27	0.12	0.12	0.07	0.18	—	—	0.12	—	0.04	—	0.11	0.04	0.05	0.16	—	0.13	—	—	—
31	33.899	2-甲基-9-(丙-1-烯-3-醇-2-基)-双环[4.4.0]癸-2-烯-4-醇	$C_{15}H_{24}O_2$	0.03	0.06	0.05	—	—	—	—	—	—	—	—	—	0.02	—	—	—	—	—	—	0.22
32	34.93	1,7-二甲基-4-π异丙烯基-双环[4.4.0]癸-6-烯-9π-醇	$C_{17}H_{26}O_2$	—	0.26	—	—	—	—	—	—	—	—	—	—	—	—	—	—	—	0.13	0.32	0.48
含硫类																							
33	5.492	2,3-二氢-5-甲基噻吩	C_5H_8S	—	—	—	—	—	—	—	—	—	—	—	—	0.32	—	—	0.25	—	—	—	—
34	8.895	2,4-二甲基噻吩	C_6H_8S	28.96	15.93	17.91	26.00	26.32	29.68	33.51	27.71	33.46	21.53	25.06	25.09	6.94	4.78	18.65	9.80	4.66	1.05	1.09	0.22
35	16.124	2-巯基-3,4-二甲基-2,3-二氢噻吩	$C_6H_{10}S_2$	22.37	9.15	9.58	34.50	20.40	26.30	25.54	8.06	—	12.05	15.97	—	7.25	2.91	7.86	7.09	2.09	0.11	0.14	0.05

36	17.794	2-甲基-5-丙基噻吩	$C_8H_{12}S$	—	—	—	—	—	—	—	—	—	—	—	—	0.50	—	—	—	—	—	—	—
37	30.512	1-丙烯基(2,4-二甲基噻吩-5-基)二硫醚	$C_9H_{12}S_3$	0.35	—	—	0.49	—	1.64	1.49	—	1.67	—	0.34	—	—	—	—	—	—	—	—	—
38	30.515	1-丙烯基(2,3-二甲基噻吩-5-基)二硫化物	$C_9H_{12}S_3$	—	—	—	—	—	—	—	—	—	—	—	0.43	—	—	—	—	—	—	—	—
39	36.545	环八硫	S_8	—	—	—	—	—	0.38	0.28	—	—	—	—	—	—	—	—	—	—	—	—	—
醚类																							
40	29.318	5-5-二甲基-4-(3-甲基-1,3-丁二烯)-1-氧阿司匹林[2.5]辛烷	$C_{14}H_{22}O$	0.06	0.06	—	0.04	0.05	0.05	0.04	—	—	—	—	0.04	—	—	—	—	—	—	—	—
醛类																							
41	5.702	正己醛	$C_6H_{12}O$	6.38	5.79	7.98	2.85	4.23	1.78	2.10	1.66	2.80	4.41	4.31	1.34	5.30	13.22	10.57	11.93	17.18	19.97	12.76	9.75
42	7.049	(*E*)-2-己烯醛	$C_6H_{10}O$	—	—	—	—	—	—	—	—	—	0.13	—	—	0.11	0.25	—	—	—	—	—	0.34
43	7.27	2-己烯醛	$C_6H_{10}O$	5.98	8.83	12.96	5.46	8.58	4.60	4.63	15.56	9.87	16.75	12.96	6.65	14.87	28.05	—	24.70	29.22	48.11	33.11	40.38
44	10.625	苯甲醛	C_7H_6O	—	1.22	—	—	—	—	—	—	—	—	—	—	—	—	—	1.26	—	—	—	—

续表

序号	保留时间/min	化合物名称	分子式	相对百分含量/%																			
				S1	S2	S3	S4	S5	S6	S7	S8	S9	S10	S11	S12	S13	S14	S15	S16	S17	S18	S19	S20
45	11.85	(*E*,*E*)-2,4-庚二烯醛	$C_7H_{10}O$	—	—	—	—	—	—	—	—	—	0.07	—	—	0.08	0.15	—	—	—	—	—	—
46	12.524	2-甲基-3-甲烯基-环戊基甲醛	$C_8H_{12}O$	—	—	—	—	—	—	—	—	—	—	—	0.55	—	—	—	—	—	—	—	—
47	12.67	5-乙基-2-糠醛	$C_7H_8O_2$	—	—	—	—	—	—	—	—	—	—	—	—	—	0.36	—	—	—	—	—	—
48	13.336	苯乙醛	C_8H_8O	—	—	—	—	—	—	—	—	—	—	—	—	0.24	—	—	—	—	0.07	—	0.06
49	13.811	(*E*)-2-辛烯醛	$C_8H_{14}O$	0.27	0.25	—	—	0.23	—	—	0.57		0.39	—	—	—	—	0.66	0.38	—	—	—	—
50	15.262	壬醛	$C_9H_{18}O$	0.18	—	—	—	—	—	—	0.45	—	—	—	—	—	—	0.17	—	—	—	—	—
51	16.735	(*E*)-2-,(*Z*)-6-壬二烯醛	$C_9H_{14}O$	—	0.13	—	—	—	—	—	—	—	—	—	—	—	—	—	—	—	—	—	—
52	17.607	1,3,4-三甲基-3-环已烯-1-甲醛	$C_{10}H_{16}O$	—	—	—	—	—	—	—	—	—	—	—	—	—	—	—	—	—	0.15	0.11	—
53	18.275	癸醛	$C_{10}H_{20}O$	—	—	—	—	—	—	—	0.22	—	—	—	—	—	—	—	—	—	—	—	0.03
54	18.743	*β*-环柠檬醛	$C_{10}H_{16}O$	0.54	0.39	0.68	0.43	0.51	0.60	0.68	1.24	1.23	0.99	0.79	0.72	0.34	0.63	0.96	0.71	0.48	0.21	0.15	0.08
55	19.299	*π* 柠檬醛	$C_{10}H_{16}O$	—	—	—	—	—	—	—	—	—	—	—	—	0.08	—	—	—	—	—	—	—
56	34.85	维生素 A 醛	$C_{20}H_{28}O$	0.11	—	—	0.12	0.08	0.16	—	—	0.10	—	—	0.08	—	—	—	—	—	—	—	—
57	37.098	2-[4-甲基-6-(2,6,6-三甲基环已-1-烯基)六-1,3,5-三烯基]环已-1-烯-1-甲醛	$C_{23}H_{32}O$	—	0.02	0.07	0.03	0.06	—	0.04	—	0.25	—	—	0.17	0.39	0.11	—	0.08	0.21	—	0.09	—

酸类																							
58	11.861	己酸	$C_9H_{18}O$	—	—	—	—	—	—	—	—	—	—	—	—	—	—	—	—	—	0.31	—	—
59	12.826	2-己烯酸	$C_6H_{10}O_2$	—	—	—	—	—	—	—	—	—	—	—	—	—	—	—	—	—	—	—	0.05
60	12.894	(*E*)-2-己烯酸	$C_6H_{10}O_2$	—	—	—	—	—	—	—	—	—	—	—	—	—	—	—	—	0.12	—	—	—
61	22.943	八氢-1,4,9,9-四甲基-1*h*-3*a*,7-甲基丙烯酸	$C_{15}H_{26}$	—	—	—	—	—	—	—	—	—	—	—	—	—	—	—	—		—	—	0.52
62	33.356	二十碳五烯酸	$C_{20}H_{30}O_2$	—	—	—	—	—	—	—	—	—	—	—	0.08	0.05	0.02	—	—	0.05	—	0.10	—
酮类																							
63	11.465	2-甲基-3-辛酮	$C_9H_{18}O$	—	—	—	—	—	—	—	—	—	—	—	—	—	—	—	—	—	0.39	—	—
64	11.562	6-甲基-5-庚烯-2-酮	$C_8H_{14}O$	0.65	1.42	0.84	0.29	0.55	0.39	1.36	0.90	0.73	1.02	0.59	0.40	1.14	0.96	0.94	0.81	0.68	—	—	—
65	13.102	5-乙基-2(5*H*)-呋喃酮	$C_6H_8O_2$	—	—	—	—	—	—	—	—	—	—	—	—	—	0.21	—	—	0.12	—	—	0.33
66	14.215	(*E*,*E*)-3.5-辛二烯-2-酮	$C_8H_{12}O$	—	—	0.06	—	—	—	—	0.60	—	—	—	—	—	—	—	—	—	—	—	—
67	17.88	壬-3,5-二烯-2-酮	$C_9H_{14}O$	—	—	—	—	—	—	—	—	—	—	—	—	—	—	—	—	0.31	—	—	—

续表

序号	保留时间/min	化合物名称	分子式	相对百分含量/%																			
				S1	S2	S3	S4	S5	S6	S7	S8	S9	S10	S11	S12	S13	S14	S15	S16	S17	S18	S19	S20
68	22.223	11-氧四环[5.3.2.0(2,7).0(2,8)]十二烷-9-酮	$C_{11}H_{14}O_2$	—	—	—	—	—	—	—	—	—	—	—	—	0.12	0.09	—	0.09	0.07	0.07	—	0.24
69	22.505	1,2,3b,6,7,8-六氢-6,6-二甲基-环戊[1,3]环丙烷[1,2]环庚烷-3(3*aH*)-酮	$C_{13}H_{18}O$	—	—	—	—	—	—	—	—	—	—	—	—	0.05	—	—	—	—	—	—	—
70	22.621	5-异亚丙基-6-三甲基酸-3,6,9-三烯-2-酮	$C_{14}H_{20}O$	—	—	—	—	—	—	—	—	—	—	—	0.07	0.09	—	—	0.09	—	—	0.09	—
71	24.348	(*E*)-4-(2,6,6-三甲基-2-环己烯-1-基)-3-丁烯-2-酮	$C_{13}H_{20}O$	—	—	—	—	—	—	—	0.52	—	0.28	—	—	—	0.16	0.65	0.27	0.17	—	—	—
72	24.927	香叶基丙酮	$C_{13}H_{22}O$	—	—	—	—	—	—	—	—	—	—	—	—	—	—	0.19	—	—	—	—	—
73	25.855	β-紫罗兰酮	$C_{13}H_{20}O$	0.37	0.23	0.47	0.29	0.38	0.42	0.45	1.03	0.95	0.65	—	0.51	0.29	0.43	0.54	0.41	0.37	0.11	0.08	0.12
74	26.333	7-乙炔基-4*a*,5,6,7,8,8*a*-六氢-1,4*a*-二甲基-(1π-4*a*π7π8*a*π)-2(1*H*)-萘酮	$C_{14}H_{18}O$	—	—	—	—	—	—	—	—	—	—	—	—	—	—	—	—	—	0.04	—	—

75	26.838	6-(3-异丙烯环丙基-1-烯)-6-甲基-3-烯-2-酮	$C_{14}H_{20}O$	—	—	—	0.14	—	0.15	—	—	—	0.05	0.06	—	—	—	0.10	—	—	—	—	—
76	28.651	5,6,6-三甲基-5-(3-氧杂-1-烯基)-1-噁螺环[2.5]辛-4-酮	$C_{14}H_{20}O_3$	—	—	—	—	—	—	—	—	—	0.03	—	—	0.23	—	—	0.31	—	—	—	—
77	29.555	4,9-二羟基-6-甲基-3,10-二甲基-3*a*,4,7,8,9,10,11,11*a*-八氢-3*H*环癸[*b*]呋喃-2-酮	$C_{15}H_{20}O_4$	—	—	—	—	—	—	—	—	—	—	—	—	—	—	—	—	0.08	—	—	—
78	29.719	八氢-4,8,8,9-四甲基-1,4-甲基-7(1*h*)-酮	$C_{15}H_{24}O$	—	—	—	—	—	—	—	—	—	—	—	—	—	—	—	—	0.04	—	—	—
79	33.484	1-(4-羟基-3-异丙烯基-4,7,7-三甲基-环庚-1-烯基)-乙酮	$C_{15}H_{24}O_2$	—	—	—	—	—	—	—	—	—	—	—	0.34	—	—	—	—	—	—	—	—

续表

序号	保留时间/min	化合物名称	分子式	相对百分含量/%																			
				S1	S2	S3	S4	S5	S6	S7	S8	S9	S10	S11	S12	S13	S14	S15	S16	S17	S18	S19	S20
80	33.908	3-乙基-3-羟基雄甾-17-酮	$C_{21}H_{34}O_2$	—	0.03	0.25	—	—	—	—	—	—	—	—	—	—	—	—	—	—	—	—	—
81	34.849	6-(1-羟甲基乙烯基)-4,8*a*-二甲基-3,5,6,7,8,8*a*-六氢-1*H*-萘-2-酮	$C_{15}H_{22}O_2$	—	—	—	—	—	—	—	0.13	—	—	—	—	0.05	—	—	0.03	0.06	—	0.30	—
烷烃和芳香烃类																							
82	12.73	4-异丙基甲苯	$C_{10}H_{14}$	—	0.24	—	—	—	—	—	—	—	—	—	—	0.24	—	—	—	—	—	—	—
83	18.098	十二烷	$C_{12}H_{26}$	—	—	—	—	—	—	—	0.70	—	0.18	—	—	—	—	0.15	0.20	—	0.12	—	0.08
84	21.62	2,6,10-三甲基十四烷	$C_{17}H_{36}$	—	—	—	—	—	—	—	—	—	—	—	—	—	—	—	—	—	—	—	—
85	22.831	1,1,4*a*-三甲基-5,6-二甲基十氢萘	$C_{15}H_{24}$	—	—	—	—	—	—	—	—	—	—	—	—	—	—	—	—	—	—	—	0.11
86	23.513	(4*aR*,*E*)-1,2,3,4,4*a*,5,6,8*a*-八氢-4*a*,8-二甲基-2-(1-甲基亚乙基)-萘	$C_{15}H_{24}$	0.18	—	—	—	—	—	—	—	—	—	—	—	—	—	—	—	—	—	—	—

87	23.994	2-亚甲基-4,8,8-三甲基-4-乙烯基-双环[5.2.0]壬烷	$C_{15}H_{24}$	—	—	—	—	—	—	—	—	—	—	—	—	—	—	—	—	—	—	—	1.49
88	24.417	10,10-二甲基-2,6-双(亚甲基)-[1*S*-(1*R**,9*S**)]双环[7.2.0]十一烷	$C_{15}H_{24}$	—	—	0.15	—	—	—	—	—	—	—	—	0.36	0.23	—	—	—	—	—	—	0.61
89	25.61	2-异丙烯基-4*a*.8-二甲基-1,2,3,4,4*A*,5-,6-,7-八氢萘	$C_{15}H_{24}$	—	—	—	—	—	—	—	—	—	0.22	—	—	—	—	0.15	0.51	—	0.18	—	—
90	27.264	1,2,3,4,4*a*,7-六氢-1,6-二甲基-4-(1-甲基乙基)-萘	$C_{15}H_{24}$	0.04	0.12	—	0.07	0.04	—	—	—	—	—	—	0.19	0.14	—	—	0.09	—	—	—	0.07
91	30.76	6-异丙基-1,4-二甲基萘	$C_{15}H_{18}$	—	—	—	—	0.20	—	—	—	—	—	—	—	—	—	—	—	—	—	0.26	—
92	30.761	1,6-二甲基-4-(1-甲基乙基)-萘	$C_{15}H_{18}$	—	—	—	—	—	—	—	—	—	—	—	—	—	—	—	—	—	0.07	—	—

续表

序号	保留时间/min	化合物名称	分子式	相对百分含量/%																			
				S1	S2	S3	S4	S5	S6	S7	S8	S9	S10	S11	S12	S13	S14	S15	S16	S17	S18	S19	S20
93	33.268	3,3,6,6,9,9,12,12-八甲基-,*E*,*E*,*E*-五环[9.1.0.0(2,4).0(5,7).0(8,10)]十二烷	$C_{20}H_{32}$	—	—	—	—	—	—	—	—	—	—	—	—	—	—	—	—	—	—	0.07	—
萜烯类																							
94	4.792	2-丙烯基-环丁烯	C_7H_8	—	—	—	—	—	—	—	0.14	—	—	—	—	—	—	—	—	—	—	—	—
95	8.37	苯乙烯	C_8H_8	—	—	—	—	—	—	—	0.64	—	—	—	—	—	—	—	—	—	—	—	—
96	9.756	蒎烯	$C_{10}H_{16}$	—	—	—	—	—	—	—	0.37	—	—	—	—	—	—	0.80	—	—	0.66	—	0.49
97	9.799	2-蒎烯	$C_{10}H_{16}$	2.22	4.81	3.54	1.53	2.24	2.33	3.00	—	6.76	2.68	5.74	4.26	10.52	3.83	—	2.65	1.37	—	0.37	—
98	10.243	樟脑烯	$C_{10}H_{16}$	—	—	—	—	—	—	—	—	—	—	—	—	0.13	—	—	—	—	—	—	—
99	11.154	(-)-*β*-蒎烯	$C_{10}H_{16}$	—	—	—	—	—	—	—	—	—	—	—	—	0.20	—	—	—	—	—	—	—
100	11.155	伪柠檬烯	$C_{10}H_{16}$	—	—	—	—	—	—	—	—	0.12	—	—	—	—	—	—	—	—	—	—	—
101	11.159	*β*-蒎烯	$C_{10}H_{16}$	—	0.07	—	—	—	—	—	—	—	—	—	0.06	—	—	—	—	—	—	—	—
102	12.86	(+)-柠檬烯	$C_{10}H_{16}$	—	0.44	0.31	0.13	0.22	—	0.17	0.39	0.20	—	—	0.12	0.27	—	—	—	—	—	—	—
103	12.868	1-甲基-4-(1-甲基乙炔基)-(*S*)-环己烯	$C_{10}H_{16}$	—	—	—	—	—	—	—	—	—	—	0.11	—	—	—	—	—	—	—	—	—

104	12.874	(*R*)-1-甲基-5-(1-甲基乙烯基)环己烯	$C_{10}H_{16}$	0.21	—	—	—	—	0.16	—	—	—	—	—	—	—	—	—	—	—	—	—	—
105	13.068	3,4-癸二烯	$C_{10}H_{18}$	—	—	0.54	—	—	—	—	—	—	—	—	—	—	—	—	—	—	—	—	—
106	13.5	3,7-二甲基-1,3,7-辛三烯	$C_{10}H_{16}$	—	—	—	—	—	—	—	—	—	—	—	—	—	—	—	—	—	—	—	0.08
107	13.507	*β*-罗勒烯	$C_{10}H_{16}$	—	0.08	—	—	—	—	—	—	—	—	—	—	—	—	—	—	—	—	—	—
108	13.519	罗勒烯	$C_{10}H_{16}$	0.08	—	—	—	—	—	—	—	—	—	—	—	0.10	—	—	—	—	—	—	—
109	13.828	1,5,5-三甲基-6-亚甲基环己烯	$C_{10}H_{16}$	—	—	—	—	—	—	—	—	—	—	—	—	0.26	—	—	—	—	—	—	—
110	13.851	(*Z*)-1-乙氧基-4-甲基-2-戊烯	$C_8H_{16}O$	—	—	—	—	—	—	—	—	—	—	—	—	—	—	—	—	—	0.19	0.12	—
111	20.778	双环[4.4.1]十一碳-1,3,5,7,9-五烯	$C_{11}H_{10}$	—	—	—	—	—	—	—	—	—	—	—	0.11	—	—	—	—	—	—	—	—
112	21.615	5-溴-1-己烯	$C_6H_{11}Br$	—	—	—	—	—	—	—	—	—	—	—	0.55	—	—	—	—	—	—	—	—
113	21.998	塞舌尔烯	$C_{15}H_{24}$	—	0.44	0.29	0.31	0.17	0.23	—	—	—	—	—	—	0.11	0.13	—	0.11	0.59	—	—	—
114	22.01	*δ*-榄香烯	$C_{15}H_{24}$	—	—	—	—	—	—	—	—	—	0.28	—	—	0.37	0.32	0.26	0.82	—	0.22	—	0.38
115	22.421	*α*-愈创木烯	$C_{15}H_{24}$	0.30	1.12	0.43	0.60	0.86	0.15	0.27	0.63	0.27	0.37	0.18	—	0.58	0.15	0.37	0.09	0.29	—	—	0.20

续表

序号	保留时间/min	化合物名称	分子式	相对百分含量/%																			
				S1	S2	S3	S4	S5	S6	S7	S8	S9	S10	S11	S12	S13	S14	S15	S16	S17	S18	S19	S20
116	22.602	6-乙烯基-6-甲基-1-(1-甲基乙基)-3-(1-甲基亚乙基)-(*S*)-环己烯	$C_{15}H_{24}$	—	—	—	—	—	—	—	—	—	—	—	—	—	—	—	—	—	—	—	0.18
117	22.838	(+)-环苜蓿烯	$C_{15}H_{24}$	—	0.99	0.44	0.35	0.48	—	0.34	—	0.17	—	0.27	—	—	0.13	—	0.13	—	—	0.41	—
118	22.924	雪松烯	$C_{15}H_{24}$	0.13	0.15	—	—	—	—	—	—	—	—	—	—	—	—	—	—	0.08	0.10	—	0.10
119	22.94	依兰烯	$C_{15}H_{24}$	—	0.32	0.28	0.15	0.30	—	0.08	—	0.34	0.26	0.21	0.16	0.30	0.25	0.37	0.29	0.33	—	—	—
120	22.947	石竹烯（I1）	$C_{15}H_{24}$	—	—	—	—	—	—	—	—	—	—	—	—	—	—	—	—	—	—	0.17	0.19
121	23.051	古巴烯	$C_{15}H_{24}$	1.98	13.13	1.24	3.46	4.37	3.06	2.96	4.70	2.63	0.85	2.32	1.14	0.87	1.07	0.45	1.59	0.87	0.23	3.64	0.92
122	23.189	愈创木烯	$C_{15}H_{24}$	0.74	0.43	0.13	0.56	0.58	0.60	0.84	0.86	0.48	0.22	0.32	0.76	0.21	0.29	0.26	0.22	0.32	0.14	0.30	0.37
123	23.194	(-)-α-新丁香三环烯	$C_{15}H_{24}$	—	—	0.36	—	—	—	—	—	—	—	—	—	—	—	—	—	—	—	—	—
124	23.294	β-波旁烯	$C_{15}H_{24}$	0.24	0.91	1.15	0.16	—	0.23	—	0.47	1.21	1.09	0.87	0.79	1.09	1.39	2.58	2.23	1.73	1.12	0.30	1.69
125	23.465	β-榄香烯	$C_{15}H_{24}$	—	—	—	—	—	—	—	—	0.59	—	—	—	0.44	—	1.39	0.97	0.90	—	1.20	0.70
126	23.512	3,3,7,11-四甲基-三环[6.3.0.0(2,4)]十一碳-8-烯	$C_{15}H_{24}$	—	—	0.19	—	—	—	—	—	—	—	—	—	—	—	—	—	—	—	—	—
127	23.602	(+)-苜蓿烯	$C_{15}H_{24}$	—	0.42	—	—	—	—	—	—	—	—	—	—	—	—	—	—	—	—	0.20	—

128	23.931	(−)-异丁香烯	$C_{15}H_{24}$	13.31	—	22.62	10.52	12.90	14.03	12.76	15.31	13.43	13.03	10.25	—	—	13.92	7.36	8.89	15.20	5.08	16.57	8.90
129	23.954	石竹烯	$C_{15}H_{24}$	—	12.81	—	—	—	—	—	—	—	—	—	21.70	15.56	—	—	—	—	—	—	—
130	23.982	(−)1,5,9,9-四甲基-(异石竹烯-I1)-三环[6.2.1.0(4,11)]十一碳-5-烯	$C_{15}H_{24}$	0.82	—	—	—	0.84	—	—	—	0.43	—	0.41	—	—	—	0.52	0.52	0.78	0.35	1.11	0.08
131	24.052	(+)-α-柏木萜烯	$C_{15}H_{24}$	—	—	—	—	—	—	—	—	0.29	—	—	0.23	0.17	—	—	—	0.49	—	—	0.05
132	24.074	*A*-柏树烯	$C_{15}H_{24}$	—	—	0.57	—	—	—	—	—	—	—	—	—	—	—	—	—	—	—	—	—
133	24.205	(*E*)-石竹烯	$C_{15}H_{24}$	0.34	0.36	0.49	0.28	0.32	0.41	0.34	—	0.72	0.44	0.52	4.67	3.04	0.74	—	0.72	0.48	—	0.47	7.01
134	24.255	(+)-β-雪松烯	$C_{15}H_{24}$	0.19	—	0.58	0.17	0.40	0.18	0.18	—	0.46	0.18	—	—	—	—	—	—	0.36	—	—	—
135	24.417	β-荜澄茄油烯	$C_{15}H_{24}$	0.10	0.52	—	0.13	0.21	0.12	0.12	0.26	0.21	0.13	0.16	—	0.20	0.15	—	0.18	—	—	0.16	—
136	24.477	1*R*,3*Z*,9*S*-2,6,10,10-四甲基二环[7.2.0]十一碳-2,6-二烯	$C_{15}H_{24}$	—	—	—	—	—	—	—	—	—	—	—	—	—	—	—	—	—	—	—	0.35
137	24.566	2,6-二甲基-6-(4-甲基-3-戊烯基)双环[3.1.1]庚-2-烯	$C_{15}H_{24}$	—	0.20	0.68	—	0.39	—	—	—	0.70	0.28	—	—	—	0.14	—	—	0.41	0.08	—	0.19

续表

序号	保留时间/min	化合物名称	分子式	相对百分含量/%																			
				S1	S2	S3	S4	S5	S6	S7	S8	S9	S10	S11	S12	S13	S14	S15	S16	S17	S18	S19	S20
138	24.567	3,7-11-三甲基,(*Z*,*E*)-1,3,6-10-十二碳四烯	$C_{15}H_{24}$	—	—	—	—	—	—	—	—	—	—	—	—	0.36	—	—	—	—	—	—	—
139	24.717	γ-古芸烯	$C_{15}H_{24}$	0.12	—	—	—	—	—	—	—	—	—	—	—	—	—	0.27	—	—	—	—	—
140	24.772	1*a*,2,3,4,4*a*,5,6,7*b*-八氢-1,1,4,7-四甲基-1*H*-环丙基蓝烯	$C_{15}H_{24}$	—	—	—	—	—	—	—	—	—	—	—	—	—	—	—	—	0.40	—	—	0.11
141	24.779	异喇叭烯	$C_{15}H_{24}$	—	0.54	—	—	—	—	—	—	—	0.39	—	0.41	0.65	—	—	0.41	—	—	—	0.16
142	24.78	马兜铃烯	$C_{15}H_{24}$	—	—	—	0.55	1.08	—	—	—	1.12	—	—	—	—	—	—	—	—	—	—	—
143	24.933	(-)-α-雪松烯	$C_{15}H_{24}$	0.89	0.13	1.26	—	—	0.42	0.11	0.30	0.79	0.48	0.37	0.25	0.94	0.37	—	0.09	0.21	0.06	0.46	0.07
144	24.944	(*Z*)-(-)-2,4*a*,5,6,9*a*-六氢-3,5,5,9-四甲基(1*H*)苯并环庚烯	$C_{15}H_{24}$	—	—	—	—	—	—	0.27	—	—	—	—	—	—	0.06	—	—	—	—	0.08	—
145	24.961	1*R*,3*Z*,9*S*,11,11-三甲基-8-亚甲基二环[7.2.0]十一碳-3-烯	$C_{15}H_{24}$	—	—	—	—	—	—	—	—	—	—	—	0.58	—	—	—	—	—	—	0.13	—

146	25.069	1,5,9,9-四甲基-*Z*,*Z*,*Z*-1,4,7,-环己三烯	$C_{15}H_{24}$	—	—	—	—	—	—	—	—	—	—	1.29	6.61	4.79	1.65	—	—	—	—	—	4.29
147	25.073	α-葎草烯	$C_{15}H_{24}$	—	—	—	—	—	—	—	—	1.90	—	—	—	—	—	—	1.38	—	—	—	—
148	25.116	猿草烯	$C_{15}H_{24}$	4.00	4.16	6.32	3.10	3.93	3.73	—	4.59	—	2.64	1.21	—	—	1.49	—	1.55	4.11	1.28	5.29	0.84
149	25.127	长叶烯-(v4)	$C_{15}H_{24}$	—	—	—	—	—	—	3.50	—	1.34	—	—	—	—	—	1.68	—	—	—	—	—
150	25.251	香橙烯	$C_{15}H_{24}$	0.17	—	—	—	0.12	—	—	—	—	—	—	0.08	—	—	—	—	—	—	0.08	—
151	25.261	(+)-香橙烯	$C_{15}H_{24}$	—	—	—	—	—	—	—	—	—	—	—	—	0.10	—	—	—	—	—	—	—
152	25.654	(-)-γ-杜松烯	$C_{15}H_{24}$	—	2.20	—	1.06	1.65	0.51	0.59	0.89	0.60	0.12	0.38	—	0.13	0.14	0.09	—	0.25	—	0.32	0.20
153	25.679	十氢-1,1,7-三甲基-4-亚甲基-[1*A*-(1*Aπ*4*Aπ*7*π*7*Aπ*-7*Bπ*]-1*H* 环丙烷[*E*]偶氮烯	$C_{15}H_{24}$	0.69	0.35	0.16	—	—	—	—	—	—	—	—	—	0.48	—	—	0.26	—	—	—	—
154	25.686	榄香烯	$C_{15}H_{24}$	—	—	—	—	—	—	—	—	—	—	—	—	0.75	—	—	0.65	—	—	—	—
155	25.757	芳姜黄烯	$C_{15}H_{22}$	0.42	0.34	1.14	0.41	0.68	0.43	0.42	0.55	0.71	0.32	0.79	0.28	0.31	0.18	—	—	0.72	0.17	—	0.26
156	25.757	异长叶烯	$C_{15}H_{24}$	—	—	—	—	—	—	—	—	—	—	—	—	—	—	—	0.10	—	—	—	—
157	25.935	*β*-蛇床烯	$C_{15}H_{24}$	0.47	3.24	0.62	1.47	1.25	0.97	1.32	1.90	0.58	1.24	0.42	—	0.36	0.23	0.54	1.88	0.17	1.13	—	0.19

续表

序号	保留时间/min	化合物名称	分子式	相对百分含量/%																			
				S1	S2	S3	S4	S5	S6	S7	S8	S9	S10	S11	S12	S13	S14	S15	S16	S17	S18	S19	S20
158	26. 29	(-)-α-杜松烯	$C_{15}H_{24}$	0. 45	1. 62	0. 19	0. 50	0. 65	0. 35	0. 38	—	0. 25	—	0. 18	0. 40	0. 10	0. 08	—	0. 11	0. 08	—	0. 36	0. 11
159	26. 432	α-金合欢烯	$C_{15}H_{24}$	—	—	—	—	—	—	—	—	—	—	—	—	—	—	—	—	—	—	—	0. 23
160	26. 483	α-愈创木烯	$C_{15}H_{24}$	—	0. 30	—	0. 28	0. 25	—	—	0. 38	—	—	—	—	—	—	—	—	—	0. 24	—	—
161	26. 582	9-雪松烯	$C_{15}H_{24}$	—	—	0. 12	—	—	—	—	—	0. 24	—	—	—	0. 08	—	—	—	—	—	—	—
162	26. 584	罗汉柏烯	$C_{15}H_{24}$	—	—	—	—	0. 05	—	—	—	—	0. 07	—	—	—	—	—	—	—	—	—	—
163	26. 839	绿叶烯	$C_{15}H_{24}$	—	0. 11	—	—	0. 27	—	0. 25	0. 10	—	—	—	—	—	—	—	0. 12	—	—	—	—
164	27. 585	*A*-二去氢菖蒲烯	$C_{15}H_{20}$	0. 13	0. 49	0. 11	0. 22	0. 24	0. 16	0. 15	0. 27	—	—	—	0. 10	0. 09	0. 04	—	0. 14	—	—	0. 10	0. 13
165	29. 637	1,5-二甲基-3-羟基-8-(1-亚甲基二羟乙基-1)-双环[4. 4. 0]癸-5-烯	$C_{15}H_{24}O_2$	—	—	—	—	—	—	—	—	—	—	—	—	0. 04	—	—	—	—	—	—	—
166	29. 725	(*E*)-*Z*-环氧红没药烯	$C_{15}H_{24}O$	—	—	—	0. 04	—	—	—	—	—	0. 02	—	—	—	—	—	—	—	—	0. 04	—
167	29. 754	β-雪松烯	$C_{15}H_{24}$	—	0. 02	—	—	—	—	—	—	—	—	—	—	—	—	—	—	—	—	—	0. 08
168	30. 763	愈创蓝油烃	$C_{15}H_{18}$	—	0. 41	0. 07	0. 09	0. 12	—	—	—	0. 13	—	—	0. 08	0. 06	—	—	0. 04	—	—	—	0. 09
169	33. 729	8,9-脱氢-环异长叶烯	$C_{15}H_{22}$	0. 21	—	0. 13	—	—	—	—	—	—	—	—	—	0. 10	—	—	—	—	—	—	—

170	33.729	β-缬草烯	$C_{15}H_{22}$	—	0.08	—	—	0.24	—	—	—	0.17	—	—	0.09	0.10	—	—	—	—	—	—	—
酯类																							
171	11.469	正己酸乙烯酯	$C_8H_{14}O_2$	—	—	—	—	—	—	—	—	—	—	—	—	—	—	—	—	—	—	0.62	—
172	11.685	丁酸-1-乙烯基-1,5-二甲基-4-己烯基酯	$C_{14}H_{24}O_2$	—	—	—	—	—	—	—	—	—	—	—	—	0.27	—	—	—	—	—	—	—
173	12.213	(*Z*)-3-己烯-1-醇乙酸酯	$C_8H_{14}O_2$	—	—	—	—	—	—	—	—	2.45	4.83	—	—	1.97	—	—	—	4.17	2.24	2.79	0.63
174	12.218	(*E*)-3-己烯-1-醇乙酸酯	$C_8H_{14}O_2$	0.64	—	—	0.46	0.54	1.42	—	—	—	—	2.99	0.83	—	4.79	5.39	1.55	—	—	—	—
175	12.423	乙酸己酯	$C_8H_{16}O_2$	—	—	—	—	—	—	—	—	—	0.34	0.13	0.09	0.21	0.24	0.79	0.64	0.22	0.22	0.17	—
176	12.511	(*Z*)-2-己烯-1-醇乙酸酯	$C_8H_{14}O_2$	—	—	—	—	—	—	—	—	—	0.71	—	—	0.41	—	—	0.26	—	—	—	—
177	13.846	2-氧代-己酸甲酯	$C_7H_{12}O_3$	—	—	—	—	—	—	—	—	—	—	—	—	—	—	—	—	—	—	—	0.31
178	15.136	(*Z*)-丙酸-3-己烯酯	$C_9H_{16}O_2$	—	—	—	—	—	—	—	—	—	—	0.61	—	—	0.32	0.58	—	—	—	—	—
179	17.724	(*E*)-己-3-烯基丁酸酯	$C_{10}H_{18}O_2$	0.25	0.19	0.30	—	0.39	0.96	—	1.21	2.24	2.05	4.33	4.08	0.26	1.50	4.16	0.27	0.77	0.45	0.74	0.06

续表

序号	保留时间/min	化合物名称	分子式	相对百分含量/%																			
				S1	S2	S3	S4	S5	S6	S7	S8	S9	S10	S11	S12	S13	S14	S15	S16	S17	S18	S19	S20
180	17.73	(*Z*)-丁酸-3-己烯酯	$C_{10}H_{18}O_2$	—	—	—	—	—	—	—	—	—	—	—	—	—	—	—	—	—	—	—	2.25
181	17.888	丁酸己酯	$C_{10}H_{20}O_2$	—	—	—	—	—	—	—	—	—	—	—	—	—	—	0.62	—	—	—	—	0.21
182	17.97	水杨酸甲酯	$C_8H_8O_3$	0.17	—	—	—	—	—	—	—	—	—	—	—	0.34	—	—	—	—	0.30	—	—
183	17.982	(*E*)-2-丁酸己酯	$C_{10}H_{18}O_2$	—	—	—	—	—	—	—	—	—	—	0.66	—	—	—	0.27	—	—	—	—	0.36
184	19.049	(*Z*)-3-己烯醇-2-甲基丁酸酯	$C_{11}H_{20}O_2$	—	—	—	—	—	—	—	—	—	—	0.75	—	—	—	—	—	—	—	—	—
185	19.151	戊酸叶醇酯	$C_{11}H_{20}O_2$	—	—	—	—	0.47	—	—	—	—	—	—	5.44	—	—	—	—	—	—	—	—
186	19.159	1-环己烯-1-羧酸,2,6,6-三甲基-甲酯	$C_{11}H_{18}O_2$	—	0.29	—	—	—	—	—	—	—	—	—	—	—	—	—	—	—	—	—	—
187	19.192	2-甲基丁酸己酯	$C_{11}H_{22}O_2$	—	—	—	—	—	—	—	—	—	—	—	1.53	—	—	—	—	—	—	—	—
188	19.381	(*E*)-2-己烯基戊酸酯	$C_{11}H_{20}O_2$	—	0.23	—	—	—	—	—	—	—	—	—	—	—	—	—	—	—	—	—	—
189	20.126	(*Z*)-3-己烯醇乳酸酯	$C_9H_{16}O_3$	—	—	—	—	—	—	—	—	—	—	—	0.59	—	—	—	—	—	—	—	—
190	20.409	(*Z*)-3,7-二甲基-2,6-辛二烯酸甲酯	$C_{11}H_{18}O_2$	—	0.14	0.09	—	—	—	—	—	—	—	—	—	—	—	—	—	—	—	—	—

191	22.218	2,5-十八碳二烯酸甲酯	$C_{19}H_{30}O_2$	—	0.04	—	—	—	—	—	—	—	—	—	—	—	—	—	—	—	—	—	—
192	22.499	乙酸-(2,5,5,8a-四甲基-1,2,3,5,6,7,8,8a-八氢-1-萘)酯	$C_{16}H_{26}O_2$	—	—	—	—	—	—	—	—	—	—	—	—	—	—	—	—	—	—	0.08	—
193	25.191	9,11-十八碳二炔酸甲酯	$C_{19}H_{30}O_2$	—	—	—	—	—	—	—	—	—	—	—	—	—	—	—	—	—	—	0.07	—
194	25.326	4,7,10,13-六癸四烯酸甲酯	$C_{17}H_{26}O_2$	—	—	—	—	—	—	—	—	—	—	—	—	0.08	0.06	—	—	0.07	—	—	—
195	30.245	3-氧代-10(14)-环氧愈创木酚-11(13)-烯-6,12-内酯	$C_{15}H_{18}O_4$	—	0.04	—	—	—	—	—	—	—	—	—	—	—	—	—	—	—	—	—	—
196	32.095	11,13-二羟基-四聚体-5-炔酸甲酯	$C_{15}H_{26}O_4$	—	—	—	—	—	—	—	—	—	—	—	0.08	0.04	—	—	—	—	—	—	—
197	33.044	10-十二碳五烯酸甲酯	$C_{26}H_{44}O_2$	—	0.15	—	—	—	—	—	0.15	—	—	—	0.41	—	0.09	—	—	0.22	0.10	0.29	0.12

续表

序号	保留时间/min	化合物名称	分子式	相对百分含量/%																			
				S1	S2	S3	S4	S5	S6	S7	S8	S9	S10	S11	S12	S13	S14	S15	S16	S17	S18	S19	S20
198	33.048	[3aπ-(3aπ6π6aπ9aπ9bπ)]-2-甲基-(癸氢-6a-羟基-9a-甲基-3-亚甲基-2,9-二氧嘧啶[4,5-b]呋喃-6-基)丙酸甲酯	$C_{19}H_{26}O_6$	—	—	—	—	—	0.18	—	—	—	—	—	—	—	—	—	—	—	—	—	—
199	33.5	10,12-三碳二烯酸甲酯	$C_{24}H_{40}O_2$	0.16	0.16	0.16	—	—	—	—	—	—	0.07	0.08	—	—	0.06	0.08	—	0.16	—	0.08	—
200	33.617	甲酸,3,7-11-三甲基-1,6-,10-十二碳三烯-3-酯	$C_{16}H_{26}O_2$	—	—	—	0.08	—	—	—	0.10	0.06	—	—	—	0.06	—	—	—	—	—	—	—
201	33.618	3,7,11-三甲基-2,6,10-十二烷三烯-1-醇乙酸酯	$C_{17}H_{28}O_2$	—	0.18	—	—	—	—	—	—	—	—	—	—	—	—	—	—	—	—	—	—
202	34.802	脱氧丝氨酸内酯	$C_{16}H_{20}O_4$	0.28	—	—	0.16	0.26	0.22	0.19	—	—	0.11	0.19	0.03	—	—	—	—	—	—	—	—
203	34.803	4,7,10,13,16-二十二碳五烯酸甲酯	$C_{23}H_{36}O_2$	—	0.17	—	—	—	—	—	—	—	—	—	—	—	—	—	—	—	—	—	—

204	34.854	穿心莲内酯	$C_{20}H_{30}O_5$	—	0.31	0.30	—	—	—	—	—	—	—	—	—	—	—	—	—	—	0.15	0.55	0.53
其他类																							
205	3.511	2-乙基呋喃	C_6H_8O	—	—	—	—	—	—	—	—	—	—	—	—	—	2.95	—	—	—	6.05	5.53	—
206	7.769	1-过氧己烷	$C_6H_{14}O_2$	—	—	—	—	—	—	—	—	—	—	—	—	1.67	1.49	—	—	1.09	—	2.35	2.96
207	8.991	甲氧基苯肟	$C_8H_9NO_2$	—	—	—	—	—	—	—	—	—	—	—	—	—	—	—	—	—	—	—	2.37
208	10.126	1-硝基戊烷	$C_5H_{11}NO_2$	0.56	0.47	0.50	0.17	0.38	0.09	0.13	—	0.10	0.16	—	—	—	—	—	—	—	—	—	—
209	11.707	香叶基溴	$C_{10}H_{17}Br$	—	—	—	—	—	0.08	—	—	—	—	—	—	—	—	—	—	—	—	—	0.11
210	12.974	1-叔丁基-3-(1-甲基环己基)-2-氮丙啶酮	$C_{13}H_{23}NO$	—	—	—	—	—	—	—	—	—	—	—	—	—	—	0.06	—	—	—	—	—
211	12.979	溴环庚烷	$C_7H_{13}Br$	—	—	—	—	—	—	—	—	—	—	—	—	—	0.24	—	0.12	—	1.07	1.28	0.32
212	13.098	2-氯乙酸环己酯	$C_8H_{13}ClO_2$	—	—	—	—	—	—	—	—	—	—	—	—	—	—	—	0.24	—	—	—	—
213	13.39	1-硝基己烷	$C_6H_{13}NO_2$	0.34	—	—	—	—	—	—	—	—	—	—	—	—	—	0.23	—	—	—	—	—
214	14.283	π甲基-π[4-甲基-3-戊烯基]环氧乙烷	$C_{10}H_{18}O_2$	0.17	0.26	0.14	—	0.14	—	0.10	—	—	0.27	0.21	—	—	—	0.20	0.20	—	—	—	—
215	16.315	邻甲基苯腈	C_8H_7N	—	—	—	—	—	—	—	—	—	—	—	—	1.06	—	—	—	—	—	—	—

续表

序号	保留时间/min	化合物名称	分子式	相对百分含量/%																			
				S1	S2	S3	S4	S5	S6	S7	S8	S9	S10	S11	S12	S13	S14	S15	S16	S17	S18	S19	S20
216	18.275	1,2-15,16-二聚氧十六烷	$C_{16}H_{30}O_2$	—	—	—	—	—	—	—	—	—	—	—	—	—	—	—	—	—	—	0.04	—
217	20.12	环己基三氟乙酸盐	$C_8H_{11}F_3O_2$	—	—	—	—	—	—	—	—	—	—	0.58	—	—	—	—	—	—	—	—	—
218	20.846	$(2\pi3\pi)$-1-甲基-蜡梅啶	$C_{22}H_{26}N_4$	0.54	0.64	—	1.79	1.05	2.54	1.21	—	6.62	4.67	—	5.44	8.85	—	1.29	5.88	6.03	—	—	—
219	20.849	2,4,7-三甲基-1,8-萘啶	$C_{11}H_{12}N_2$	—	—	0.82	—	—	—	—	4.76	—	—	3.26	—	—	6.82	—	—	—	1.29	1.56	4.32
220	22.217	4,4*a*,5,8-四氢-5,8-二甲基-$(4a\pi5\pi8\pi)$-5,8-环氧-3*H*-2-苯并吡喃	$C_{11}H_{14}O_2$	—	—	—	—	—	—	—	—	—	—	—	—	—	—	—	—	—	—	0.06	—
221	24.477	肌球蛋白-（I3）	$C_{15}H_{24}$	—	—	0.08	0.06	—	—	0.08	—	—	—	—	0.10	0.06	—	—	—	—	—	0.10	—
222	25.682	2,4*a*,5,6,7,8,9,9*a*-八氢-3,5,5-三甲基-9-甲基-1-苯并环庚	$C_{15}H_{24}$	—	—	0.80	—	—	—	—	—	—	—	—	—	—	—	—	—	—	—	—	—
223	29.236	异香橙烯环氧化物	$C_{15}H_{24}O$	0.16	0.19	0.05	—	—	—	—	—	0.07	—	—	0.13	0.44	0.07	—	0.03	0.04	—	0.02	0.04
224	29.33	二氢吡啶-1-氧化物	$C_{15}H_{24}O$	—	—	0.03	—	—	—	—	—	—	—	—	—	—	—	—	—	—	—	—	—

225	29.863	香橙烯氧化物	$C_{15}H_{24}O$	—	—	—	—	—	—	—	—	—	—	—	—	—	0.05	—	—	0.03	—	0.06	—
226	29.868	喇叭烯氧化物	$C_{15}H_{24}O$	—	0.07	0.12	—	—	—	—	—	0.10	—	—	0.06	0.21	—	—	0.03	0.10	0.03	0.11	0.09
227	29.955	(5*Z*,7*E*)-3*β*-羟基-9,10-开环胆固-5,7,10(19)-三烯-24-醛	$C_{24}H_{36}O_2$	—	—	—	—	—	—	—	—	0.10	—	—	—	—	—	—	—	—	—	—	—
228	30.072	马兜铃烯环氧化物	$C_{15}H_{24}O$	—	—	—	—	—	—	—	—	—	—	—	—	—	—	—	—	—	—	—	0.05
229	30.677	石竹烯氧化物	$C_{15}H_{24}O$	—	—	—	—	—	—	—	—	—	0.04	—	0.23	0.03	—	—	0.05	—	—	0.05	—
230	30.872	1-甲基-4-异丙基-7,8-二羟基-,(8*S*)-螺环[三环[4.4.0.0(5,9)]癸烷-10,2′-环氧乙烷]	$C_{15}H_{24}O_3$	—	0.05	—	—	—	—	—	—	—	—	—	—	—	—	—	—	—	—	—	—
231	33.491	2,2,6-三甲基-1-(3-甲基-1,3-丁二烯基)-5-亚甲基-7-噁唑环[4.1.0]庚烷	$C_{15}H_{22}O$	—	—	—	—	—	—	—	—	—	—	—	—	—	—	—	—	—	0.08	—	0.03
232	35.034	香橙烯氧化物	$C_{15}H_{24}O$	—	—	—	—	—	—	—	—	—	—	—	—	—	—	—	—	—	—	—	0.03
233	35.405	8-溴新异松叶酸	$C_{15}H_{23}Br$	—	—	—	—	—	—	—	—	—	—	—	—	—	—	—	—	—	—	—	0.19
234	37.099	别香橙烯	$C_{15}H_{24}O$	—	—	—	—	—	—	—	—	—	—	—	—	—	—	—	—	—	—	—	0.08

由图3-1可知，整个生长期检出的化合物种类主要为含硫类、萜烯类、醛类、酯类等相对含量所占比例较大。含硫类物质具有较低的感知阈值和较高的气味强度，存在于大蒜、加热的韭菜、切开的洋葱等一些代表性的食物中。据气味嗅闻实验即GC-O结果表明，含硫类化合物呈现大蒜的辛辣、洋葱、硫黄等刺激性味道，对香椿独特风味起着决定性作用，也是香椿香味的独特之处。在4—10月期间，含硫类物质相对含量基本呈现先增加后减少的趋势，样品S4~S7（采集在4月底和5月）5月相对含量最高，S4和S7含硫类均高达60%以上。在样品采集后期S18、S19、S20其含量仅为1.16%、1.23%、0.28%。随着生长期的延长，香椿样品的香气逐渐变淡，推测特征物质发生降解、转移或转化。此与GC-MS检测的香椿特征香气物质相对含量变化趋势相一致。据推测是由于2-巯基-2,3-二氢-3,4-二甲基噻吩不稳定，易失去一个H_2S分子生成2,4-二甲基噻吩。此外，二（1-丙烯基）硫醚及1-丙烯基(2,4-二甲基噻吩-5-基）二硫醚都是化学性质非常不稳定的化合物。可能是由于香椿从嫩芽期到成熟期的生长变化，植物自身生理代谢所致。

萜烯类化合物是香椿芽菜的主体香气成分，是香椿挥发性成分中种类最多的一类化合物，其相对含量占比为16.96%~43.87%，在生长期早期呈现降低趋势之后样品S4~S11比较平稳，从样品S12出现短暂上升之后下降又相对比较稳定趋势，总体来看萜烯类化合物变化不是特别大。萜烯类化合物的主要成分为含有C15的倍半萜烯化合物，香椿中的萜烯类物质主要包括2-蒎烯、α-愈创木烯、依兰烯、古巴烯、愈创木烯、β-波旁烯、(-)-异丁香烯、（E）-石竹烯、(+)-β-雪松烯、β-荜澄茄油烯、(-)-α-雪松烯、猿草烯、(-)-γ-杜松烯、芳姜黄烯、β-蛇床烯、(-)-α-杜松烯、A-二去氢菖蒲烯等。相对含量较高的有(-)-异丁香烯在S3中含量达22.62%，古巴烯在S2中含量为13.13%，2-蒎烯在S9中的含量为6.76%，猿草烯在S3中含量为6.32%，β-蛇床烯在S2中含量为3.24%。研究表明，萜烯类大多具有酯香、花香、水果香、甜香等比较柔和的气味，起到调和含硫化合物刺激性的作用。另据文献记载，植物的抗病性可能与萜烯类化合物的大量存在有关，推测这也正是香椿在生长过程中极少发生病害的原因之一。

醛类物质也是香椿挥发性成分中相对含量较高的一类物质，其相对含量占比为7.15%~68.51%，在整个生长期期间基本呈现一直增加的趋势，样品S18时相对含量最高达68.51%。相对含量较高的醛类化合物分别为正己醛、2-己烯醛、β-环柠檬醛、(E)-2-辛烯醛、维生素A醛等。相关研究表明，2-己烯醛是植物叶片气味的主要成分，在遇到高温环境时该物质的含量会急剧升高，而β-环柠檬醛阈值极低，具有柠檬型清香气味。己醛具有青草味、腥味，庚醛具有果香，苯甲醛具有令人愉快的坚果香，壬醛具有鱼腥味，2,4-庚二烯醛具有青草香味等。这些均可能对香椿总体风味起加和作用。

醇类、酯类和酮类物质也是构成香椿香气成分的重要组成部分，共检出醇类32种、酮类19种、酯类34种。20个样品中均含有醇类、酯类和酮类物质。由于酯、醇类和酮类物质大多具有不同的果香、花香、清香等香气味道，且阈值一般较低，可能对香椿中含硫类物质的刺激性气味起到一定的中和作用。醇类含量在生长期前期样品S1~S14比较平稳，S15相对含量达27.78%，随后下降维持平稳。酯类在生长期早期S1~S8相对含量比较平稳，S9~S15波动上升，随后下降维持平稳。酮类总体相对含量较低，占比为0.61%~3.18%，在整个生长期期间出现小幅波动但变化不大。共检测出烷烃类物质12种，主要为十二烷、2-异丙烯基-4*a*,8-二甲基-1,2,3,4,4*A*,5-,6-,7-八氢萘、1,2,3,4,4*a*,7-六氢-1,6-二甲基-4-(1-甲基乙基)-萘，烃类化合物的阈值较高，一般对香气的贡献率不大。另外还检测出醚类1种，主要在生长期前期出现占比较低为0.04%~0.06%。酸类5种，主要出现在生长期后期。检测到其他类30种包括杂环化合物、烯烃氧化物以及呋喃、吡喃化合物，且占比呈现逐渐增加趋势。

总的来说香椿挥发性成分的种类和相对含量等受温度、光照、植物代谢等影响，随生长期变化明显。

（二）香椿挥发性风味物质主成分分析

整个生长期（4—10月）20个香椿样品所含的挥发性风味物质的相对含量均不同。为了选择有代表性的成分作为反映香椿整体风味的指标，对10类物质进行主成分分析。由表3-4可知，第1、第2和第3主成分的特征值分别为4.018、1.909和1.328。3个主成分累计方差贡献率为72.547%，能够较好地反映不同批次香椿样品中10类风味物质的原始信息。

表3-4　因子总方差解析结果

成分	特征值	方差贡献率/%	累积方差贡献率/%
1	4.018	40.184	40.184
2	1.909	19.086	59.27
3	1.328	13.277	72.547
4	0.947	9.465	82.012
5	0.87	8.698	90.709
6	0.424	4.236	94.946
7	0.224	2.237	97.183
8	0.191	1.913	99.095

续表

成分	特征值	方差贡献率/%	累积方差贡献率/%
9	0.09	0.905	100
10	3.99×10^{-8}	3.99×10^{-7}	100

由表 3-5 可知，变量与某一主成分的关联系数绝对值越大，则该主成分与变量关系越近，所以第 1 主成分代表含硫类、醛类、其他类、酸类、醚类和烷烃类 6 类挥发性物质的影响，第 2 主成分代表醇类和酯类 2 类挥发性物质的影响，第 3 主成分代表萜烯类和酮类的影响作用。各变量的公共因子方差分析结果显示，除烷烃类、酯类外各变量的公共因子方差均在 0.7 以上，说明提取的 3 个公因子所反映的风味信息较多，整个香椿风味品质能很好地被提取出的 3 个公共因子解释。主成分矩阵也可以作为主成分贡献大小的度量，其绝对值越大，该变量对这一主成分的贡献越大。因此，第 1 主成分中 6 类风味物质的贡献率大小依次为含硫类>醛类>其他类>酸类>醚类>烷烃类，第 2 主成分中 2 类风味物质的贡献率大小为醇类>酯类，第 3 主成分中 2 类风味物质的贡献率大小为萜烯类>酮类。

表 3-5　各变量的成分矩阵和公因子方差

变量	第 1 主成分	第 2 主成分	第 3 主成分	公因子方差
醇类	0.171	0.805	−0.283	0.757
含硫类	−0.908	−0.04	−0.241	0.885
醚类	−0.718	−0.413	−0.246	0.748
醛类	0.887	−0.128	−0.117	0.817
酸类	0.788	−0.384	−0.269	0.841
酮类	−0.115	0.571	0.616	0.72
烷烃类	0.603	−0.3	0.028	0.454
萜烯类	−0.303	−0.394	0.752	0.814
酯类	0.297	0.581	−0.019	0.426
其他类	0.826	−0.121	0.31	0.793

为了进一步明确第 1、第 2 和第 3 主成分中各种风味物质所起影响作用的异同，根据香椿中的 10 类风味物质分别在第 1、第 2、第 3 主成分中的得分绘制了三维成分图。由图 3-2 可知，第 1 主成分中的 6 类风味物质在成分图中聚为 2 簇，醛类、酸类、烷烃类、其他类物质聚为一簇，含硫类和醚类聚为一簇，第 2

主成分中的醇类和酯类 2 类风味物质聚为一簇，第 3 主成分中萜烯类单独聚为一簇，酮类单独一簇。

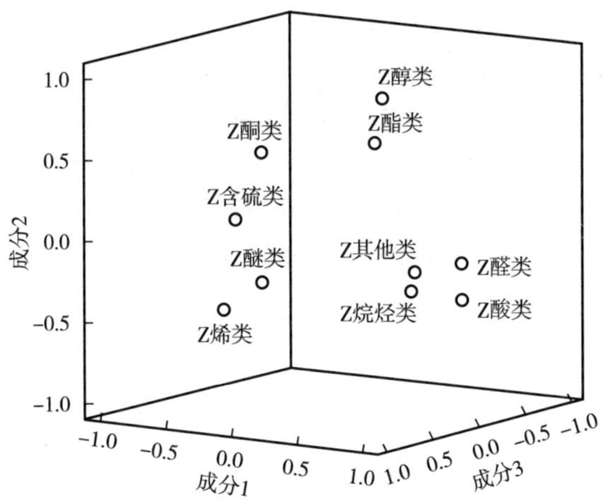

图 3-2　10 类风味物质的第 1、第 2、第 3 主成分矩阵图

第 1 主成分中的 6 类风味物质对香椿整体香气品质影响作用分为 2 种，第 2 主成分中的 1 类风味物质和第 3 主成分中的 2 类风味物质对香椿嫩芽整体香气品质各有一种影响作用。所以，由主成分分析可知，10 类风味物质对香椿整体香气品质的影响作用可以分为 5 种，分别是醛类、酸类、烷烃类、其他类，含硫类、醚类，醇类、酯类，萜烯类，酮类。这 5 种作用共同构成了香椿嫩芽香气成分特征。各主成分对应的特征向量如表 3-6 所示。

表 3-6　特征向量

变量	第 1 主成分	第 2 主成分	第 3 主成分
醇类	0. 042	0. 422	-0. 213
含硫类	-0. 226	-0. 021	-0. 182
醚类	-0. 179	-0. 217	-0. 185
醛类	0. 221	-0. 067	-0. 088
酸类	0. 196	-0. 201	-0. 202
酮类	-0. 029	0. 299	0. 464
烷烃类	0. 150	-0. 157	0. 021
萜烯类	-0. 076	-0. 207	0. 567
酯类	0. 074	0. 304	-0. 014
其他类	0. 206	-0. 063	0. 233

根据各主成分对应的特征向量（表 3-6），可以确定主成分（$F1$、$F2$、$F3$）与香椿样品各类物质间的线性关系表达式，具体如下：

$$F1 = 0.042X_1 - 0.226X_2 - 0.179X_3 + 0.221X_4 + 0.196X_5 - 0.029X_6 + 0.150X_7 - 0.076X_8 + 0.074X_9 + 0.206X_{10} \quad (3-1)$$

$$F2 = 0.422X_1 - 0.021X_2 - 0.217X_3 - 0.067X_4 - 0.201X_5 + 0.299X_6 - 0.157X_7 - 0.207X_8 + 0.304X_9 - 0.063X_{10} \quad (3-2)$$

$$F3 = -0.213X_1 - 0.182X_2 - 0.185X_3 - 0.088X_4 - 0.202X_5 + 0.464X_6 + 0.021X_7 + 0.567X_8 - 0.014X_9 + 0.233X_{10} \quad (3-3)$$

以 3 个主成分 $F1$、$F2$、$F3$ 做线性组合，并以每个主成分的方差贡献率作为权数建立综合评价函数：

$$F = 0.4018F1 + 0.1909F2 + 0.1328F3 \quad (3-4)$$

式中 F——香椿的综合得分。各主成分综合得分及比较如表 3-7 所示。

表 3-7 香椿样品各主成分综合得分及比较

样品	$F1$	$F2$	$F3$	F 总
S1	-2.1777	-0.8374	-1.2039	-1.6469
S2	-1.8422	-1.1998	1.1662	-1.1226
S3	-0.8232	-0.3343	1.1401	-0.3352
S4	-2.2608	-0.8808	-1.3911	-1.7386
S5	-2.0374	-1.1136	-0.6211	-1.5351
S6	-2.3199	-0.6885	-1.0695	-1.6619
S7	-2.5322	-0.3559	-0.4514	-1.5788
S8	-0.4272	0.7007	1.6523	0.2501
S9	-0.5316	0.2114	1.0092	-0.0541
S10	0.0690	1.2279	0.1855	0.3952
S11	-0.4493	0.5171	-0.8268	-0.2641
S12	-0.3544	-0.0488	0.7444	-0.0729
S13	1.0098	-0.3714	2.1796	0.8605
S14	1.6426	0.8002	0.7758	1.2624
S15	0.1373	4.7014	-1.2189	1.0898
S16	1.0411	0.5791	0.3639	0.7956
S17	1.5752	0.2370	0.5260	1.0311
S18	3.3700	-0.2672	-2.1407	1.4046
S19	2.2032	-0.5424	-0.0440	1.0696
S20	4.7077	-2.3347	-0.7757	1.8514

由图 3-3 可知，第 1 主成分得分较高的是样品 S18、S19、S20，影响它的主要挥发性成分为醛类、酸类、烷烃类和其他类（图 3-4），可能决定了三个样品的风味特征；第 2 主成分得分最高的为 S15，主要受醇类和酯类影响（图 3-4）；第 3 主成分得分最高的为 S13。S4、S5、S6、S7 在图 3-3（1）和（2）中均分布于第三象限主要受含硫类影响。

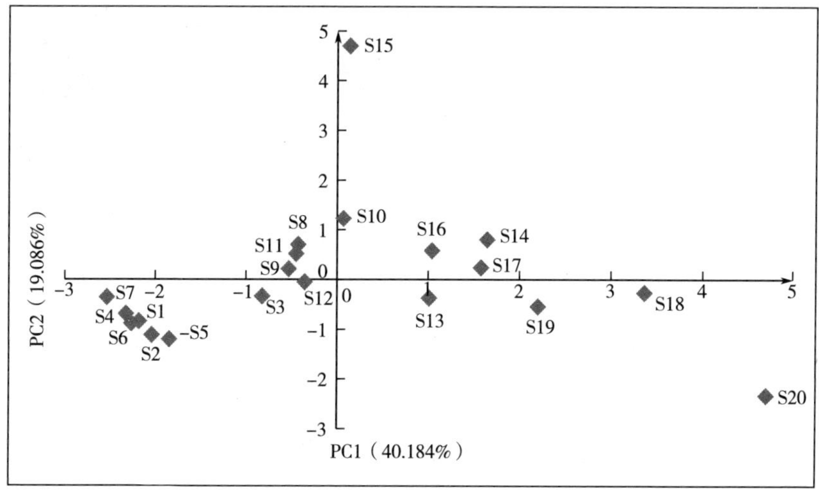

（1）PC1-PC2

（2）PC1-PC3

图 3-3　不同生长期香椿样品得分图

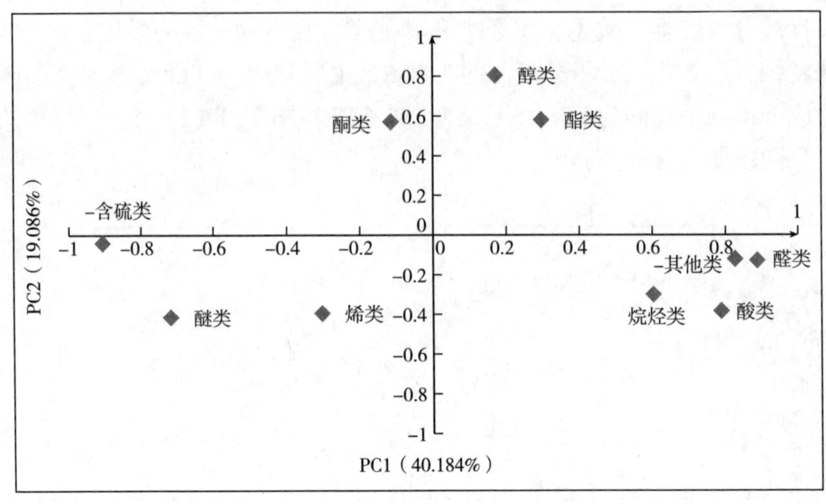

（1）PC1-PC2

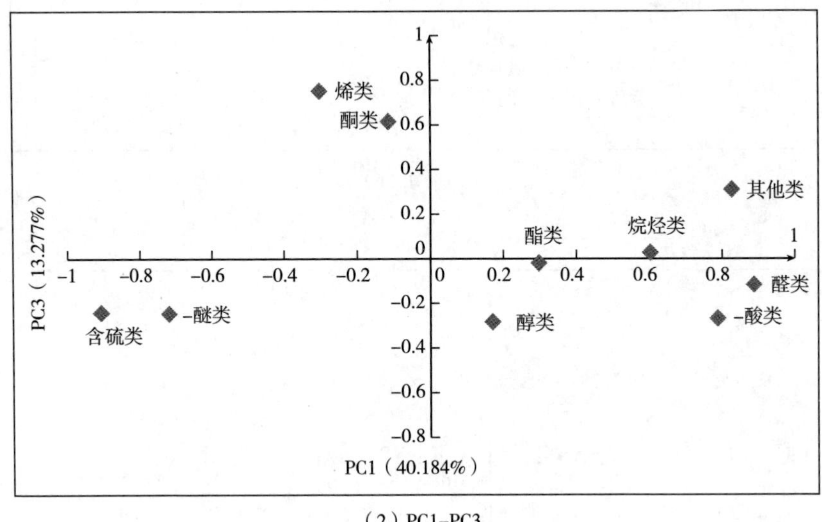

（2）PC1-PC3

图 3-4 香椿样品中 10 类物质的载荷分析图

四、小结

整个生长期（4—10 月）20 批次香椿样品中共检出 234 种挥发性物质，包括醇类 32 种、含硫类 7 种、醚类 1 种、醛类 7 种、酸类 5 种、酮类 19 种、烷烃类 12 种、萜烯类 77 种、酯类 34 种及其他类 30 种。相对含量所占比例较大的化合物种类主要为含硫类、萜烯类、醛类、酯类等。共同存在的化合物有5种，分别为2,4-二甲基噻吩、正己醛、β-环柠檬醛、古巴烯、愈创木烯。

在4—10月期间，含硫类物质相对含量基本呈现先增加后减少的趋势，醛类物质在整个生长期间基本呈现一直增加的趋势。萜烯类在生长期早期呈现降低趋势之后样品S4~S11比较平稳，样品S12出现短暂上升之后下降又相对比较稳定趋势，总体来看萜烯类化合物变化不是特别大。醇类含量在生长期前期样品S1~S14比较平稳，S15相对含量达27.78%，随后下降维持平稳。酯类在生长期早期S1~S8相对含量比较平稳，S9~S15波动上升，随后下降维持平稳。酮类总体相对含量较低，占比为0.61%~3.18%，在整个生长期期间出现小幅波动但变化不大。醚类主要在生长期前期出现占比较低为0.04%~0.06%。酸类主要出现在生长期后期。其他类30种包括杂环化合物、烯烃氧化物以及呋喃、吡喃化合物，且占比呈现逐渐增加趋势。

其中含硫类物质与香椿的特征香味有关，是其主要贡献物质。在4月底和5月采集的样品S4~S7中含硫类物质相对含量最高，适合最佳食用或进一步的加工需求；随着生长期的延长，香椿样品的香气逐渐变淡，醛类、萜烯类和其他类物质相对含量占比呈现逐渐增加趋势，适合用来提取功能活性物质以及发酵制品。同时萜烯类、醛类、酯类、醇类、酮类等化合物共同组成了香椿的挥发性成分，各香气组分间相互作用，最终使香椿呈现出独特香气。总的来说香椿挥发性成分的种类和相对含量等受温度、光照、植物代谢等影响，随生长期变化明显。

主成分分析结果显示，提取的3个主成分累积贡献率达72.547%，能够较好地代表原始数据所反映的信息。10类风味物质对香椿嫩芽整体香气品质的影响作用可以分为5种，分别是：醛类、酸类、烷烃类、其他类，含硫类、醚类，醇类、酯类，萜烯类，酮类。这5种作用共同构成了香椿香气成分特征。

第二节　不同栽培环境下香椿特征香气成分的变化规律

采用人工模拟香椿栽培环境，研究温度对关键特征香气成分消长的影响及积累规律，明确香椿特征香气成分的积累调控机制分析。

一、材料与设备

（一）材料与试剂

红油香椿树苗为长度约30cm的一年生苗，购自河南省驻马店鸿壹香椿有限公司。

（二）仪器与设备

MGC-350HP 型人工气候箱，上海一恒科学仪器有限公司；7890A-5975C 气相色谱-质谱联用仪，美国安捷伦公司；HP-5MS 毛细管色谱柱（30m×0.25mm×0.25μm）；顶空固相微萃取手持式手柄、50/30μm DVB/CAR/PDMS 萃取头、20mL 顶空瓶，美国安捷伦公司。

二、试验方法

（一）栽培条件

人工气候箱盆栽条件：白天：25℃，相对湿度 70%，16000lx 光照，16h；夜晚：15℃，相对湿度 70%，16000lx光照，8h。

室内盆栽条件（4 月采样）：白天：25℃左右，相对湿度 40%~50%，日照，约 14h；夜晚：10℃左右，相对湿度 40%~50%，约 10h。

室外陆地栽培条件（4 月采样）：白天：20℃左右，相对湿度 50%~60%，日照，约 14h；夜晚：10℃左右，相对湿度 50%~60%，约 10h 。

（二）样品处理

新鲜香椿研碎 → 称取 1.0g 于 20mL 棕色顶空瓶里 → 密封垫密封 → 40℃水浴中平衡 15min → 萃取头插入顶空瓶中，萃取 30min → 立即取出，插入 GC-MS 解吸 5min。

（三）气相色谱-质谱联用条件

GC 条件：HP-5MS 毛细管色谱柱（30m×0.25μm×0.25μm）；升温程序：起始温度 40℃，保持 3min，以 5℃/min 速率升温至 150℃，保持 2min，以 8℃/min 速率升温至 220℃，保持 5min；进样口温度 250℃；载气 He，流速 1.0mL/min；无分流比。

MS 条件：电子电离源；扫描方式：全扫描；离子源温度 230℃；四极杆温度 150℃；辅助加热器温度 250℃；溶剂延迟 3min；质量扫描范围 m/z 40~800；检索图库：NIST 08.LIB。

三、结果与分析

（一）不同栽培环境下香椿的挥发性成分

图 3-5（见书后插页）为不同栽培环境下香椿挥发性成分的总离子流图。

表3-8为不同栽培环境下香椿挥发性成分及其相对百分含量。结果表明，三种栽培方式所得香椿中共检出197种有效挥发性物质，其中人工气候箱盆栽7d检出49种、14d检出63种、21d检出77种；室内盆栽7d检出53种、14d检出55种、21d检出42种；室外陆地栽培7d检出55种、14d检出70种、21d检出57种。挥发性成分包括醇类29种、含硫类4种、醚类2种、醛类12种、酮类18种、酯类26种、烷烃类3种、芳香烃类5种、萜烯类76种、萜烯类氧化物6种、炔类1种及其他类16种。其中，含硫化合物中共包含2种硫醚类化合物、2种噻吩类化合物。含硫化合物是香椿具有特征性风味的主要贡献物质。

表3-8 不同栽培环境下香椿挥发性成分 单位：%

化合物名称	相对含量								
	气候箱盆栽			室内盆栽			室外陆地栽培		
	7d	14d	21d	7d	14d	21d	7d	14d	21d
醇类	**2.42**	**2.31**	**4.94**	**7.89**	**4.14**	**4.00**	**2.08**	**1.42**	**1.70**
(-)-斯巴醇	—	—	—	—	—	—	0.13	—	—
[5-二甲基-6-(3-甲基-丁基-1,3-二烯基)-7-氧代双环[4.1.0]庚基-1-基]-甲醇	0.12	0.09	—	—	—	—	—	—	—
1,3-乙烷(1*H*)-4-醇,八氢-2,2,4,7-四甲基-吲哚	—	—	0.98	1.56	1.73	1.44	—	—	—
1,7,7-三甲基-(2-内-5-外)-双环[2.2.1]庚烷-2,5-二醇	—	—	0.05	—	—	—	—	—	—
1,7,7-三甲基双环[2.2.1]庚-5-烯-2-醇	—	0.13	—	—	—	—	—	—	—
1,7-二甲基-4π异丙烯基-双环[4.4.0]十-6-烯-9π醇	—	—	—	—	—	—	—	0.26	—
1-三十七烷醇	0.26	0.33	0.77	0.06	—	—	0.27	0.12	0.12
1-异辛烯-3-醇	—	—	—	—	—	—	0.13	—	0.12
2-甲基-5-(1-甲基乙烯基)-环己醇	—	—	—	0.04	—	—	—	—	—
对薄荷-1-烯-3,8-二醇	—	0.08	—	—	—	—	—	—	—
2-巯基-环己醇	1.66	0.53	0.53	0.72	0.63	0.56	—	—	—
3,7-二甲基-1,6-辛二烯-3-醇	0.38	0.16	0.68	0.12	0.12	—	—	—	—
2-亚甲基-(3β,5α)-胆固烷-3-醇	—	0.11	0.43	0.17	0.14	—	—	—	—
4,4,11,11-四甲基-7-四环[6.2.1.0(3.8)0(3.9)]十一醇	—	—	0.05	—	0.05	—	0.28	0.15	0.39

续表

化合物名称	相对含量								
	气候箱盆栽			室内盆栽			室外陆地栽培		
	7d	14d	21d	7d	14d	21d	7d	14d	21d
喇叭茶醇	—	—	—	0.09	—	—	—	—	—
4-萜烯醇	—	0.31	0.12	—	—	—	—	—	—
6-(1-羟甲基乙烯基)-4,8*a*-二甲基-3,5,6,7,8,8*a*-六氢-1*H*-萘-2-醇	—	—	0.09	—	0.03	0.77	—	—	—
8-雪松烯-13-醇	—	—	—	—	—	—	—	—	0.15
β-桉叶醇	—	—	—	0.22	—	—	—	—	—
β-甜没药	—	—	—	—	0.12	—	—	—	—
八氢-2,2,4,7-四甲基-吲哚-1,3-乙烷(1*H*)-4-醇	—	—	—	—	—	—	0.19	—	—
(8*S*)-1-甲基-4-异丙基-7,8-二羟基-螺三环[4.4.0.0(5,9)]癸烷-10,2′-环氧乙烷	—	—	0.09	—	—	—	—	—	—
氯苯烯醇	—	—	0.05	—	—	—	—	—	—
2-甲基-9-(丙-1-烯-3-醇-2-基)-双环[4.4.0]癸-2-烯-4-醇	—	—	0.12	—	—	—	0.03	0.06	0.05
(*Z*)-马鞭草烯醇	—	0.57	0.97	—	—	—	—	—	—
檀香醇	—	—	—	—	—	—	—	0.15	—
烯丙基正戊基甲醇	—	—	—	—	—	—	0.47	0.39	0.66
异龙胆醇	—	—	—	4.92	1.31	1.22	—	—	—
3,7-二甲基-1,6-辛二烯-3-醇	—	—	—	—	—	—	0.58	0.29	0.21
含硫类	**41.18**	**28.18**	**19.90**	**39.85**	**37.33**	**40.32**	**51.69**	**25.08**	**27.49**
1-丙烯基(2,4-二甲基噻吩-5-基)二硫醚	—	—	—	0.23	—	—	0.35	—	—
2,4-二甲基噻吩	23.37	18.55	11.57	19.34	20.52	26.11	28.96	15.93	17.91
2-巯基-3,4-二甲基-2,3-二氢噻吩	17.81	9.63	8.33	20.14	16.81	14.21	22.37	9.15	9.58

续表

化合物名称	相对含量								
	气候箱盆栽			室内盆栽			室外陆地栽培		
	7d	14d	21d	7d	14d	21d	7d	14d	21d
二烯丙基硫醚	—	—	—	0.14	—	—	—	—	—
醚类	**—**	**—**	**—**	**0.08**	**—**	**—**	**0.06**	**0.06**	**—**
1-氧阿司匹林〔2.5〕辛烷.5-5-二甲基-4-(3-甲基-1,3-丁二烯)	—	—	—	0.08	—	—	—	—	—
5-5-二甲基-4-(3-甲基-1,3-丁二烯)1-氧阿司匹林〔2.5〕辛烷	—	—	—	—	—	—	0.06	0.06	—
其他类	**1.42**	**0.19**	**2.68**	**2.86**	**2.37**	**—**	**1.60**	**1.49**	**2.42**
肌球蛋白-(I3)	—	—	—	—	—	—	—	—	0.08
1,1-二甲基-4-亚甲基环戊烷呋喃	—	0.04	—	—	—	—	—	—	—
($2\pi3\pi$)-1-甲基-蜡梅啶	1.40	—	—	—	—	—	0.54	0.64	—
1-甲基-4-异丙基-7,8-二羟基-,(8*S*)-螺环[三环[4.4.0.0(5,9)]癸烷-10,2′-环氧乙烷]	—	—	—	—	—	—	—	0.05	—
1-硝基己烷	—	—	—	—	—	—	0.34	—	—
1-硝基戊烷	—	—	—	—	—	—	0.56	0.47	0.50
2,4,7-三甲基-1,8-萘啶	—	—	2.07	2.86	2.37	—	—	—	0.82
2,4*a*,5,6,7,8,9,9*a*-八氢-3,5,5-三甲基-9-甲基-1-苯并环庚	—	—	—	—	—	—	—	—	0.80
4,5,5*a*,6,6*a*,6*b*-六氢-4,4,6*b*-三甲基-2-(1-甲基乙烯基)-2*H* 环丙烷[*g*]苯并呋喃	—	0.15	0.20	—	—	—	—	—	—
8-溴-新异长叶烯	—	—	0.33	—	—	—	—	—	—
α,ω-二苄氧羰基	0.02	—	—	—	—	—	—	—	—
3-甲基-3-(4-甲基-3-戊烯基)-2-环氧乙烷甲醇	—	—	—	—	—	—	0.17	0.26	0.14
二氢吡啶-1-氧化物	—	—	—	—	—	—	—	—	0.03
喇叭烯氧化物	—	—	—	—	—	—	—	0.07	—
法呢基溴	—	—	0.08	—	—	—	—	—	—
异香橙烯环氧化物	—	—	—	—	—	—	—	—	0.05

续表

化合物名称	相对含量								
	气候箱盆栽			室内盆栽			室外陆地栽培		
	7d	14d	21d	7d	14d	21d	7d	14d	21d
醛类	**15.59**	**22.13**	**12.55**	**4.57**	**6.35**	**7.36**	**13.46**	**16.63**	**21.69**
(*E*)-2-辛烯醛	—	—	—	—	—	—	0.27	0.25	—
1,3,4-三甲基-3-环己烯甲醛	—	0.23	0.47	—	—	—	—	—	—
2-[4-甲基-6-(2,6,6-三甲基环己-1-烯基)六-1,3,5-三烯基]环己-1-烯-1-甲醛	0.47	0.44	0.10	0.12	0.13	0.24	—	0.02	0.07
2-己烯醛	11.63	14.74	7.75	3.35	4.43	4.79	5.98	8.83	12.96
2-甲基-4-(2,6,6-三甲基-1-环己烯-1-基)-2-丁烯醛	—	—	0.52	—	—	0.14	—	—	—
β-环柠檬醛	0.48	0.37	0.30	0.34	0.35	0.59	0.54	0.39	0.68
π 柠檬醛	—	—	0.29	—	—	—	—	—	—
苯甲醛	—	—	—	—	—	—	—	1.22	—
(*E*)-2-(*Z*)-6-壬二烯醛	—	—	—	—	—	—	—	0.13	—
壬醛	—	—	—	—	—	—	0.18	—	—
维生素 A 醛	—	—	—	—	—	—	0.11	—	—
正己醛	3.01	6.35	3.12	0.76	1.44	1.60	6.38	5.79	7.98
炔类	**—**	**0.18**	**—**	**—**	**—**	**—**	**—**	**—**	**—**
(*Z*)-5-炔-3-化烯	—	0.18	—	—	—	—	—	—	—
烷烃类	**—**	**0.14**	**0.16**	**0.15**	**0.11**	**—**	**—**	**—**	**0.15**
10,10-二甲基-2,6-双(亚甲基)-[1*S*-(1*R**,9*S**)]双环[7.2.0]十一烷	—	—	—	—	—	—	—	—	0.15
4,4-二甲基-3-(3-甲基丁基-3-亚乙基)-2-亚甲基-双环[4.1.0]庚烷	—	0.03	0.16	0.15	0.11	—	—	—	—
二环氧十六烷	—	0.11	—	—	—	—	—	—	—
芳香烃类	**0.56**	**1.24**	**0.29**	**—**	**—**	**—**	**0.04**	**0.36**	**—**
1,2,3,4,4*a*,7-六氢-1,6-二甲基-4-(1-甲基乙基)-萘	—	—	—	—	—	—	0.04	0.12	—
1,3-二甲基-4-乙基苯	—	0.74	—	—	—	—	—	—	—
4-异丙基甲苯	0.08	—	—	—	—	—	—	0.24	—
6-异丙基-1,4-二甲基萘	0.48	0.50	—	—	—	—	—	—	—

续表

化合物名称	相对含量								
	气候箱盆栽			室内盆栽			室外陆地栽培		
	7d	14d	21d	7d	14d	21d	7d	14d	21d
间异丙基甲苯	—	—	0.29	—	—	—	—	—	—
酮类	**5.00**	**4.59**	**4.79**	**6.62**	**7.02**	**6.55**	**1.20**	**1.68**	**1.62**
(*E*)-4-(2,6,6-三甲基-2-环己烯-1-基)-3-丁烯-2-酮	—	—	—	—	—	0.21	—	—	—
(*E*,*E*)-3.5-辛二烯-2-酮	—	—	—	—	—	—	—	—	0.06
2-(2-丁炔-1-基)环己酮	—	—	—	0.11	0.12	—	—	—	—
2,2,7,7-四甲基三环[6.2.1.0(1,6)十一-4烯-3-酮	0.10	0.07	—	—	—	—	—	—	—
2,2-二甲基-5-(3-甲基-2-乙氧基)-环己酮	—	0.04	0.03	—	—	—	—	—	—
3-内-5-内二甲基-9-异丙基-11-噁唑三环[5.3.0.1(2,6)]十一烷-4-酮	—	—	0.09	—	—	—	—	—	—
3-乙基-3-羟基雄甾-17-酮	0.46	0.42	0.86	0.17	0.04	0.15	—	0.03	0.25
4,4-二甲基-3-[2-(1-羟基-1-甲基乙基)-3-甲基-3-丁烯基-2,7-辛二酮	1.46	—	—	—	—	—	—	—	—
4-环戊二烯-2-丁酮	—	—	0.13	—	—	—	—	—	—
4-亚环己烯基-3,3-二甲基-2-戊酮	1.99	1.48	—	5.89	6.36	5.82	—	—	—
5,6,6-三甲基-5-(3-氧杂-1-烯基)-1-噁螺环[2.5]辛-4-酮	0.43	2.49	3.39	—	—	—	—	—	—
5-羟基-11-桉叶烷烯-1-酮	—	—	0.14	—	—	—	—	—	—
6-[(1-(羟甲基)乙烯基)]4,8*a*-二甲基-4*a*,5,6,7,8,8*a*-环己烷-2(1*H*)-萘酮	—	0.09	—	—	—	—	—	—	—
6-甲基-5-庚烯-2-酮	0.20	—	0.10	0.29	0.29	0.28	0.65	1.42	0.84
β-紫罗兰酮	—	—	—	—	—	—	0.37	0.23	0.47
桉双烯酮	—	—	—	—	—	—	0.18	—	—
薄荷酮	—	—	0.04	—	—	—	—	—	—
壬-3,5-二烯-2-酮	0.36	—	—	0.16	0.21	0.09	—	—	—

续表

化合物名称	相对含量								
	气候箱盆栽			室内盆栽			室外陆地栽培		
	7d	14d	21d	7d	14d	21d	7d	14d	21d
萜烯类	**29.59**	**38.14**	**50.48**	**35.50**	**40.04**	**40.41**	**28.21**	**51.19**	**43.96**
1,5,9,9-四甲基-(异石竹烯-I1)(-)-三环[6.2.1.0(4,11)]十一碳-5-烯	—	—	—	—	—	—	0.82	—	—
β-波旁烯	0.44	1.31	2.06	—	0.09	—	0.24	—	1.15
A-二去氢菖蒲烯	0.76	0.59	—	—	—	—	—	—	0.11
(-)-α-杜松烯	0.43	0.46	0.71	—	—	—	0.45	1.62	0.19
(-)-α-雪松烯	0.08	0.53	0.54	0.52	0.34	0.64	0.89	0.13	1.26
(-)-γ-杜松烯	0.97	0.99	0.84	—	—	—	—	2.20	—
(-)-α-新丁香三环烯	—	—	—	—	0.34	0.41	—	—	0.36
(-)-三环[6.2.1.0(4,11)]十一碳-5-烯,1,5,9,9-四甲基-(异石竹烯-I1)	0.56	0.39	—	—	—	—	—	—	—
(-)-异丁香烯	15.63	13.55	17.33	18.27	22.72	20.36	13.31	—	22.62
(+)-α-柏木萜烯	—	—	—	0.59	—	—	—	—	—
(+)-β-雪松烯	—	—	—	0.88	1.34	1.36	0.19	—	0.58
(+)-环苜蓿烯	—	—	—	—	—	—	—	0.99	0.44
(+)-苜蓿烯	—	—	—	—	—	—	—	0.42	—
(+)-柠檬烯	—	0.43	0.32	—	0.10	—	—	0.44	0.31
(+)-香橙烯	0.62	—	—	—	—	—	—	—	—
(*R*)-1-甲基-5-(1-甲基乙烯基)环己烯	—	—	—	—	—	—	0.21	—	—
(*S*)-1-甲基-4-(5-甲基-1-亚甲基-4-己烯基)环己烯	—	—	—	0.55	—	0.66	—	—	—
(*Z*)-*b*-法呢烯	—	—	—	0.51	0.53	—	—	—	—
别香橙烯	—	0.64	0.89	—	—	—	0.69	0.35	0.16
1,2,3,4,4*a*,7-六氢-1,6-二甲基-4-(1-甲基乙基)-萘	0.20	0.12	0.40	—	—	—	—	—	—
Z,*Z*,*Z*-1,5,9,9-四甲基-1,4,7-十一三烯	0.59	—	6.60	5.32	—	—	—	—	—

续表

化合物名称	相对含量								
	气候箱盆栽			室内盆栽			室外陆地栽培		
	7d	14d	21d	7d	14d	21d	7d	14d	21d
1-甲基-3-(甲基乙基烯)-环己烷	—	0. 13	—	—	—	—	—	—	—
D-柠檬烯	0. 13	—	—	—	—	0. 07	—	—	—
β-榄香烯	—	—	—	0. 42	—	—	—	—	—
α-雪松烯	—	—	—	—	1. 31	—	—	—	—
2,6,11,15-四甲基-十六烷-2,6,8,10,14-五烯	—	—	—	—	—	0. 38	—	—	—
2,6-二甲基-6-(4-甲基-3-戊烯基)双环[3. 1. 1]庚-2-烯	0. 22	0. 18	0. 23	1. 10	1. 53	1. 27	—	0. 20	0. 68
2-蒎烯	2. 88	11. 67	8. 19	—	—	—	2. 22	4. 81	3. 54
2-乙烯基-1,3,3-三甲基环己烯	—	—	0. 18	—	—	—	—	—	—
2-异丙烯基-4a,8-二甲基-1,2,3,4,4A,5-,6-,7-八氢萘	—	—	—	0. 27	0. 34	0. 38	—	—	—
3,3,7,11-四甲基-三环[6.3.0.0(2,4)]十一碳-8-烯	—	—	—	—	—	—	—	—	0. 19
3,4-癸二烯	—	—	—	—	—	—	—	—	0. 54
4,5,9,10-脱氢-异长叶烯	—	—	0. 10	—	—	—	—	—	—
4,7,7-三甲基二环[4. 1. 0]庚-4-烯	—	0. 28	—	—	—	—	—	—	—
4-异丙烯基-1-双甲氧基环己烯	—	—	0. 19	—	—	—	—	—	—
8,9-脱氢-异长叶烯	—	—	—	—	—	—	0. 21	—	0. 13
α-葎草烯	—	0. 74	—	—	0. 74	—	—	—	—
A-柏树烯	—	—	—	0. 55	0. 85	1. 18	—	—	0. 57
β-蒎烯	—	0. 15	0. 11	—	—	—	—	0. 07	—
β-波旁烯	—	—	—	—	—	—	—	0. 91	—
9-雪松烯	—	—	—	—	—	0. 22	—	—	0. 12
δ-杜松烯	—	—	3. 59	—	—	—	—	—	—

续表

化合物名称	相对含量								
	气候箱盆栽			室内盆栽			室外陆地栽培		
	7d	14d	21d	7d	14d	21d	7d	14d	21d
γ-古芸烯	—	—	—	—	0.11	0.22	0.12	—	—
A-二去氢菖蒲烯	—	—	—	—	—	—	0.13	0.49	—
α-愈创木烯	0.08	0.30	0.36	0.48	0.59	0.51	0.30	1.12	0.43
β-榄香烯	—	—	1.00	—	0.52	—	—	—	—
β-蛇床烯	0.66	0.56	0.85	—	—	—	0.47	3.24	0.62
β-荜澄茄油烯	—	0.19	0.61	—	—	—	0.10	0.52	—
β-罗勒烯	—	—	—	—	—	—	—	0.08	—
π 缬草烯	—	—	—	—	—	—	—	0.08	—
π 雪松烯	—	—	—	0.20	0.65	—	—	0.02	—
π 愈创木烯	0.25	—	—	—	—	—	—	0.30	—
(*E*)-石竹烯	—	0.36	0.59	0.23	0.12	—	0.34	0.36	0.49
芳姜黄烯	—	—	—	2.24	3.45	3.14	0.42	0.34	1.14
古巴烯	2.91	3.04	3.12	1.09	0.73	—	1.98	13.13	1.24
猿草烯	1.31	0.87	—	—	1.24	6.16	4.00	4.16	6.32
(*E*)-α-科巴烯	—	—	—	0.44	0.52	—	—	—	—
罗勒烯	0.10	0.06	0.17	—	—	—	0.08	—	—
绿叶烯	0.23	—	—	—	—	—	—	0.11	—
马兜铃烯	—	—	—	—	—	—	—	—	—
塞舌尔烯	—	—	—	0.09	—	—	—	0.44	0.29
十氢-4*a*-甲基-1-亚甲基-7-(1-甲基乙烯基)-[4*ar*-(4*a*π7π8*a*π)]-萘	—	—	—	1.30	1.60	1.58	—	—	—
石竹烯	—	—	—	—	—	—	—	12.81	—
[1*S*-(1*R**,9*S**)]10,10-二甲基-2,6-双(亚甲基)-双环[7.2.0]十一烷	—	—	—	—	0.04	—	—	—	—
(*Z*)-α-没药烯	—	—	—	0.05	0.05	0.03	—	—	—
萜品烯	—	—	0.19	—	—	—	—	—	—
香橙烯	—	—	—	—	—	—	0.17	—	—
雪松烯	—	—	0.11	—	—	—	0.13	0.15	—

续表

化合物名称	相对含量								
	气候箱盆栽			室内盆栽			室外陆地栽培		
	7d	14d	21d	7d	14d	21d	7d	14d	21d
依兰烯	—	0.33	0.42	—	—	0.53	—	0.32	0.28
异喇叭烯	—	—	—	—	—	—	—	0.54	—
愈创蓝油烃	—	—	0.34	—	—	—	—	0.41	0.07
愈创木烯	0.25	0.12	0.27	0.41	0.18	1.31	0.74	0.43	0.13
月桂烯	—	—	0.11	—	—	—	—	—	—
双环[4.4.1]十一碳-1,3,5,7,9-五烯	0.29	—	—	—	—	—	—	—	—
樟脑烯	—	0.15	0.06	—	—	—	—	—	—
萜烯类氧化物	**—**	**0.11**	**0.40**	**1.23**	**0.42**	**0.15**	**0.16**	**0.19**	**0.12**
3,9-二烯-10-过氧穆罗兰	—	—	0.04	—	—	—	—	—	—
3-氧代-10(14)-环氧愈创木酯-11(13)-烯-6,12-内酯	—	—	—	—	0.04	—	—	—	—
喇叭烯氧化物	—	—	—	1.08	0.08	—	—	—	0.12
双烯-1-氧化物	—	—	—	—	—	0.05	—	—	—
香橙烯氧化物 2	—	0.11	0.10	0.10	0.12	—	—	—	—
环氧异香橙烯	—	—	0.26	0.05	0.18	0.10	0.16	0.19	—
酯类	**4.24**	**2.79**	**3.81**	**1.26**	**2.22**	**1.21**	**1.50**	**1.90**	**0.86**
(*E*)-3-己烯-1-醇乙酸酯	1.67	0.93	0.40	—	0.36	—	—	—	—
(1,2,3,4,5,6,7,8-辛醇-3,8,8-三甲基萘-2-基)乙酸甲酯	—	—	0.05	—	—	—	—	—	—
(*E*)-10-庚二甲酸甲酯	—	—	0.06	—	—	—	—	—	—
(*E*)-3-己烯-1-醇乙酸酯	—	—	—	—	—	—	0.64	—	—
(*E*)-己-3-烯基丁酸酯	—	—	—	—	—	0.16	0.25	—	0.30
(*Z*)-3,7-二甲基-2,6-辛二烯酸甲酯	—	—	—	—	—	—	—	0.14	0.09
(*Z*)-3-己烯-1-醇乙酸酯	—	—	—	0.21	—	—	—	—	—
10,12-二十三碳二炔酸甲酯	—	0.28	—	0.03	—	—	0.16	0.16	0.16
10-十二碳五烯酸甲酯	—	—	—	0.19	0.28	0.33	—	0.15	—
1-环己烯-1-羧酸,2,6,6-三甲基-甲酯	—	—	—	—	0.05	0.12	—	0.29	—
1-甲基-4,7,10,13,16-二十二碳五烯酸酯	—	—	—	—	0.31	—	—	—	—

续表

化合物名称	相对含量								
	气候箱盆栽			室内盆栽			室外陆地栽培		
	7d	14d	21d	7d	14d	21d	7d	14d	21d
2,5-十八碳二烯酸甲酯	—	—	—	—	—	—	—	0.04	—
2,5-十八烷二酸甲酯	0.52	—	—	—	—	—	—	—	—
3,7,11-三甲基-2,6,10-十二烷三烯-1-醇乙酸酯	—	—	—	—	—	—	—	0.18	—
3-氧代-10(14)-环氧愈创木酚-11(13)-烯-6,12-内酯	—	—	—	—	—	—	—	0.04	—
4,7,10,13,16-二十二碳五烯酸甲酯	—	—	—	—	—	—	—	0.17	—
4,7,10,13-六癸四烯酸甲酯	—	—	0.08	—	—	—	—	—	—
穿心莲内酯	0.51	—	1.44	0.82	1.22	0.29	—	0.31	0.30
(*E*)-2-己烯基戊酸酯	—	—	—	—	—	—	—	0.23	—
(*E*)-3-己烯基丁酸酯	—	—	—	—	—	—	—	0.19	—
甲基(2*E*)-3,7-二甲基-2,6-辛二烯酸酯	—	0.17	0.30	—	—	—	—	—	—
邻苯二甲酸二丁酯	—	0.55	—	—	—	—	—	—	—
邻苯二甲酸异丁基十八醇酯	—	0.10	—	—	—	—	—	—	—
1,7-二甲基-4-异丙烯基-双环[4.4.0]癸-6-烯-9-醇	0.57	0.31	1.30	—	—	0.31	—	—	—
水杨酸甲酯	0.89	0.45	0.17	—	—	—	0.17	—	—
脱氧丝氨酸内酯	0.08	—	—	—	—	—	0.28	—	—

（二）不同栽培环境下香椿挥发性成分的分析研究

图3-6（见书后插页）为不同栽培环境下香椿的挥发性成分数量变化，可以看出萜烯类物质种类最多，其次为含硫类。且从图3-7（见书后插页）中挥发性成分的相对含量变化可以看出，香椿中主要的挥发性成分为萜烯类和含硫类物质，其相对含量分别在19.89%~51.69%和28.20%~51.20%，所占比例最大。

已有学者研究表明香椿特征香气物质为2-巯基-3,4-二甲基-2,3-二氢噻吩，是由二丙烯基二硫醚加热形成的，且2,4-二甲基噻吩相对含量较高，推测是由2-巯基-3,4-二甲基-2,3-二氢噻吩加热不稳定，失去一个 H_2S 分子生成的。图3-8显示不同栽培环境下香椿中均能检测到含硫类物质2,4-二甲基噻吩及2-巯基-3,4-二甲基-2,3-二氢噻吩的存在，但气候箱栽培环境下含硫类物质2，4-二甲基噻吩、2-巯基-3,4-二甲基-2,3-二氢噻吩随生长期变化呈现不断减少的趋势，而其他栽培环境下该含硫类物质相对含量先下降后上升，这可能是由于气候箱中大气组成与外界存在差异，且随着香椿从嫩芽期到成熟期的生长期变化，植物自身生理代谢所致。图 3-9 为不同栽培环境下香椿含硫类化合物的相对含量，由图 3-9 可以看出，室内盆栽含硫类相对含量比较稳定，这可能是由于室内盆栽昼夜温差较大，香气物质能够得到更好的积累。这也说明了不同的栽培条件（温度、光照等）对香椿挥发性成分的种类和相对含量具有显著影响。

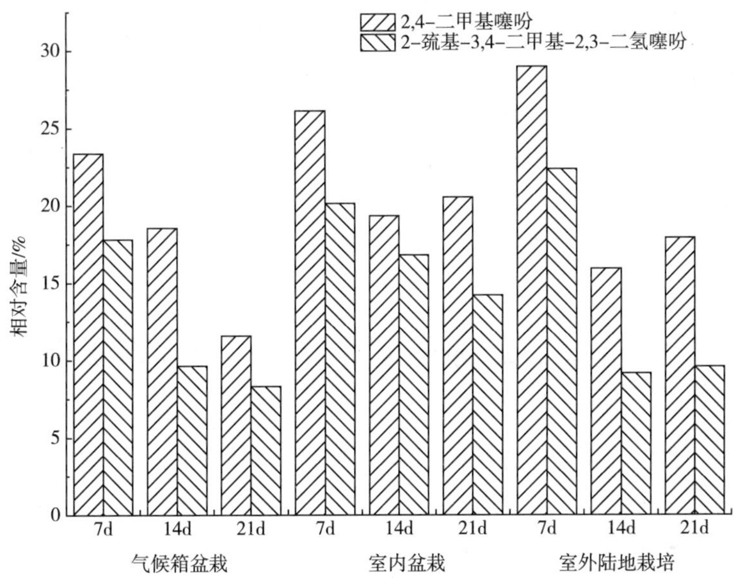

图 3-8　不同栽培环境下特征含硫物质的相对含量

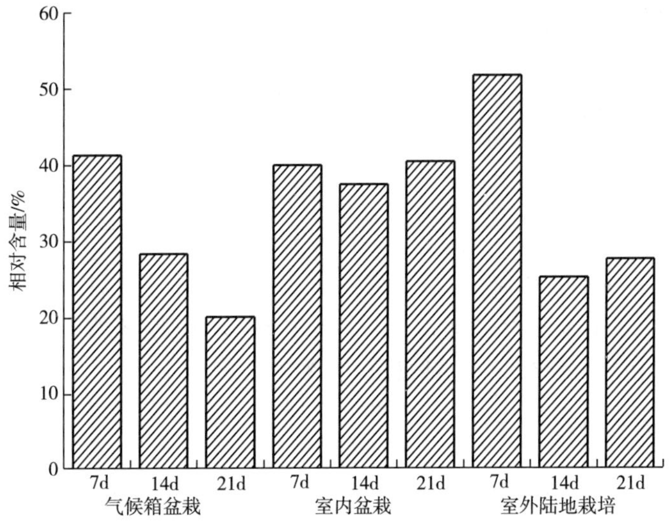

图 3-9　不同栽培环境下香椿含硫类化合物的相对含量

四、小结

不同栽培环境下香椿中均能检测到含硫类物质2,4-二甲基噻吩及2-巯基-3,4-二甲基-2,3-二氢噻吩的存在，但气候箱栽培环境下含硫类物质2,4-二甲基噻吩、2-巯基-3,4-二甲基-2,3-二氢噻吩随生长期变化呈现不断减少的趋势，而其他栽培环境下其相对含量则先下降后上升，这可能是由于气候箱中大气组成与外界存在差异，且随着香椿从嫩芽期到成熟期的生长期变化，植物自身生理代谢所致。

此外，室内盆栽含硫类物质相对含量比较稳定，这可能是由于室内盆栽昼夜温差较大，香气物质能够得到更好的积累。这也说明了不同的栽培条件（温度、光照等）对香椿挥发性成分的种类和相对含量具有很大影响，下一步将深入研究不同栽培温度、光照等对香椿特征挥发性成分的积累调控作用。

第三节 不同光照胁迫环境下香椿特征香气成分的变化规律

植物响应非生物胁迫的方式有很多，比如积累植物抗毒素或者是与致病机制相关的蛋白质，包括挥发性化合物的释放等。因此，确认香椿胁迫时挥发性成分的动态变化能够深入的理解香椿在胁迫下的生理代谢变化。由于植物一般在胁迫初期即触发一系列的防御机制来抵御环境变化，因此本节以光强胁迫7d后香椿样品（弱光500lx，强光30000lx）为实验组进行分析，来研究不同光强对香椿生长过程中挥发性成分诱导胁迫作用。

一、材料与设备

（一）材料与试剂

盆栽实验，红油香椿树苗为长度在20cm左右的一年生种根苗，购自陕西省安康市。于2020年4月底盆栽，放置于河南省农科院园艺所人工栽培室内。为了保证苗木的相对一致性，定植后进行平茬处理。

（二）仪器与设备

7890A-5975C气相色谱-质谱联用仪，美国安捷伦公司；HP-5MS毛细管色谱柱（30m×0.25mm×0.25μm）；顶空固相微萃取手持式手柄、50/30μm DVB/

CAR/PDMS 萃取头、20mL 顶空瓶，美国安捷伦公司。

二、试验方法

（一）光强胁迫

苗木正常生长至长势较旺时，选取长势较一致的植株盆，分为 3 组进行光照胁迫实验，每组 6 盆。结合文献查询和笔者课题组前期实际测定，得到香椿的光补偿点约为 1100lx，光饱和点约为 30000lx，故将实验设计为两组实验组和 1 组对照组，其中实验组：光照强度分别设置为 500lx（弱光，低于其光照补偿点，编号为Ⅰ）以及 35000lx（强光，高于其光照饱和点，编号为Ⅱ）；对照组为：光照强度设置为 20000lx（编号为 CK），模拟人工栽培室内的自然光照条件。其他环境条件保持一致，相对湿度 70%，温度 26℃，16h光照/8h黑暗处理。胁迫 7d 后取样，取样后迅速将叶片剪成小块，分装置冻存管中，经液氮速冻后放于 -80℃冰箱保存。

（二）样品处理

新鲜香椿研碎 → 称取 0.5g 于 20mL 棕色顶空瓶里 → 密封垫密封 → 40℃水浴中平衡 15min → 萃取头插入顶空瓶中，萃取 30min → 立即取出，插入 GC-MS 解吸 5min。

（三）气相色谱-质谱联用条件

色谱条件：HP-5MS 毛细管色谱柱（30m×0.25mm×0.25μm）；升温程序：起始温度 40℃，保持 3min，以 2℃/min 速率升温至 70℃，保持 2min，以 5℃/min 速率升温至 150℃，保持 2min，以 8℃/min 速率升温至 230℃，保持 5min；进样口温度 230℃；载气 He，流速 1.0mL/min；无分流比。

质谱条件：电子电离源；扫描方式全扫描；离子源温度 230℃；四极杆温度 150℃；辅助加热器温度 250℃；溶剂延迟 3min；质量扫描范围 *m/z* 40～800；检索图库：NIST 08. LIB。

三、结果与分析

（一）不同光强胁迫后香椿挥发性成分分析

以顶空固相微萃取技术结合气相色谱-质谱法对不同光强胁迫后的香椿挥发

性成分进行测定，得到香椿挥发性成分的GC-MS图谱（图3-10，见书后插页）。经标准谱库检索并结合保留指数对香椿挥发性成分进行鉴定［表3-9和图3-11（见书后插页）］，经过不同光强胁迫诱导（弱光Ⅰ，强光Ⅱ）后，香椿挥发性成分的种类分别为23种和18种，虽然与对照组相比（19种）种类差别不大，但挥发性成分总含量190427.33μg/kg和185915.77μg/kg却远高于对照组134869.72μg/kg，尤其光强胁迫下的香椿特征性含硫类物质分别为169114.22μg/kg和155525.57μg/kg，约为对照组中香椿特征含硫类物质含量108335.22μg/kg的1.6倍和1.4倍；光强胁迫下的香椿中萜烯类物质分别为6328.24μg/kg和5613.34μg/kg，为对照组中萜烯类物质含量2329.49μg/kg的2.7倍和2.4倍；光强胁迫下的香椿中酮类物质分别为1911.1μg/kg和708.3μg/kg，为对照组中酮类物质含量514.48μg/kg的3.7倍和1.4倍。因此香椿挥发性成分含量经过光强胁迫诱导，挥发性成分总量及特征含硫类、萜烯类、酮类物质含量生物合成积累均有显著提高，说明光强胁迫诱导对其生物合成具有明显的促进作用，尤其可能对含硫类、萜烯类和酮类物质生物合成途径中关键基因酶具有显著诱导调控作用。尤其弱光对该类物质影响更大，更容易诱导其合成积累。经过不同光强胁迫诱导后，醛类物质含量显著低于对照组，而酯类物质在光强胁迫诱导7d后香椿中均未检测到。表明光强胁迫诱导对香椿中醛类和酯类物质生物合成积累具有不同程度的抑制作用，可能抑制了醛类和酯类物质生物合成通路中关键基因酶的表达调控。

表3-9　不同光强胁迫处理7d后香椿挥发性成分GC-MS分析　单位：μg/kg

化合物名称	CAS号	定量			定性方式
		CK	Ⅰ	Ⅱ	
醇类		**—**	**497.72±20.92**	**—**	
1,3-乙烷(1*H*)-4-醇,八氢-2,2,4,7-四甲基-吲哚	62511-51-7	—	497.72±20.92	—	MS
含硫类		**108335.22±9870.56**	**169114.22±2599.86**	**155525.57±1984.41**	
1-丙烯基(2,4-二甲基噻吩-5-基)二硫醚	322298	519.89±67.53	1752.9±71.31	804.73±27.64	MS
2-巯基-3,4-二甲基-2,3-二氢噻吩	322301	84162.62±7028.23	130705.76±770.02	120837.44±2923.61	MS
环八硫	10544-50-0	139.63±12.56	168.84±14.15	207.8±5.04	MS
二烯丙基硫醚	33922-80-4	—	459.27±9.01	—	MS
烯丙基二硫代丙酸酯	41830-43-7	640.32±143.93	—	—	MS

续表

化合物名称	CAS 号	定量			定性方式
		CK	Ⅰ	Ⅱ	
3,5-二乙基-1,2,4-三硫杂环戊烷	54644-28-9	—	107.99±16.79	—	RI/ MS
(*E*)-2-乙基-3-甲基噻吩	61568-36-3	1048.06±40.74	1389.11±122.53	1622.92±23.01	MS
3,4-二甲基噻吩	632-15-5	21794.42±2639.88	33165.46±2257.57	31345.69±1019.65	RI/ MS
2,4-二甲基噻吩	638-00-6	30.28±19.17	1364.87±416.45	706.98±34.85	RI/ MS
其他类		**15424.67±2214.41**	**7867.26±376.19**	**17778.9±115.08**	
(2π3π)-1-甲基-腊梅啶	4147-37-9	15424.67±2214.41	7867.26±376.19	17778.9±115.08	MS
醛类		**4457.41±222.85**	**2265.37±53.86**	**3848.7±493.89**	
β-环柠檬醛	432-25-7	1316.14±108.16	1602.43±37.1	1811.56±338.54	RI/MS
2-己烯醛	505-57-7	3141.27±114.69	—	2037.14±155.36	RI/MS
(*E*)-2-己烯醛	6728-26-3	—	662.95±16.76	—	RI/MS
酮类		**514.48±25.08**	**1911.1±32.44**	**708.3±81.78**	
6-甲基-5-庚烯-2-酮	110-93-0	116.53±79.72	—	—	RI/MS
α-紫罗酮	127-41-3	—	851.46±11.25	—	RI/MS
β-紫罗兰酮	14901-07-6	397.95±104.8	1059.64±21.19	708.3±81.78	RI/MS
萜烯类		2329.49±482.29	6328.24±374.25	5613.34±679.32	
罗汉柏烯-I3	162778	—	523.36±6.64	—	MS
雅榄蓝烯	10219-75-7	476.25±15.81	—	—	RI/MS
(-)-异丁香烯	118-65-0	627.61±170.55	1337.8±111.3	1561.15±106.78	RI/MS
绿叶烯	1405-16-9	111.95±15.19	—	297.32±19.11	RI/MS
1,2,3,4,4*a*,7-六氢-1,6-二甲基-4-(1-甲基乙基)-萘	16728-99-7	—	51.24±17.87	—	RI/MS
塞舌尔烯	20085-93-2	76.57±27.6	—	—	RI/MS
γ-古芸烯	22567-17-5	—	—	285.25±22.57	RI/MS
α-雪松烯	3853-83-6	—	227.88±13.57	—	RI/ MS
古巴烯	3856-25-5	—	467.73±118.26	386.03±105.24	RI/ MS
蛇床烯	473-13-2	127.86±31.39	—	—	RI/ MS
β-榄香烯	515-13-9	—	539.28±14.54	415.87±46.54	RI/ MS

续表

化合物名称	CAS 号	定量			定性方式
		CK	Ⅰ	Ⅱ	
α-葎草烯	6753-98-6	260. 68±75. 85	772. 05±73. 53	837. 43±201. 59	RI/ MS
(*E*)-石竹烯	87-44-5	648. 58±145. 91	2112. 21±94. 68	1600. 49±143. 79	RI/ MS
愈创木烯	88-84-6	—	296. 71±33. 77	229. 82±71. 91	RI/ MS
酯类		**1345. 67±124. 35**	**—**	**—**	
(*Z*)-3-己烯基丁酯	53398-84-8	1345. 67±124. 35	—	—	RI/ MS
总计		134869. 72±12949. 92	190427. 33±2650. 16	185915. 77±3347. 7	

注：Ⅰ：弱光；Ⅱ：强光；CK：对照组。

含硫类物质具有较低的感知阈值和较高的气味强度，呈现大蒜的辛辣、洋葱、硫黄等刺激性气味，对香椿独特风味起着决定性作用，也是香椿香味的独特之处。因此接下来着重对光强胁迫下香椿中特征含硫类物质进行分析。如图 3-12（见书后插页）所示，香椿中主要含硫类物质有 2-巯基-3,4-二甲基-2,3-二氢噻吩、3,4-二甲基噻吩、2,4-二甲基噻吩、(*E*)-2-乙基-3-甲基噻吩和 1-丙烯基（2,4-二甲基噻吩-5-基）二硫醚等。经过不同光强（弱光Ⅰ，强光Ⅱ）胁迫诱导后，香椿中几乎所有特征含硫类物质都有所增加，尤其 2-巯基-3,4-二甲基-2,3-二氢噻吩由对照组的 84162. 62μg/kg 分别增加到 130705. 76μg/kg 和 120837. 44μg/kg，分别增加了 1. 55 和 1. 44 倍；1-丙烯基（2,4-二甲基噻吩-5-基）二硫醚由对照组的 519. 89μg/kg 分别增加到 1752. 9μg/kg 和 804. 73μg/kg，分别增加了 2. 87 和 1. 32 倍。且经弱光胁迫诱导后，香椿中新产生了二烯丙基硫醚，可能由其他含硫类物质转化而来。因此香椿挥发性成分含量经过光强胁迫诱导后，特征含硫类物质含量生物合成积累均有显著提高，说明光强胁迫诱导尤其弱光条件对香椿特征含硫类物质的生物合成具有明显促进作用，有利于特征含硫类物质的积累合成，可能对其生物合成通路中关键基因酶具有显著诱导调控作用。同时也表明特征含硫类物质在香椿植物中可能会诱导某些逆境相关基因的表达，显示出该类物质在植物中可能存在一定的逆境调节作用。

（二）不同光强胁迫后香椿挥发性成分 PCA 分析

为了进一步明确不同光强胁迫条件下香椿挥发性成分的差异，将光强胁迫处理 7d 后检测到的香椿挥发性成分含量进行主成分分析（PCA），结果表明前两个主成分 PC1 和 PC2 的累计方差贡献率达到 100%，其中，PC1 可解释 71. 206%的表型变异，PC2 可以解释 28. 794%表型变异（表 3-10）。从图 3-13 可以看出，不同光照胁迫后的香椿样品可以明显区分，弱光胁迫后的香椿样品位于第一象限内，强光胁迫后的香椿样品位于第四象限内，而对照组位于第二象限内，表明不同光强胁迫后的香椿样品中的挥发性成分（数量、种类等）存在明显差异，光强胁迫处理能显著的影响香椿中挥发性成分的合成代谢。

表 3-10　主成分总方差解释

主成分	特征值	方差贡献率/%	方差累计贡献率/%
1	22. 786	71. 206	71. 206
2	9. 214	28. 794	100

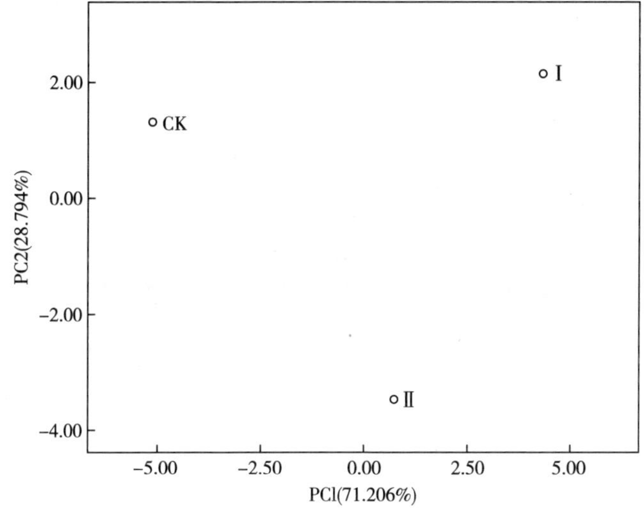

图 3-13　香椿样品挥发性成分的得分图

注：Ⅰ：弱光；Ⅱ：强光；CK：对照组。

通过累计方差贡献率提取的 2 个主成分为综合评价指标，计算得到不同光强胁迫后香椿样品挥发性成分的主成分得分及综合得分见表 3-11。由表 3-11 可知，弱光胁迫下香椿样品的挥发性成分综合得分最高，更有利于挥发性成分的合成代谢。

表 3-11　标准化后主成分综合得分

样品编号	*F*1	*F*2	综合得分	排序
CK	−5. 104	1. 323	−3. 253	3
Ⅰ	4. 354	2. 149	3. 719	1
Ⅱ	0. 750	−3. 472	−0. 466	2

注：Ⅰ：弱光；Ⅱ：强光；CK：对照组。

（三）不同光强胁迫后香椿挥发性成分聚类分析

为了更直观地观察不同光强胁迫后香椿挥发性成分之间的差异，将光强胁迫处理 7d 后检测到的 32 种香椿挥发性成分含量进行聚类热图分析，如图 3-14（见书后插页）所示，一个小方格代表一种物质，其颜色代表该物质含量大小，红色表示高含量物质，蓝色表示低含量物质。图片上方树形图表示不同样品的聚类分析结果。可以看出两种光照条件下（Ⅰ和Ⅱ）香椿样品聚为一类。另外可以看出两种光强胁迫条件下香椿样品在挥发性成分含量上存在明显差异。其中弱光胁迫条件下香椿挥发性成分含量明显高于强光条件，说明光强胁迫尤其弱光胁迫能诱导产生更高含量的挥发性成分，提升该类物质的合成代谢。

四、小结

考察了不同光强胁迫（弱光Ⅰ，强光Ⅱ）对香椿生长过程中挥发性成分的诱导作用。结果表明，香椿挥发性成分含量经过光强胁迫诱导，挥发性成分总量及特征含硫类、萜烯类、酮类物质含量生物合成积累均有显著提高，其中萜烯类增加了 2.7 倍，酮类增加了 3.7 倍，含硫类增加了 1.6 倍且新产生了二烯丙基硫醚，说明光强胁迫诱导对其生物合成具有明显的促进作用。然而醛类和酯类物质含量显著降低，可能是由于光强胁迫诱导抑制了醛类和酯类物质生物合成通路中关键基因酶的表达调控。

参考文献

[1] António C A C, Monteiro J, Oliveira C, et al. Study of major aromatic compounds in port wines from carotenoid degradation[J]. Food Chemistry, 2008, 110(1): 83-87.

[2] Chen M H, Wang C L, Li L, et al. Retention of volatile constituents in dried *Toona sinensis* by GC-MS analysis[J]. International Journal of Food Engineering, 2010, 6(2): 1-8.

[3] Corbo MR, Lanciotti R, Gardini F, et al. Effects of hexanaland trans-2-hexenal, storage temperature on shelf life of freshsliced apples[J]. Journal of Agricultural and Food Chemistry, 2000, 48(6): 2401-2408.

[4] Cullere L, San F, Cacho J. Characterisation of aroma active compounds of Spanish saffron by gas chromatography-olfactometry: Quantitative evaluation of the most rele-

vant aromatic compounds[J]. Food Chemistry,2011,127(4): 1866-1871.

[5]陈笛,陈雪津,郭永春,等. 红蓝光对茉莉花香气成分及相关基因表达的影响[J]. 应用与环境生物学报,2020,26(4):867-877.

[6]刘佳,全雪丽,姜明亮,等. 低温胁迫对人参皂苷生物合成途径基因家族表达特性的影响研究[J]. 中草药,2016,47(11):1956-1961.

[7]史冠莹,王晓敏,赵守涣,等. 不同产地香椿嫩芽主要营养成分、活性物质及挥发性成分分析[J]. 食品工业科技,2019,40(3):207-215,223.

[8]王瑜,邢效娟,景浩. 大蒜含硫化合物及风味研究进展[J]. 食品安全质量检测学报,2014,5(10): 3092-3097.

[9]王玉卓,谷宇琛,巢建国,等. 强光胁迫对茅苍术生长、生理生化及关键酶基因表达的影响[J]. 中国实验方剂学杂志,2020,26(10):119-127.

第四章 香椿嫩芽贮藏过程中特征香气变化规律

第一节 近冰温贮藏对香椿嫩芽关键香气物质的影响

温度是保障果蔬贮运品质非常重要的因素之一。普通冷藏虽在一定程度保持果蔬生鲜状态，但保质期较短，仅适合短期鲜销；冻藏延长了果蔬保存期，但冷冻处理会破坏果蔬组织结构，解冻时出现汁流失，不能保持果蔬原有风味。冰温技术以其安全高效的优势引发了越来越多的关注。它克服了普通冷藏和气调贮藏的种种缺陷，极大限度抑制果蔬自身代谢及微生物的滋生，具有不破坏细胞组织、绿色、安全、维持原有风味等优点，显著提升果蔬贮藏品质。目前该保鲜技术已成功应用于柿子、葡萄、苹果、芦笋、西蓝花、生菜等果蔬保鲜，且效果显著，但关于香椿嫩芽冰温保鲜目前尚未见报道。基于此，试验以红油香椿嫩芽为研究对象，探讨冰温（-0.5℃）、冷库温度（4℃）、超市保鲜柜温度（10℃）、常温（20℃）对香椿嫩芽贮藏期间品质和关键香气物质的影响，旨在为香椿嫩芽的采后贮藏保鲜及加工技术提供参考。

一、材料与设备

（一）试验材料

香椿嫩芽为棚栽红油香椿，于 2017 年 3 月 7 日采自河南省农业科学院香椿园。新采摘后的香椿在最短时间内从田间运到冷库（4℃）进行预冷 12h。选取香椿嫩芽长度 15~20cm，大小均匀，且无机械损伤和病虫害。

（二）仪器与设备

Agilent 7890A-5975C GC-MS、HP-5MS 毛细管色谱柱（30m×0.25mm×0.25μm），美国安捷伦公司；顶空固相微萃取装置（包括手持式手柄，50/30μm DVB/CAR/PDMS，20mL 顶空瓶），美国安捷伦公司。

二、试验方法

（一）试材处理

挑选大小均匀、成熟度一致的香椿嫩芽，分装于 35cm×25cm LDPE 的保鲜袋中，每袋装 1000g，共处理 72 袋。分别放于冰温（-0.5℃）、冷库温度（4℃）、超市冷柜温度（10℃）、常温（20℃）进行贮藏。取样当天测定指标一次，以后每隔 2d 测定指标一次，共测定 7 次。

（二）冰点测定

参考鲁晓翔等的方法。用果蔬榨汁器榨取新鲜香椿汁液，双层纱布过滤后取 30mL 汁液放入 50mL 小烧杯中，然后将小烧杯放入盛有冰盐混合物［冰：氯化钠=5：1（质量比）］的 1000mL 大烧杯中。取-10~30℃、精度为 0.1℃ 的电子温度计插入小烧杯的汁液中间，要求温度计探头固定于汁液的正中部，用玻璃棒轻轻搅拌，当汁液温度降至 2℃时开始记录数据，每 30s 记录一次，并绘制冻结曲线。

（三）挥发性风味物质的检测

1. 顶空固相微萃取

取新鲜红油香椿切碎研磨，称取 1.0g 于 20mL 带有硅胶垫的棕色顶空瓶中，密封后于 40℃水浴平衡 15min，采用 50/30μm DVB/CAR/PDMS 萃取头在 40℃水浴条件下顶空萃取 30min，萃取头离样品上层约 1cm，取出萃取头迅速插入气相进样口中，解吸 5min，同时开始采集数据。

2. GC-MS 分析条件

GC 条件：HP-5MS 石英毛细管柱（30m×0.25mm×0.25μm）；载气 He，进样口温度 250℃，进样量 1μL，无分流比；柱流速 1mL/min；程序升温：初温 40℃，保持 3min，以 5℃/min 的速率升温至 150℃，保持 2min，以 8℃/min 的速率升至 220℃，保持 5min 结束。

MS 条件：穿梭线温度 250℃，电离方式 EI，离子阱温度 230℃，扫描方式全扫描，扫描范围 *m/z* 40~800。检索图库：NIST 08.LIB。

（四）数据分析

所有数据采用 Origin 8.6 进行作图，采用 Excel 2010、SPSS 17.0 进行统计处理。挥发性成分用标准图谱进行检索分析、定性；将相似度大于 800 的峰作为确认，用峰面积归一化法计算关键挥发性组分的相对含量。

三、结果与分析

（一）香椿嫩芽的冰点温度

蔬菜常因种类、组织结构的差异导致其冰点也不相同，大部分研究表明蔬菜的冰点大致在-2~-0.5℃。由图4-1可知，香椿嫩芽浆液的温度随时间延长不断下降，直至-3.5℃时骤然上升至-0.6℃，这是因为香椿嫩芽浆液冻结时释放出潜热。随后趋于稳定状态，波动不大，一部分液体结晶放热结束，其余部分继续结晶吸收潜热，吸热与放热处于相对平衡状态。回升后的温度-0.6℃即为香椿的冻结温度，将温度上调0.1℃，香椿嫩芽未出现冻害现象。为此，采用-0.5℃作为香椿嫩芽近冰温贮藏的温度。

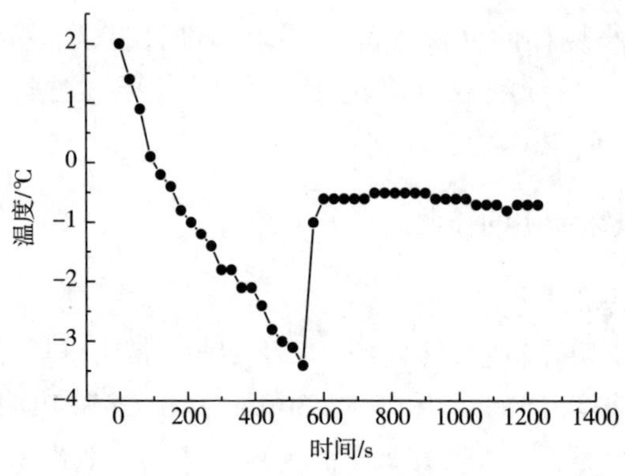

图4-1 香椿浆的冻结曲线

（二）近冰温贮藏对香椿嫩芽关键挥发性风味物质相对含量的影响

浓郁的风味是香椿重要的品质特性，决定了其食用价值和商业价值。前期检测结果显示，香椿嫩芽主要挥发性风味物质为含硫类化合物。贮藏期间检测得到含硫类化合物主要有2,4-二甲基噻吩和2-巯基-2,3-二氢-3,4-二甲基噻吩，且相对含量较高，其中2,4-二甲基噻吩变化趋势如图4-2（1）所示，20℃组香椿中2,4-二甲基噻吩降解迅速，第6天降低了48.66%，第9天相对含量降为0；10℃、4℃与冰温3组变化规律相似，其中10℃下香椿中2,4-二甲基噻吩相对含量在贮藏第18天时降低了92.34%，4℃下降低了80.55%，冰温贮藏下降低了39.54%。

研究表明，2-巯基-2,3-二氢-3,4-二甲基噻吩为香椿特征香气成分，呈煮熟香椿味。贮藏期间变化物质如图4-2（2）所示。20℃下第6天有一定程度的上升，随后迅速下降，第9天相对含量为0，已经失去特征香味。冰温、4℃与10℃3组2-巯基-2,3-二氢-3,4-二甲基噻吩相对含量上下波动，在贮藏第18天时3组特征风味物质相对含量分别为3.27%、2.24%和0，较最初值分别降低了2.80%、33.31%和100%。可见，香椿关键风味物质在冰温条件下保持最好，温度越高降解越快。

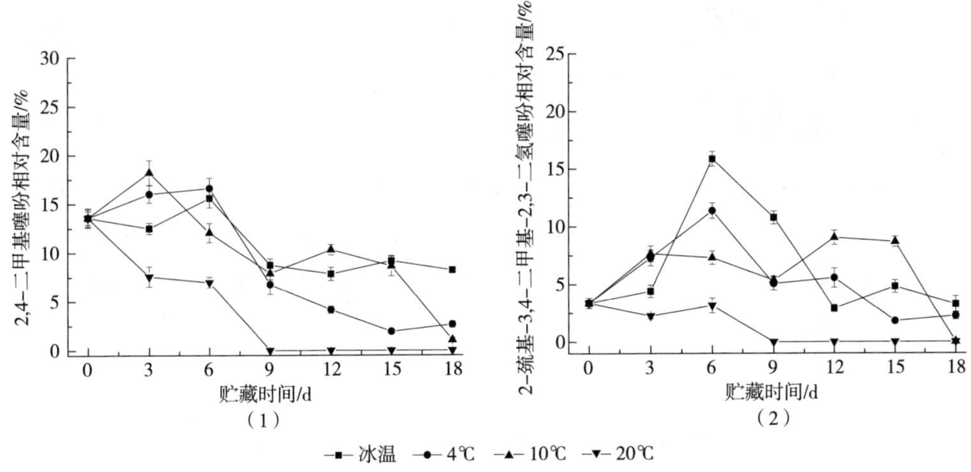

图 4-2　冰温贮藏对香椿嫩芽主要风味物质的影响

四、小结

本试验研究表明，近冰温贮藏可以有效地控制香椿嫩芽关键香气物质相对含量的下降。近冰温贮藏更好地维持香椿嫩芽的贮藏品质和风味，延长其贮藏货架期。

第二节　低温贮藏对香椿特征香气物质的影响

液氮速冻是 20 世纪 50 年代随着液氮大量生产而出现的一种食品处理方式，速冻过程中冰晶在细胞内形成，冰晶小、数量多，对细胞和原生质损伤小，且冻结速率快，细胞内部水分迅速冻结，微生物缺少生活所必需的水分，不能继续生长繁殖。目前液氮速冻技术在槟榔、蓝莓、青刀豆、西蓝花、芒果等保藏方面已有相关研究报道，但该技术应用于香椿保鲜方面尚未有报道。

本节以红油香椿嫩芽为研究对象，采用液氮速冻对香椿嫩芽进行预处理，然后低温贮藏 270d，并以直接冷冻为对照，采用气相色谱-质谱联用技术（GC-MS）和气相色谱-离子迁移谱（GC-IMS）分析不同预处理后在低温贮藏过程中香椿嫩芽挥发性成分的变化，并对解冻后的香椿嫩芽进行品质评价，探究不同预处理方式下长期贮藏期间香椿香气及色泽的变化规律，以期为香椿贮藏保鲜提供理论依据和技术支持。

一、材料与设备

（一）试验材料

香椿嫩芽于 2018 年 2 月 24 日购买自山西芮城大王镇，长度约 15cm，大棚种植，红油香椿，含水量为 89.58%。乙醇、丙酮，均为分析纯。正酮 C4～C9 购买自中国国药化学试剂北京有限公司用于计算 GC-IMS 检测到的各组分的保留指数。

（二）仪器与设备

7890A-5975C 气相色谱-质谱联用仪、HP-5MS 毛细管色谱柱（30m×0.25mm×0.25μm）、顶空固相微萃取手持式手柄、50/30 μmDVB/CAR/PDMS 萃取头、20mL 顶空瓶，美国安捷伦公司。Flavour Spec GC-IMS 系统，德国 GAS 公司。

二、试验方法

（一）样品处理

挑选新鲜红油香椿嫩芽，用液氮完全浸渍迅速降温，装于自封袋内，分别在 -20、-50、-80℃冰箱内贮藏，每隔 30d 取样测定。

（二）顶空固相微萃取条件

取香椿嫩芽装于自封袋内封口研磨（防止风味散失），称取 1.0g 于 20mL 带有硅胶垫的棕色顶空瓶中，密封后于 40℃水浴平衡 15min，插入萃取头在 40℃水浴条件下萃取 30min，萃取头离样品约 1cm，拔出萃取头立即插入气相色谱仪进样口中，解吸 5min，同时开始采集数据。

（三）气相色谱-质谱联用条件

GC 条件：HP-5MS 毛细管色谱柱（30m×0.25mm×0.25μm）；升温程序：起始温度 40℃，保持 3min，以 5℃/min 速率升温至 150℃，保持 2min，以 8℃/min 速率升温至 220℃，保持 5min；进样口温度 250℃；载气 He，流速 1.0mL/min；无分流比。

MS 条件：电子电离源；扫描方式全扫描；离子源温度 230℃；四极杆温度 150℃；辅助加热器温度 250℃；溶剂延迟 3min；质量扫描范围 m/z 40～800；检

索图库：NIST 08. LIB。

（四）气相色谱-离子迁移谱分析

顶空进样条件：孵育温度40℃；孵育时间10min；孵育转速250r/min；顶空进样针温度80℃；进样体积200μL，不分流模式；载气：高纯氮气（纯度≥99.999%）；清洗时间0.5min。

GC条件：色谱柱为MXT-5柱（15m×0.53mm，0.53μm）；色谱柱温度60℃；载气：高纯氮气（纯度≥99.999%）；载气流速程序：初始2.0mL/min，保持2min，在2~10min线性增至5.0mL/min，在10~20min线性增至50.0mL/min，在20~30min线性增至100.0mL/min。

IMS条件：离子源为氚源（6.5keV）；正离子模式；漂移管长度9.8cm；管内线性电压500V/cm；漂移管温度45℃；漂移气为高纯氮气（纯度≥99.999%）；漂移气流速150mL/min。

样品测定：准确称取0.2g冷冻香椿湿样，装入20mL专用顶空进样瓶中，40℃孵化10min，通过顶空进样用Flavour Spec食品风味分析仪进行测定。

数据处理：每个挥发物的保留指数（*RI*）是使用正酮C4~C9作为外部参考计算的。采用设备自带的LAV（Laboratory Analytical Viewer）分析软件中Reporter和Gallery插件程序构建挥发性有机物的差异图谱和指纹图谱；Dynamic PCA Plug-Ins插件程序进行PCA处理，采用LAV软件中插件Matching Matrix进行相似度分析。采用GC-IMS Library Search软件内置的2014 NIST数据库和IMS数据库对特征风味物质进行定性分析。

三、结果与分析

（一）-20℃下香椿嫩芽挥发性成分随贮藏时间的变化情况

由表4-1可知，共检测出47种香气成分，贮藏30、90、270d，香气成分分别为26、29、23种。化合物种类分别为醇类、含硫类、醛类、烃类、酮类、萜烯类、萜烯类氧化物、酯类、其他类。

表4-1　-20℃下香椿嫩芽不同贮藏时间的挥发性成分　单位：%

化合物名称	分子式	相对含量		
		30d	90d	270d
醇类		**2.1**	**0.21**	**—**
八氢-2,2,4,7-四甲基-1,3-乙烷(1*H*)吲哚-4-醇	$C_{15}H_{26}O$	1.48	—	—

续表

化合物名称	分子式	相对含量		
		30d	90d	270d
十氢-1,5,5,8*a*-四甲基-[1*S*-(1π3π3*a*π4π8*a*π)]-1,4-甲基氮唑-3-醇	$C_{15}H_{26}O$	—	0.21	—
4,4,11,11-四甲基-7-四环[6.2.1.0(3.8)0(3.9)]十一醇	$C_{15}H_{24}O$	0.18	—	—
异龙胆醇	$C_{15}H_{26}O$	0.44	—	—
含硫类		**73.71**	**85.73**	**84.02**
1-丙烯基(2,4-二甲基噻吩-5-基)二硫醚	$C_9H_{12}S_3$	—	0.68	2.26
1-巯基-2-丙酮	C_3H_6OS	0.43	—	0.15
2,4-二甲基噻吩	C_6H_8S	30.28	41.94	38.73
2-巯基-3,4-二甲基-2,3-二氢噻吩	$C_6H_{10}S_2$	39.51	38.53	39.65
3,5-二乙基-1,2,4-三硫杂环戊烷	$C_6H_{12}S_3$	—	—	0.39
二烯丙基二硫	$C_6H_{10}S_2$	0.19	1.69	1.32
二烯丙基硫醚	$C_6H_{10}S$	0.9	0.46	1.08
环八硫	S_8	—	0.31	0.44
烯丙基二硫代丙酸酯	$C_6H_{10}S_2$	2.4	2.12	—
其他类		**10.98**	**2.03**	**4.61**
1.2,4,7-三甲基-1,8-萘啶	$C_{11}H_{12}N_2$	10.98	—	4.61
(2π3π)-1-甲基-蜡梅啶	$C_{22}H_{26}N_4$	—	2.03	—
醛类		**3.09**	**3.59**	**3.16**
2-己烯醛	$C_6H_{10}O$	—	2.24	—
2-甲基-3-甲烯基-环戊基甲醛	$C_8H_{12}O$	0.43	—	—
2-乙烯醛	$C_6H_{10}O$	2.66	—	1.32
正己醛	$C_6H_{12}O$	—	1.35	1.84
烃类		**0.78**	**0.51**	**—**
4,4-二甲基-3-(3-甲基丁基-3-亚乙基)-2-亚甲基-双环[4.1.0]庚烷	$C_{15}H_{22}$	0.45	—	—
萘	$C_{10}H_8$	0.33	0.34	—

续表

化合物名称	分子式	相对含量		
		30d	90d	270d
双环[4.4.1]十一碳-1,3,5,7,9-五烯	$C_{11}H_{10}$	—	0.17	—
酮类		**—**	**0.65**	**0.44**
2,6-二叔丁基苯醌	$C_{14}H_{20}O_2$	—	0.11	—
3,5-辛二烯-2-酮	$C_8H_{12}O$	—	0.12	0.33
6-(3-异丙烯环丙基-1-烯)-6-甲基-3-烯-2-酮	$C_{14}H_{20}O$	—	0.09	0.11
β-紫罗兰酮	$C_{13}H_{20}O$	—	0.33	—
萜烯类		**5.22**	**6.15**	**7.1**
α-雪松烯	$C_{15}H_{24}$	0.17	0.18	—
(-)-异丁香烯	$C_{15}H_{24}$	1.55	1.64	—
1*R*,3*Z*,9*S*,11,11-三甲基-8-亚甲基二环[7.2.0]十一碳-3-烯	$C_{15}H_{24}$	—	—	0.31
α-葎草烯	$C_{15}H_{24}$	—	0.71	1.1
Z,*Z*,*Z*-1,5,9,9-四甲基-1,4,7-环十一碳三烯	$C_{15}H_{24}$	0.89	—	—
α-愈创木烯	$C_{15}H_{24}$	—	—	0.12
β-蛇床烯	$C_{15}H_{24}$	—	0.21	—
苯乙烯	C_8H_8	—	0.77	—
(*E*)-石竹烯	$C_{15}H_{24}$	1.36	0.65	1.42
古巴烯	$C_{15}H_{24}$	0.81	0.53	0.79
绿叶烯	$C_{15}H_{24}$	0.22	—	—
蒎烯	$C_{10}H_{16}$	—	0.68	0.64
石竹烯	$C_{15}H_{24}$	—	—	1.71
雅榄蓝烯	$C_{15}H_{24}$	—	—	0.47
愈创木烯	$C_{15}H_{24}$	0.22	0.78	0.54
萜烯类氧化物		**0.57**	**0.44**	**—**
5,5-二甲基-4-(3-甲基-1,3-丁二烯)-1-氧阿司匹林-(2,5)-辛烷	$C_{14}H_{22}O$	0.17	—	—
喇叭烯氧化物	$C_{15}H_{24}O$	0.4	0.44	—
酯类		**3.55**	**0.71**	**0.67**
3,7,11-三甲基-1,6,10-十二烷三烯-乙酸酯	$C_{17}H_{28}O_2$	0.27	—	—

续表

化合物名称	分子式	相对含量		
		30d	90d	270d
穿心莲内酯	$C_{20}H_{30}O_5$	1.4	—	—
3,7-11-三甲基-1,6-,10-十二碳三烯-3-甲酸酯	$C_{16}H_{26}O_2$	—	0.13	—
1,7-二甲基-4π 异丙烯基-双环[4.4.0]癸烯醇	$C_{17}H_{26}O_2$	1.88	0.58	0.67

由表 4-2 可知，含硫类、萜烯类种类较多，且含硫类随贮藏时间的延长数量逐渐增加，萜烯类化合物稍有增加。醇类、酯类物质数量减少。

表 4-2　　-20℃下香椿嫩芽不同贮藏时间的挥发性成分数量变化　　单位：种

贮藏时间/d	醇类	含硫类	醛类	烃类	酮类	萜烯类	萜烯类氧化物	酯类	其他类	合计
30	3	6	2	2	0	7	2	3	1	26
90	1	7	2	2	4	9	1	2	1	29
270	0	8	2	0	2	9	0	1	1	23

从挥发性成分相对含量看（表 4-3），含硫类、萜烯类、醛类、其他类物质相对含量所占比例较大，含硫类物质随着贮藏时间延长相对含量显著增加，萜烯类物质略有增加，其他类物质显著降低；醇类、酯类化合物显著降低，醛类、烃类、酮类变化不显著。

表 4-3　　-20℃下香椿嫩芽不同贮藏时间的挥发性成分相对含量变化　　单位:%

贮藏时间/d	醇类	含硫类	醛类	烃类	酮类	萜烯类	萜烯类氧化物	酯类	其他类	合计
30	2.10	73.71	3.09	0.78	0.00	5.22	0.57	3.55	10.98	100
90	0.21	85.73	3.59	0.51	0.64	6.14	0.44	0.71	2.03	100
270	0.00	84.02	3.16	0.00	0.44	7.09	0.00	0.67	4.61	100

30、90、270d 检测到的共有香气物质有 8 种，分别为 2,4-二甲基噻吩、2-巯基-3,4-二甲基-2,3-二氢噻吩、二烯丙基二硫醚、二烯丙基硫醚、(*E*)-石竹烯、古巴烯、愈创木烯、1,7-二甲基-4π 异丙烯基-双环[4.4.0]癸烯醇，此 8 种物

质在-20℃低温贮藏条件下相对较稳定。特征香气物质2-巯基-3,4-二甲基-2,3-二氢噻吩相对含量基本不变，但贮藏90d后，产生了环八硫等具有刺激性臭味的杂环物，且结合目测、鼻闻、品尝评价，香椿发生了明显的气味劣变。

（二）-50℃下香椿嫩芽挥发性成分随贮藏时间的变化情况

由表4-4可知，在-50℃下香椿嫩芽中共检测出56种香气成分，贮藏30、90、270d，香气成分分别为30、25、27种。化合物种类分别为醇类、含硫类、醚类、醛类、烃类、酮类、萜烯类、萜烯类氧化物、酯类、其他类。

表4-4　-50℃下香椿嫩芽不同贮藏时间的挥发性成分　单位:%

化合物名称	相对含量		
	30d	90d	270d
醇类	**1.28**	**0.16**	**3.34**
1,3-乙烷(1*H*)-4-醇,八氢-2,2,4,7-四甲基-吲哚	—	—	2.11
十氢-1,5,5,8*a*-四甲基-[1*S*-(1*π*3*π*3*aπ*4*π*8*aπ*)]-1,4-甲基氮唑-3-醇	—	0.16	—
2*S*,6*S*-2,6,8,8-四甲基三环[5.2.2.0(1,6)]十一烷-2-醇	0.38	—	—
异龙胆醇	0.17	—	0.99
十氢-6*a*-羟基-9*a*-甲基-3-亚甲基-2,9-二氧杂环烯[4,5*b*]呋喃基2-甲基-异丙酸甲酯	—	—	0.24
1,7-二甲基-4*π*异丙烯基-双环[4.4.0]癸烯醇	0.73	0.99	—
含硫类	**63.90**	**84.28**	**67.77**
1-丙烯基(2,4-二甲基噻吩-5-基)二硫醚	—	1.28	—
2,4-二甲基噻吩	41.28	38.55	61.52
2-巯基-3,4-二甲基-2,3-二氢噻吩	22.06	39.24	—
二烯丙基硫醚	0.56	0.83	1.06
环八硫	—	—	0.29
烯丙基二硫代丙酸酯	—	4.38	4.89
醚类	**—**	**—**	**0.22**
5,5-二甲基-4-(3-甲基-1,3-丁二烯)-1-氧阿司匹林-(2.5)辛烷	—	—	0.22

续表

化合物名称	相对含量		
	30d	90d	270d
其他类	**8.62**	**3.91**	**0.54**
2,4,7-三甲基-1,8-萘啶	5.77	3.91	—
3-甲基呋喃	2.85	—	—
5π 甲基-1π 异丙烯基-4π5π 二甲基-[4.3.0]壬烷	—	—	0.54
醛类	**18.96**	**3.02**	**2.78**
2-[4-甲基-6-(2,6,6-三甲基环己-1-烯基)-1,3,5-三烯基]环己-1-烯-1-甲醛	—	0.04	—
2-己烯醛	—	2.74	2.78
2-甲基-3-甲烯基-环戊基甲醛	0.16	0.24	—
2-乙烯醛	16.76	—	—
4-乙基苯甲醛	0.27	—	—
β-环柠檬醛	0.91	—	—
壬醛	0.45	—	—
(*Z*)-7-癸烯醛	0.42	—	—
烃类	**1.53**	**0.50**	**0.98**
2,6,10-三甲基十四烷	0.16	—	—
4,4-二甲基-3-(3-甲基丁基-3-亚乙基)-2-亚甲基-双环[4.1.0]庚烷	—	0.21	0.98
5,5-二甲基-4-(3-甲基-1,3-丁二烯基)-1-氧杂螺[2,5]辛烷	0.10	—	—
1,4-双(苯基甲基)-2,3,5-三噁二环〔2.1.0〕戊烷	0.17	—	—
奥苷菊环	0.59	—	—
萘	—	0.30	—
十二烷	0.51	—	—
酮类	**1.42**	**—**	**—**
4-亚环己烯基-3,3-二甲基-2-戊酮	0.83	—	—
β-紫罗兰酮	0.59	—	—
萜烯类	**3.42**	**6.40**	**18.74**
苯乙烯	—	0.54	0.64
α-雪松烯	—	0.24	0.87
(-)-异丁香烯	1.95	1.91	4.65

续表

化合物名称	相对含量		
	30d	90d	270d
(+)-α-柏木萜烯	—	—	0.21
Z,*Z*,*Z*-1,5,9,9-四甲基-1,4,7,-环己三烯	—	0.73	—
双环[4.4.1]十一碳-1,3,5,7,9-五烯	0.21	—	—
α-葎草烯	0.51	—	2.12
(-)-δ-杜松烯	—	—	0.83
α-愈创木烯	—	0.09	—
β-蛇床烯	—	—	1.80
π 愈创木烯	—	—	0.46
(*E*)-石竹烯	—	0.79	3.53
古巴烯	0.33	0.68	1.86
绿叶烯	—	0.21	—
蒎烯	0.29	0.80	—
塞舌尔烯	—	—	0.57
雅榄蓝烯	0.13	0.17	—
异喇叭烯	—	—	0.87
愈创蓝油烃	—	—	0.19
愈创木烯	—	0.25	0.13
萜烯类氧化物	**0.07**	**—**	**0.89**
喇叭烯氧化物	0.07	—	0.89
酯类	**0.81**	**1.73**	**4.75**
邻苯二甲酸癸基异丁基酯	0.11	—	—
穿心莲内酯	0.70	0.74	4.75

由表4-5可知，含硫类、萜烯类种类较多，且萜烯类随贮藏时间的延长数量逐渐增加，含硫类随贮藏时间的延长数量先增加后减少。醛类、烃类、酯类、酮类物质数量减少。

表4-5　-50℃下香椿嫩芽不同贮藏时间的挥发性成分数量变化　单位：种

贮藏时间/d	醇类	含硫类	醚类	醛类	烃类	酮类	萜烯类	萜烯类氧化物	酯类	其他类	合计
30	3	3	0	6	5	2	6	1	2	2	30

续表

贮藏时间/d	醇类	含硫类	醚类	醛类	烃类	酮类	萜烯类	萜烯类氧化物	酯类	其他类	合计
90	2	5	0	3	2	0	11	0	1	1	25
270	3	4	1	1	1	0	14	1	1	1	27

从挥发性成分相对含量看（表4-6），含硫类、萜烯类、醛类、其他类相对含量所占比例较大，含硫类物质随着贮藏时间延长相对含量先增加后减少，萜烯类物质显著增加，醛类物质显著降低。

表4-6　　-50℃下香椿嫩芽不同贮藏时间的挥发性成分相对含量变化　　单位：%

贮藏时间/d	醇类	含硫类	醚类	醛类	烃类	酮类	萜烯类	萜烯类氧化物	酯类	其他类	合计
30	1.28	63.90	0.00	18.96	1.53	1.42	3.42	0.07	0.81	8.62	100
90	1.15	84.28	0.00	3.02	0.50	0.00	6.40	0.00	0.74	3.91	100
270	3.34	67.77	0.22	2.78	0.98	0.00	18.74	0.89	4.75	0.54	100

30、90、270d检测到的共有香气物质有5种，分别为2,4-二甲基噻吩、二烯丙基硫醚、古巴烯、(-)-异丁香烯、穿心莲内酯，此5种物质在-50℃贮藏条件下相对较稳定。贮藏270d后，检测不到特征香气物质2-巯基-3,4-二甲基-2,3-二氢噻吩，且产生了环八硫等具有刺激性臭味的杂环物，且结合目测、鼻闻、品尝评价，香椿发生了气味劣变。

（三）-80℃下香椿嫩芽挥发性成分随贮藏时间的变化情况

由表4-7可知，-80℃下香椿嫩芽中共检测出75种香气成分，贮藏30、90、270d，香气成分分别为45、33、30种。化合物种类分别为醇类、含硫类、醛类、烃类、酮类、萜烯类、萜烯类氧化物、酯类、其他类。

表4-7　　-80℃下香椿嫩芽不同贮藏时间的挥发性成分　　单位：%

化合物名称	相对含量		
	30d	90d	270d
醇类	**0.45**	**1.29**	**0.47**
(1π2π5π)-2-甲基-5-(1-甲基乙烯基)-环己醇	0.05	—	—
1,3-乙烷(1*H*)-4-醇,八氢-2,2,4,7-四甲基-吲哚	—	—	0.29
1,7-二甲基-4π异丙烯基-双环[4.4.0]癸烯醇	—	0.98	0.88
2*S*,6*S*-2,6,8,8-四甲基三环[5.2.2.0(1,6)]十一烷-2-醇	—	0.17	—

续表

化合物名称	相对含量		
	30d	90d	270d
4,4,11,11-四甲基-7-四环[6.2.1.0(3.8)0(3.9)]十一醇	0.14	0.14	—
异龙胆醇	0.25	—	0.18
含硫类	**79.35**	**76.95**	**77.64**
1-丙烯基(2,4-二甲基噻吩-5-基)二硫醚	0.45	—	0.92
2,4-二甲基噻吩	34.83	29.98	34.21
2-巯基-3,4-二甲基-2,3-二氢噻吩	35.82	43.00	37.85
2-乙缩醛[1,3]二硫代烷	0.65	—	—
3,5-二乙基-1,2,4-三硫杂环戊烷	0.06	—	—
二硫代丙酸烯丙酯	—	2.94	—
二烯丙基硫醚	0.27	1.02	0.60
烯丙基二硫代丙酸酯	7.27	—	4.07
其他类	**0.63**	**5.49**	**6.29**
$(2\pi3\pi)$-1-甲基-蜡梅啶	0.63	—	6.29
2,4,7-三甲基-1,8-萘啶	—	4.18	—
2-甲基呋喃	—	0.87	—
3-甲基呋喃	—	0.44	—
醛类	**0.31**	**11.06**	**6.37**
2-癸烯醛	—	0.19	—
2-己烯醛	—	—	5.08
2-甲基-3-甲烯基-环戊基甲醛	—	0.47	0.30
2-乙烯醛	—	8.76	—
β-环柠檬醛	—	0.42	—
苯乙醛	—	0.10	—
(E)-2-己烯醛	0.31	—	—
壬醛	—	0.21	—
正己醛	—	0.90	0.99
烃类	**0.37**	**1.20**	**0.46**
2,6,10-三甲基十四烷	—	0.11	—
4,4-二甲基-3-(3-甲基丁基-3-亚乙基)-2-亚甲基-双环[4.1.0]庚烷	—	0.14	0.14

续表

化合物名称	相对含量		
	30d	90d	270d
萘	0.37	0.44	0.33
十二烷	—	0.50	—
酮类	**—**	**0.32**	**0.30**
4-(2,6,6-三甲基-1-环己烯-1-基)-3-丁烯-2-酮	—	—	0.23
6-(3-异丙烯环丙基-1-烯)-6-甲基-3-烯-2-酮	—	—	0.06
β-紫罗兰酮	—	0.32	—
萜烯类	**18.65**	**2.73**	**6.90**
苯乙烯	0.29	—	0.45
(-)-α-雪松烯	—	0.13	0.16
(-)-γ-杜松烯	0.16	—	—
(-)-异丁香烯	0.92	1.22	1.60
(+)-环苜蓿烯	0.09	—	—
[1*S*-(1π4π5π)]-1,8-二甲基-4-(1-甲基乙烯基)-螺[4.5]癸-7-烯	—	0.17	—
[1*A*-(1*A*π4*A*π7π7*A*π7*B*π)]-十氢-1,1,7-三甲基-4-亚甲基-1*H*-环丙烷[*E*]偶氮烯	—	—	0.15
[2*R*-(2π4*a*π8*a*π)]-1,2,3,4,4*a*,5,6,8*a*-八氢-4*a*,8-二甲基-2-(1-甲基乙基)-萘	2.64	—	—
1,2,3,4,4*a*,7-六氢-1,6-二甲基-4-(1-甲基乙基)-萘	0.11	0.04	—
Z,*Z*,*Z*-1,5,9,9-四甲基-1,4,7,-环己三烯	—	—	0.67
1*R*,3*Z*,9*S*,11,11-三甲基-8-亚甲基二环[7.2.0]十一碳-3-烯	0.60	—	—
2-甲基萘	0.11	—	—
2-蒎烯	0.90	—	1.21
2-异丙烯基-4*a*.8-二甲基-1,2,3,4,4*A*,5-,6-,7-八氢萘	0.76	—	—
α-葎草烯	0.97	0.56	—
9-雪松烯	0.14	—	—
δ-杜松烯	0.45	—	—
α-愈创木烯	0.34	—	0.10
β-榄香烯	0.93	—	—
β-马揽烯	0.32	—	—

续表

化合物名称	相对含量		
	30d	90d	270d
β-蛇床烯	1.76	—	0.19
π 愈创木烯	0.28	—	—
桉双烯酮	0.83	—	—
苯并环庚三烯	0.09	—	—
(*E*)-石竹烯	3.43	—	1.23
芳姜黄烯	0.14	—	—
古巴烯	1.06	0.26	0.72
榄香烯	0.17	—	—
绿叶烯	—	—	0.22
瓅烯	—	0.19	—
双环[4.4.1]十一碳-1,3,5,7,9-五烯	—	0.16	—
[1*S*-(1*R**,9*S**)]-10,10-二甲基-2,6-双(亚甲基)双环[7.2.0]十一烷	0.24	—	—
依兰烯	0.12	—	—
异喇叭烯	0.34	—	—
愈创蓝油烃	0.06	—	—
愈创木烯	0.31	—	0.20
月桂烯	0.09	—	—
萜烯类氧化物	**0.11**	**0.10**	**—**
喇叭烯氧化物	0.11	0.10	—
酯类	**0.14**	**0.86**	**1.57**
3,7,11-三甲基-1,6,10-十二烷三烯-3-醇乙酸酯	—	0.09	—
穿心莲内酯	—	0.77	0.61
甲酸,3,7-11-三甲基-1,6-,10-十二碳三烯-3-酯	0.14	—	0.08

由表 4-8 可知，含硫类、萜烯类种类较多，且都随贮藏时间的延长数量先减少后增加。醛类、烃类、其他类物质数量先增加后减少。贮藏 270d 后，产生环八硫等具有刺激性臭味的杂环物，使香椿气味劣变。

表 4-8 -80℃下香椿嫩芽不同贮藏时间的挥发性成分数量变化 单位：种

贮藏时间/d	醇类	含硫类	醛类	烃类	酮类	萜烯类	萜烯类氧化物	酯类	其他类	合计
30	3	7	1	1	0	30	1	1	1	45
90	3	4	7	4	1	8	1	2	3	33
270	3	5	3	2	2	12	0	2	1	30

从挥发性成分相对含量看（表4-9），含硫类、萜烯类、醛类和其他相对含量所占比例较大，含硫类物质随着贮藏时间延长相对含量有所减少，萜烯类物质显著减少，醛类和其他类物质显著增加。

表 4-9 -80℃下香椿嫩芽不同贮藏时间的挥发性成分相对含量变化 单位：%

贮藏时间/d	醇类	含硫类	醛类	烃类	酮类	萜烯类	萜烯类氧化物	酯类	其他类	合计
30	0.45	79.35	0.31	0.37	0.00	18.65	0.11	0.14	0.63	100
90	1.29	76.95	11.06	1.20	0.32	2.73	0.10	0.86	5.49	100
270	1.35	77.64	6.37	0.46	0.30	6.90	0.00	0.69	6.29	100

第30、90、270天检测到的共有香气物质有6种，分别为2,4-二甲基噻吩、二烯丙基硫醚、古巴烯、(-)-异丁香烯、萘、2-巯基-3,4-二甲基-2,3-二氢噻吩，此6种物质在-80℃贮藏条件下相对较稳定。而贮藏270d后，香椿特征香气物质2-巯基-3,4-二甲基-2,3-二氢噻吩相对含量基本不变，且结合感官评价，香椿品质相对较好。

（四）GC-IMS分析香椿挥发性成分

GC-IMS检测结果显示，在不同低温处理香椿样品中共计鉴定出34种挥发性化合物（表4-10），部分化合物浓度高会产生二聚体、三聚体甚至其他多聚体形式，它们保留时间与单体相近，但迁移时间不同而区别开。34种挥发性化合物的碳链在C4~C10，主要包括5种醇类、8种醛类、7种萜烯类、2种酯类、2种酮类、3种酸类、4种含氮类、2种醚类以及1个杂环化合物。

表 4-10 GC-IMS 鉴定不同低温处理香椿挥发性成分

类别	序号	化合物名称	CAS 号	保留指数	保留时间/s	迁移时间/ms
醇类	1	苯乙醇	C60128	1122.4	962.325	1.648
	2	(*E*)-2-戊烯醇-D	C1576870	749.0	256.62	1.362
	3	3-甲基-2-丁醇	C598754	689.5	189.42	1.233
	4	(*E*)-2-戊烯醇-M	C1576870	748.2	255.570	1.11
	5	2-己醇	C626937	784.6	308.699	1.57
醛类	6	丁醛	C123728	584.1	130.83	1.113
	7	(*E*)-2-己烯醛-D	C6728263	846.2	410.655	1.52
	8	5-甲基-2-噻吩甲醛	C13679704	1118.7	955.395	1.573
	9	2-甲基丁醛-D	C96173	665.1	171.045	1.407
	10	2-甲基丁醛-M	C96173	672.3	175.98	1.16
	11	(*E*)-2-己烯醛-M	C6728263	850.0	417.480	1.184
	12	5-甲基糠醛	C620020	962.7	646.590	1.474
	13	苯乙醛	C122781	1043.1	812.70	1.254
萜烯类	14	α-蒎烯-M	C80568	934.2	584.535	1.219
	15	α-蒎烯-D	C80568	933.9	584.01	1.298
	16	α-蒎烯-T	C80568	933.8	583.8	1.68
	17	α-蒎烯-多聚体	C80568	934.4	584.955	1.737
	18	α-水芹烯	C99832	992.4	710.43	1.221
	19	α-松油烯	C99865	1022.3	771.855	1.222
	20	β-罗勒烯	C13877913	1043.7	813.855	1.217
酯类	21	乙酸乙酯	C141786	623.5	148.04	1.346
	22	异戊酸甲酯	C556241	782.7	305.865	1.535
酮类	23	2,3-戊二酮	C600146	703.6	202.65	1.22
	24	2-丁酮	C78933	604.9	139.715	1.245
酸类	25	丙酸	C79094	698.4	197.504	1,114
	26	丁酸	C107926	818.5	363.09	1.164
	27	正己酸	C142621	976.2	675.884	1.644
含氮类	28	2,5-二甲基吡嗪	C123320	907.6	528.36	1.113
	29	2-乙基-5-甲基吡嗪	C13360640	1001.6	729.75	1.202
	30	3-烯丁腈	C109751	639.7	156.03	1.129
	31	己腈	C628739	875.4	464.31	1.58

续表

类别	序号	化合物名称	CAS 号	保留指数	保留时间/s	迁移时间/ms
醚类	32	1,1-二乙氧基乙烷-D	C105577	724.8	225.75	1.13
	33	1,1-二乙氧基乙烷-M	C105577	727.8	229.320	1.04
杂环化合物	34	2,5-二甲基呋喃	C625865	697.5	196.665	1.36

注：M：单体；D：二聚体；T：三聚体。

为更直观且定量地比较不同低温处理香椿样品中的挥发性化合物差异，采用设备内置 LAV 软件的 GalleryPlot 插件，自动生成香椿生长期的指纹图谱（图 4-3，见书后插页）。图中每一行代表一个香椿样品中所含的挥发性化合物，每一列是不同贮藏温度下香椿样品之间同一种挥发性化合物的差异。颜色的深浅代表挥发性化合物的含量，颜色越深，含量越高。图中 A 区域为低温处理与新鲜香椿样品的共有挥发性化合物，主要为醇类、醛类和萜烯类化合物，包括苯乙醇、(*E*)-2-戊烯醇-单体丁醛、2-甲基丁醛-M/D、α-蒎烯-M/D 及多聚体等。B 区域中的物质有 3-甲基-2-丁醇、苯乙醛、罗勒烯和 2-乙基-5-甲基吡嗪等，这些物质主要在新鲜香椿、4℃以及-20℃处理样品中检测到，表明低温贮藏不利于此类物质的保持。图中 C 区域物质在新鲜香椿和-20℃以下低温处理的香椿样品中检测到，且随着温度降低，此类物质含量越高，尤其是正己酸和 α-松油烯等物质最为明显。D 区域中挥发性物质是低温处理后，香椿样品中新出现富集得到的化合物，包括 (*E*)-2-戊烯醇-D、5-甲基-2-噻吩甲醛、2-甲基丁醛-D、5-甲基糠醛、2,3-戊二酮、2-丁酮、2,5-二甲基吡嗪、3-烯丁腈、1,1-二乙氧基乙烷-D。

由指纹图谱（图 4-3，见书后插页）可以看出，从整体香气成分轮廓上看，与对照新鲜香椿样品相比，低温处理（-20℃及以下）能够较好地保持香椿大部分挥发性成分，并且出现了较高浓度的新的挥发性成分，表明低温有利于香椿香气成分的富集与保持。

四、小结

对比香椿嫩芽挥发性成分在-20、-50、-80℃等三种不同低温贮藏期间的变化情况发现，化合物种类主要为萜烯类、含硫类、醇类、醛类、酯类等。在-20℃和-80℃贮藏条件下，含硫类化合物和香椿特征香气物质 2-巯基-3,4-二甲基-2,3-二氢噻吩的相对含量变化都不大，但-50℃贮藏 270d 后，并未检测到香椿特征香气物质 2-巯基-3,4-二甲基-2,3-二氢噻吩。-20℃贮藏 90d 以及-50℃贮藏 270d 后，均产生了环八硫等具有刺激性臭味的杂环物，且结合目测、鼻闻、品尝评价，香椿发生了气味劣变。综上所述，香椿嫩芽在-80℃低温下贮藏270d后品质保存比较完好，且特征香气基本保持恒定，这可能是由于低温抑制了酶活性，使得香气化合物与相关酶之间的反应速率降低，变化减缓。

GC-IMS检测结果显示，在不同低温处理香椿样品中共鉴定出34种挥发性化合物，碳链为C4~C10。共有挥发性化合物主要为醇类、醛类和萜烯类化合物，包括苯乙醇、(*E*)-2-戊烯醇、丁醛、2-甲基丁醛-M/D、α-蒎烯-M/D等。低温处理后，香椿样品中新出现富集得到的化合物，包括(*E*)-2-戊烯醇-二聚体、5-甲基-2-噻吩甲醛、2-甲基丁醛、5-甲基糠醛、2,3-戊二酮、2-丁酮、2,5-二甲基吡嗪等。从整体香气成分轮廓上看，低温处理能够较好地保持香椿大部分挥发性成分，并且出现了较高浓度的新的挥发性成分，表明低温有利于香椿香气成分的富集与保持。

第三节　湿度因子对香椿特征香气物质的影响

研究表明，尤其是在香椿采摘后，其香气化合物的稳定性与温度、湿度等环境因子密切相关。李聚英等研究表明香椿含硫化合物在0℃贮藏含量基本不变，而5℃贮藏第12天降低达到90%以上，20℃时急剧下降，贮藏第6天均降低到3.2%以下；笔者课题组前期初步探讨了不同贮藏温度对关键风味物质的影响，结果表明低温有效保持香椿关键香气物质。此外，郭建华等还研究表明温度、湿度加速茶叶品质、香气变化。香椿与环境中水蒸气的压力差越大，失水萎蔫的速率就越快，香椿表面和内部组织对水分蒸发作用的抗性越大，失水萎蔫的速率就越慢。适宜的相对湿度，可调节香椿组织的渗透压，减缓了细胞间水分的释放，降低香椿的蒸腾作用。香椿独特的风味是吸引消费者的重要因素，而风味的降解散失会大幅降低香椿的加工特性和商品价值。因此，系统研究香椿特征香气物质对湿度、气体成分等环境因子的响应机制，以期寻找有效的保鲜保香技术手段，对农业技术具有重要指导意义。

一、材料与设备

（一）材料与试剂

香椿嫩芽分别于2019年2月购买自驻马店，长度约15cm，露地种植，红油香椿。

（二）仪器与设备

7890A-5975C 气相色谱-质谱联用仪、HP-5MS 毛细管色谱柱（30m×0.25mm×0.25μm）、顶空固相微萃取手持式手柄、50/30μm DVB/CAR/PDMS 萃取头、20mL 顶空瓶，美国安捷伦公司。

二、试验方法

（一）样品处理

随机挑选新鲜红油香椿嫩芽，直接装于保鲜袋内，放置于不同湿度环境下贮藏 12d，设置条件为温度（5±1）℃，相对湿度（*RH*）分别为（30±5）%、（60±5）%和（90±5）%，每 2d 进行取样测定。

（二）顶空固相微萃取条件

取香椿嫩芽于液氮中打碎，称取 1.0g 于 20mL 带有硅胶垫的棕色顶空瓶中，密封后于 40℃水浴平衡 15min，插入萃取头在 40℃水浴条件下萃取 30min，萃取头离样品约 1cm，拔出萃取头立即插入气相色谱仪进样口中，解吸 5min，同时开始采集数据。

（三）气相色谱-质谱联用条件

GC 条件：HP-5MS 毛细管色谱柱（30m×0.25mm×0.25μm）；升温程序：起始温度 40℃，保持 3min，以 5℃/min 速率升温至 150℃，保持 2min，以 8℃/min 速率升温至 220℃，保持 5min；进样口温度 250℃；载气 He，流速 1.0mL/min；无分流比。

MS 条件：电子电离源；扫描方式全扫描；离子源温度 230℃；四极杆温度 150℃；辅助加热器温度 250℃；溶剂延迟 3min；质量扫描范围 *m/z* 40~800；检索图库：NIST 11.LIB。

三、结果与分析

（一）新鲜香椿嫩芽中挥发性成分

经标准谱库检索对新鲜香椿嫩芽挥发性成分进行鉴定，新鲜香椿嫩芽中含有萜烯类、醛类、酯类、含硫类和其他类挥发性成分，各类挥发性成分的种类和相对含量如表 4-11 所示，从测定结果可知，新鲜香椿嫩芽中挥发性成分共鉴定出 29 种，种类数量最多的是萜烯类（18 种），其次是含硫类（6 种）、其他类（3 种），醛类（1 种）和酯类（1 种）数量较少。

表 4-11　　不同湿度条件下香椿挥发性成分随贮藏时间的变化

化合物名称	0d	RH30%						RH60%						RH90%					
		2d	4d	6d	8d	10d	12d	2d	4d	6d	8d	10d	12d	2d	4d	6d	8d	10d	12d
醇类	**—**	**1. 18**	**0. 47**	**0. 26**	**0. 46**	**0. 47**	**0. 62**	**0. 13**	**—**	**—**	**0. 10**	**0. 31**	**0. 09**	**—**	**—**	**0. 11**	**0. 56**	**0. 32**	**0. 72**
(+)-橙花叔醇	—	—	—	—	—	0. 40	—	—	—	—	0. 10	—	—	—	—	—	0. 33	—	0. 25
2-(4a,8-二甲基-1,2,3,4,4a,5,6,7-八氢-2-萘基)-2-丙烯基-1-醇	—	—	—	—	—	0. 07	—	—	—	—	—	—	—	—	—	—	—	—	—
2Z,6E-金合欢醇	—	0. 31	—	—	—	—	0. 15	—	—	—	—	—	—	—	—	—	—	—	—
6-异丙烯基-4,8a-二甲基-1,2,3,5,6,7,8,8a-八氢-2-萘酚	—	—	—	0. 26	0. 21	—	—	—	—	—	—	—	—	—	—	—	—	—	0. 29
(3β,22Z)-胆-5,22-二烯-3-醇	—	—	—	—	—	—	0. 12	—	—	—	—	—	—	—	—	—	—	—	—
γ-桉叶醇	—	—	—	—	—	—	—	—	—	—	—	—	—	—	—	—	—	0. 18	0. 19
桉油烯醇	—	—	—	—	—	—	—	—	—	—	—	—	—	—	—	—	0. 14	—	—
苯乙醇	—	—	—	—	—	—	0. 25	—	—	—	—	0. 09	0. 09	—	—	—	—	—	—
醋酸法呢醇	—	0. 87	0. 47	—	0. 19	—	—	—	—	—	—	—	—	—	—	—	—	—	—
法呢醇	—	—	—	—	0. 06	—	—	—	—	—	—	—	—	—	—	—	—	—	—
(1α,2β,5α)-2-甲基-5-(1-甲基乙烯基)-环己醇	—	—	—	—	—	—	—	—	—	—	—	0. 07	—	—	—	0. 11	—	—	—
喇叭茶萜醇	—	—	—	—	—	—	—	0. 13	—	—	—	0. 15	—	—	—	—	0. 10	0. 15	—
3,7-二甲基-1,6-辛二烯-3-醇	—	—	—	—	—	—	0. 10	—	—	—	—	—	—	—	—	—	—	—	—
含硫类	**57. 57**	**70. 93**	**50. 45**	**47. 62**	**49. 80**	**24. 15**	**3. 53**	**46. 68**	**18. 12**	**11. 48**	**7. 69**	**3. 83**	**2. 62**	**22. 51**	**23. 93**	**18. 13**	**4. 74**	**7. 22**	**3. 26**
3,4,5-三甲基-1,2-二硫化溴	—	—	3. 62	3. 78	—	—	—	—	—	—	—	—	—	—	—	0. 22	—	—	—

续表

化合物名称	0d	RH30%						RH60%						RH90%					
		2d	4d	6d	8d	10d	12d	2d	4d	6d	8d	10d	12d	2d	4d	6d	8d	10d	12d
1,2-二甲氧基-3-(甲硫基)苯	—	—	—	—	—	—	—	—	—	—	—	—	—	—	—	0.19	—	—	—
1-丙烯基(2,4-二甲基噻吩-5-基)二硫醚	1.27	—	—	—	—	—	—	0.49	—	—	—	—	—	—	—	—	—	—	—
2,4-二甲基噻吩	1.05	—	—	—	—	—	3.53	0.94	6.18	0.51	0.46	3.83	—	—	0.89	—	3.94	—	—
2,5-二甲基噻吩	—	2.19	2.12	—	—	1.64	—	—	11.93	10.98	7.23	—	2.62	—	—	17.00	—	6.97	3.04
3,4-二甲基噻吩	54.56	68.74	44.56	43.69	49.58	22.51	—	45.08	—	—	—	—	—	22.27	23.04	0.73	0.80	0.26	0.11
3-氨基-4-乙基-苯磺酰胺	—	—	—	—	—	—	—	—	—	—	—	—	—	0.24	—	—	—	—	0.11
环八硫	0.68	—	0.14	0.15	0.22	—	—	0.17	—	—	—	—	—	—	—	—	—	—	—
其他类	**2.01**	**0.58**	**0.15**	**0.33**	**0.69**	**0.40**	**0.61**	**0.09**	**—**	**2.92**	**0.50**	**0.09**	**0.20**	**—**	**—**	**—**	**0.09**	**0.31**	**0.11**
3,4-二甲基-6-乙基苯酚	—	—	—	—	—	—	—	—	—	—	0.38	—	—	—	—	—	—	—	—
[3*R*-(3α,5aα,9α,9aα)]-八氢-2,2,5*a*,9-四甲基-2*H*-3,9*a*-甲醇-1-氧杂环庚三烯	0.47	0.43	—	—	—	—	—	—	—	2.60	—	—	—	—	—	—	—	—	—
1-亚甲基-2*b*-羟甲基-3,3-二甲基-4*b*-(3-甲基丁基-2-烯基)-环己烷	—	—	—	0.10	—	—	—	—	—	—	—	—	—	—	—	—	—	—	—
2,4-二羟基喹啉	—	—	—	—	—	—	—	—	—	0.12	—	—	—	—	—	—	—	—	—
2-甲基-3-(3-甲基-2-丁烯基)-2-(4-甲基-3-戊烯基)-氧杂环丁烷	—	—	—	—	—	—	—	0.09	—	—	—	—	—	—	—	—	—	—	—

2-甲氧基-3-(2-丙烯基)苯酚	—	—	0.15	—	0.43	—	—	—	—	—	0.12	—	—	—	—	—	—	—	—
2-甲氧基-5-丙-2-烯基苯酚	—	—	—	—	—	—	0.22	—	—	—	—	—	—	—	—	—	—	0.11	—
3-甲基-4-异丙基苯酚	—	—	—	—	—	—	—	—	—	—	—	—	—	—	—	—	0.09	—	—
苯乙腈	0.31	—	—	—	—	—	—	—	—	—	—	—	—	—	—	—	—	—	—
2-甲氧基-3-(1-甲基丙基)-吡嗪	—	—	—	—	—	—	—	—	—	—	—	0.09	0.10	—	—	—	—	0.20	0.11
丁香酚	1.22	0.15	—	0.23	—	0.28	—	—	—	—	—	—	0.10	—	—	—	—	—	—
对异丙基苯硫酚	—	—	—	—	0.25	0.13	—	—	—	—	—	—	—	—	—	—	—	—	—
2-氯-2,3,3-三甲基-双环[2.2.1]正庚烷	—	—	—	—	—	—	—	—	—	0.20	—	—	—	—	—	—	—	—	—
2-[(氨基羰基)氨基]-异喹啉氢氧化物	—	—	—	—	—	—	0.38	—	—	—	—	—	—	—	—	—	—	—	—
醛类	**6.51**	**15.74**	**8.65**	**7.49**	**10.16**	**13.86**	**4.04**	**4.68**	**16.41**	**13.12**	**9.85**	**11.62**	**5.13**	**7.99**	**8.28**	**10.37**	**10.75**	**15.29**	**13.75**
(*E*)-2-辛烯醛	—	—	—	—	—	—	—	—	—	—	—	0.14	0.08	—	—	—	—	0.12	—
2-丁基-2-辛烯醛	—	—	—	—	—	—	—	—	—	—	—	0.54	—	—	—	—	—	—	—
2-甲基-3-甲烯基-环戊基甲醛	—	—	—	0.11	—	—	0.18	—	—	—	—	—	—	0.19	—	—	—	—	—
2-甲基-4-(2,6,6-三甲基-1-环己烯-1-基)丁醛	—	—	—	—	—	—	—	—	—	—	—	—	—	—	—	—	—	0.23	—
3,4-二甲基-3-环己烯-1-吡咯甲醛	—	—	—	—	—	—	—	—	—	—	—	—	—	—	—	—	0.14	—	—

续表

化合物名称	0d	RH30%						RH60%						RH90%					
		2d	4d	6d	8d	10d	12d	2d	4d	6d	8d	10d	12d	2d	4d	6d	8d	10d	12d
3-乙基苯甲醛	—	—	—	—	—	—	—	—	—	0.15	0.07	0.06	—	—	—	—	—	—	0.07
3-乙基苯甲醛	—	—	—	—	—	—	—	—	—	0.10	—	—	—	—	—	—	—	—	—
4-二甲基-γ-苯丁醛	—	—	—	—	—	—	—	—	—	—	—	—	0.16	—	—	—	—	—	—
4-乙基苯甲醛	—	—	—	—	—	—	—	—	—	0.09	—	—	—	—	0.07	—	—	—	—
6-氟藜芦醛	—	—	—	—	—	—	—	—	—	—	—	—	—	—	0.26	—	—	—	—
β-环柠檬醛	—	0.50	0.28	0.35	0.34	0.49	0.05	0.30	0.56	0.38	0.37	0.20	0.12	0.30	0.31	0.40	0.11	0.37	0.32
苯甲醛	—	—	—	—	0.32	0.61	0.31	0.47	1.57	2.82	1.55	0.75	1.13	0.41	0.61	2.09	1.21	2.73	1.78
苯乙醛	—	0.23	0.19	0.32	0.37	0.77	0.29	—	0.41	0.13	0.23	0.24	0.11	0.10	0.11	0.25	0.25	0.26	—
(*E*)-2-己烯醛	6.51	13.52	7.40	6.08	8.41	10.49	2.98	3.91	12.60	8.49	6.72	6.26	2.62	6.49	6.29	6.80	6.89	9.02	7.90
长叶醛	—	—	—	—	—	—	—	—	—	—	—	—	—	—	0.14	0.08	—	—	—
正己醛	—	1.49	0.77	0.63	0.71	1.50	0.23	—	1.27	0.95	0.91	3.43	0.91	0.50	0.48	0.75	2.15	2.56	3.68
酸类	**—**	**—**	**—**	**0.17**	**—**	**—**	**0.25**	**—**	**0.79**	**—**	**—**	**—**	**—**	**—**	**—**	**—**	**—**	**—**	**—**
8-乙烯基-3,4,4*a*,5,6,7,8,8*a*-八氢-5-亚甲基-2-萘甲酸	—	—	—	0.17	—	—	—	—	—	—	—	—	—	—	—	—	—	—	—
(2-乙基-1*H*-苯并咪唑-1-基)-乙酸	—	—	—	—	—	—	0.25	—	—	—	—	—	—	—	—	—	—	—	—
壬酸	—	—	—	—	—	—	—	—	0.79	—	—	—	—	—	—	—	—	—	—
烃类	**—**	**—**	**0.69**	**0.46**	**0.26**	**0.35**	**0.93**	**0.16**	**0.46**	**0.64**	**0.28**	**0.39**	**1.40**	**—**	**0.34**	**0.68**	**0.40**	**0.98**	**0.88**
(-)-1,7-二甲基-7-(4-甲基-3-戊烯基)-三环[2.2.1.0(2,6)]庚烷	—	—	—	0.27	—	—	—	—	—	—	—	—	—	—	—	—	—	—	—

1-甲基萘	—	—	—	—	—	—	—	—	—	—	—	—	—	—	—	0.09	—	—	—
3-甲基-十四烷	—	—	—	—	—	—	—	—	—	—	—	—	—	—	—	—	—	0.19	—
4-异丙基甲苯	—	—	—	—	—	—	0.15	—	—	—	—	—	—	—	—	—	—	—	—
8-(1-甲基亚乙基)双环[5.1.0]辛烷	—	—	—	—	0.10	—	—	—	—	—	—	—	—	—	—	—	—	—	—
9-甲基-*S*-八氢蒽	—	—	—	—	0.16	—	—	0.16	—	—	—	—	—	—	—	—	0.31	—	—
9-甲基-*S*-八氢菲	—	—	—	—	—	0.27	0.51	—	—	0.19	—	0.23	0.43	—	0.20	0.18	—	—	—
P-伞花烃	—	—	—	—	—	—	—	—	—	—	—	—	—	—	—	—	—	0.38	—
1-甲基-4-(1-甲基乙基)-苯	—	—	—	0.19	—	—	0.10	—	0.14	0.15	0.13	—	—	—	—	—	—	0.18	—
4-亚甲基-1-甲基-2-(2-甲基-1-丙烯-1-基)-1-乙烯基-环庚烷	—	—	0.69	—	—	—	—	—	0.22	—	—	0.16	0.51	—	—	—	0.09	—	—
(1α,3α,5α)-1,5-联苯-3-甲基-2-亚甲基-环己烷	—	—	—	—	—	—	—	—	—	—	0.15	—	0.11	—	—	0.25	—	0.09	—
环戊烷-3′-螺三环[3.1.0.0(2,4)]己烷-6′-螺环戊烷	—	—	—	—	—	0.08	—	—	—	—	—	—	—	—	—	—	—	—	—
邻-异丙基苯	—	—	—	—	—	—	—	—	—	0.08	—	—	—	—	—	0.07	—	—	0.23
十二烷	—	—	—	—	—	—	—	—	0.10	0.13	—	—	—	—	0.13	0.08	—	0.14	0.11
十三烷	—	—	—	—	—	—	—	—	—	0.09	—	—	—	—	—	—	—	—	0.12
十四烷	—	—	—	—	—	—	0.17	—	—	—	—	—	0.36	—	—	—	—	—	0.42

续表

化合物名称	0d	RH30%						RH60%						RH90%					
		2d	4d	6d	8d	10d	12d	2d	4d	6d	8d	10d	12d	2d	4d	6d	8d	10d	12d
酮类	**—**	**0.49**	**0.39**	**0.38**	**2.37**	**0.59**	**0.44**	**0.74**	**1.70**	**0.68**	**0.49**	**0.46**	**1.16**	**0.33**	**0.39**	**1.52**	**0.59**	**0.46**	**1.08**
3,3-二甲基-4,5-七二烯-2-酮	—	—	—	—	—	—	—	—	—	0.14	—	—	—	—	—	—	—	—	—
(*E*)4-(2,6,6-三甲基-1-环己烯-1-基)-3-丁烯-2-酮	—	0.49	0.39	0.38	0.67	0.59	—	—	0.60	—	—	0.46	—	0.33	0.39	—	—	0.46	0.35
6-甲基-5-庚烯-2-酮	—	—	—	—	—	—	—	—	—	—	—	—	—	—	—	—	0.25	—	—
7-叔丁基-*A*-四氢萘酮	—	—	—	—	0.54	—	—	—	—	—	—	—	—	—	—	—	—	—	—
β-紫罗兰酮	—	—	—	—	—	—	—	0.38	—	0.54	0.49	—	—	—	—	0.43	0.34	—	—
表姜烯酮	—	—	—	—	1.16	—	0.44	0.37	0.86	—	—	—	1.16	—	—	1.09	—	—	0.74
紫罗兰酮	—	—	—	—	—	—	—	—	0.23	—	—	—	—	—	—	—	—	—	—
萜烯类	**33.06**	**11.08**	**38.82**	**42.45**	**35.33**	**59.81**	**88.49**	**47.51**	**62.35**	**70.95**	**80.78**	**83.09**	**89.31**	**68.97**	**66.84**	**68.76**	**82.55**	**75.24**	**78.60**
($1\alpha,4a\beta,8a\alpha$)-1,2,3,4,4*a*,5,6,8*a*-八氢-7-甲基-4-亚甲基-1-(1-甲基乙基)-萘	—	—	—	—	—	—	—	—	—	—	—	0.35	—	—	—	—	—	—	—
β-波旁烯	—	—	0.24	0.47	0.09	—	—	—	0.22	0.28	0.25	—	—	0.25	0.23	—	0.17	0.38	0.62
苯乙烯	—	—	—	—	—	—	—	—	—	—	—	—	—	—	0.08	—	—	0.11	—
(-)-α-杜松烯	—	—	—	0.47	—	—	0.92	0.50	—	—	—	—	—	—	1.06	—	0.23	—	—
(-)-α-雪松烯	—	—	—	—	—	—	0.27	—	—	—	—	—	—	—	—	—	—	—	—
(-)-γ-杜松烯	—	—	0.99	0.13	—	—	2.65	1.27	1.89	2.59	3.04	2.52	2.78	2.81	1.92	2.27	2.82	3.42	2.14
(-)-丁香三环烯	—	—	—	—	0.09	0.19	0.17	0.14	—	—	0.30	0.25	0.23	—	—	—	—	0.22	—
(-)-二氢-新丁香三环烯-(I)	—	—	—	—	—	—	—	—	0.07	—	—	—	0.09	—	—	—	—	—	—

(−)-异丁香烯	9.49	2.42	17.40	13.82	8.43	15.79	8.72	11.73	21.35	25.88	20.20	22.11	14.07	19.34	20.84	22.25	16.27	16.91	30.33
(+)-α-长叶蒎烯	—	—	—	—	—	—	—	—	—	5.78	—	—	—	—	—	—	—	—	—
(+)-环苜蓿烯	—	—	0.43	—	0.09	0.10	0.09	0.71	0.75	1.99	1.19	1.09	0.70	1.18	0.96	0.85	2.14	1.23	0.74
(+)-喇叭烯	—	—	—	—	—	—	—	—	—	0.08	—	—	—	—	0.06	—	—	—	—
(+)-苜蓿烯	—	—	—	—	—	—	—	—	0.44	—	—	0.46	—	0.41	0.50	—	—	0.55	—
(+)-柠檬烯	—	0.17	—	—	—	—	0.33	—	0.35	0.58	0.46	0.17	0.21	0.41	0.32	0.29	0.16	0.76	0.83
(+)-香橙烯	1.07	—	2.86	2.25	—	—	0.82	—	3.48	—	1.63	0.14	0.43	0.17	4.51	—	—	—	—
(1*S*-*cis*)-1,2,3,4-四氢呋喃-1,6-二甲基-4-(1-甲基乙基)-萘	0.94	—	1.36	1.69	1.32	—	3.58	2.21	—	—	—	3.80	3.46	—	—	2.72	4.54	—	—
(*S*)-1-甲基-4-(5-甲基-1-亚甲基-4-己烯基)环己烯	—	—	—	—	—	—	—	—	0.54	0.46	0.57	—	1.02	0.47	0.48	—	0.58	—	—
[1*R*-(1α,7β,8*a*α)]-1,2,3,5,6,7,8,8*a*-八氢-1,8*a*-二甲基-7-(1-甲基乙烯基)-萘	—	—	—	—	—	0.40	0.76	—	—	—	—	—	—	—	—	—	—	—	—
[1*aR*-(1*a*α,4β,4*a*β,7β,7*a*β,7*b*α)]-十氢-1,1,4,7-三甲基-[*E*]偶氮烯	—	—	—	—	—	—	—	—	—	0.38	—	—	—	—	—	—	—	—	—
[1*A*-(1*A*π4*A*π7π7*A*π7*B*π)]-十氢-1,1,7-三甲基-4-亚甲基-1*H*-环丙烷[*E*]偶氮烯	0.29	0.22	0.31	0.40	—	—	0.82	0.45	1.39	1.58	0.85	1.00	0.88	0.74	0.53	1.16	0.96	0.70	1.75

续表

化合物名称	0d	RH30%						RH60%						RH90%					
		2d	4d	6d	8d	10d	12d	2d	4d	6d	8d	10d	12d	2d	4d	6d	8d	10d	12d
1,1,5-三甲基-1,2-二氢萘	—	—	—	—	—	—	2.22	—	—	—	—	—	—	—	—	—	—	—	0.40
[2*R*-(2*π*4*aπ*8*aπ*)]-1,2,3,4,4*a*,5,6,8*a*-八氢-4*a*,8-二甲基-2-(1-甲基乙基)-萘	—	0.31	—	0.76	—	0.62	—	—	—	—	—	—	4.66	—	—	—	—	—	—
1,2,3,4,4*a*,7-六氢-1,6-二甲基-4-(1-甲基乙基)-萘	0.21	—	0.08	—	—	—	0.21	0.16	—	—	0.13	0.24	0.26	0.22	0.14	0.15	0.56	0.21	—
1,2,4*a*,5,6,8*a*-六氢-4,7-二甲基-1-(1-甲基乙基)-萘	—	—	—	—	0.44	0.59	1.38	—	—	—	—	—	0.50	—	0.30	—	—	—	—
1,2-二氢-1,1,6-三甲基萘	—	—	—	—	—	—	—	—	0.63	—	—	—	—	—	—	—	—	—	—
1,3,5,7-环辛四烯	—	—	—	—	—	—	—	—	—	—	—	—	—	0.09	—	—	—	—	—
1,3-环庚二烯	—	—	—	—	—	—	—	—	—	—	—	—	—	—	—	—	—	—	0.17
Z,*Z*,*Z*-1,5,9,9-四甲基-1,4,7,-环己三烯	4.35	1.65	4.27	3.77	3.74	7.60	6.33	6.56	0.12	7.03	—	—	0.10	—	—	0.14	9.55	10.93	14.33
1,5-二甲基-1,5-环辛二烯	—	—	—	—	—	—	—	—	—	—	—	—	0.59	—	—	—	—	—	—
1,6-二甲基-4-(1-甲基乙基)-萘	—	—	—	0.77	—	0.59	0.56	—	0.36	0.50	0.59	0.41	0.74	0.45	0.47	0.36	0.44	0.36	0.30
1,*Z*-5,*E*-7-十二碳三烯	—	—	—	—	—	0.18	—	—	—	—	—	—	—	—	—	—	—	—	—
A-二去氢菖蒲烯	—	—	—	—	0.58	—	—	—	—	—	—	—	—	—	—	—	—	—	—
10*s*,11*s* 雪松-2,4-二烯	—	—	—	—	1.59	—	—	—	—	—	0.25	2.02	—	—	—	—	—	0.18	—

1a,2,3,4,4a,5,6,7b-八氢-1,1,4,7-四甲基-1H-环丙基蓝烯	—	—	—	—	—	0.28	—	—	—	—	—	—	—	—	—	—	—	—	—
[1as-(1aπ3aπ7aπ7bπ]-十氢-1,1,3a-三甲基-7-亚甲基-,1H 环丙烷[a]萘	—	—	—	—	—	—	—	—	—	0.43	—	—	—	—	—	0.36	—	—	—
1R,3Z,9s-4,11,11-三甲基-8-亚甲基二环[7.2.0]十一碳-3-烯	—	—	—	1.21	—	2.42	—	1.60	—	—	—	—	2.16	—	—	—	—	—	—
2,5-二甲基-3-亚甲基-1,5-庚二烯	—	—	—	—	—	—	—	—	—	—	—	—	0.05	—	—	—	—	—	—
2,6,10,10-四甲基二环[7.2.0]十一碳-2,6-二烯	—	—	0.18	0.24	0.16	0.45	—	0.29	—	—	—	—	—	—	—	—	—	—	—
2,6-二甲基-6-(4-甲基-3-戊烯基)双环[3.1.1]庚-2-烯	—	—	—	—	—	—	0.79	—	—	—	—	—	—	—	—	—	0.12	—	—
2-甲基萘	—	—	—	—	—	—	0.04	—	—	—	—	—	—	—	—	—	—	—	0.08
2-甲基茚满	—	—	—	—	—	—	—	—	—	—	—	—	—	—	—	—	—	—	0.20
2-蒎烯	1.19	—	—	0.58	0.42	—	—	—	0.06	—	—	—	—	—	—	—	—	—	0.21
2-异丙基-5-甲基-9-亚甲基二环[4.4.0]癸-1-烯	0.47	—	—	—	—	—	—	—	—	—	—	—	—	—	—	—	—	—	—
3-(1-甲基乙烯)环辛烯	—	—	—	—	—	—	—	—	—	—	—	—	—	—	0.35	—	—	—	—
4,5,9,10-脱氢-异长叶烯	—	—	—	—	—	—	0.10	—	—	—	—	—	—	—	—	—	—	—	—
4-α-异丙烯基-(+)-2-蒈烯	—	—	—	—	—	—	—	—	—	—	—	—	1.41	—	—	—	—	—	—

续表

化合物名称	0d	RH30%						RH60%						RH90%					
		2d	4d	6d	8d	10d	12d	2d	4d	6d	8d	10d	12d	2d	4d	6d	8d	10d	12d
4-异丙基-1,6-二甲基-1,2,3,4-四氢萘	—	0. 79	—	—	—	2. 63	—	0. 14	2. 23	2. 36	3. 92	—	—	3. 34	2. 39	—	—	4. 17	1. 82
6-甲氧基-2-乙酰萘	—	—	—	0. 20	—	—	—	—	0. 14	—	0. 26	—	—	—	—	—	—	0. 20	—
6-乙烯基-6-甲基-1-(1-甲基乙基)-3-(1-甲基亚乙基)-(*S*)-环己烯	—	—	—	0. 68	0. 27	0. 38	0. 10	—	—	1. 18	1. 33	0. 10	—	1. 13	—	—	1. 43	—	—
7-epi-α-芹子烯	—	—	—	—	—	—	—	—	—	—	—	—	0. 32	—	—	—	—	—	—
8,9-脱氢-环状异长叶烯	—	—	—	0. 16	—	—	0. 84	—	0. 26	—	—	—	—	—	0. 15	—	—	—	—
8,9-脱氢-新异长叶烯	—	—	—	—	—	—	—	—	—	—	—	—	—	—	—	—	—	—	—
9,10-脱氢异长叶烯	—	0. 39	0. 16	1. 72	2. 94	2. 08	2. 89	—	0. 63	0. 48	0. 09	0. 09	5. 47	0. 08	0. 08	0. 08	1. 26	0. 08	0. 90
α-葎草烯	—	—	0. 14	0. 29	—	0. 08	—	0. 79	7. 85	0. 30	14. 04	12. 64	8. 92	9. 40	7. 37	10. 57	0. 38	0. 28	0. 26
β-葎草烯	—	—	—	—	—	—	—	—	0. 10	—	—	—	—	—	—	—	—	—	—
菖蒲萜烯	—	—	0. 10	—	—	0. 48	—	0. 19	—	—	—	—	0. 17	0. 28	—	—	—	—	—
cis-(-)-2,4*a*,5,6,9*a*-六氢-3,5,5,9-四甲基(1*H*)苯并环庚烯	—	—	0. 72	—	—	—	—	—	0. 09	—	—	—	—	—	0. 13	—	—	—	—
cis-3,5-依兰油二烯	—	—	—	—	—	0. 10	—	—	—	—	0. 13	—	—	—	—	—	—	—	—
cis-*Z*-α-环氧化红没药烯	—	—	—	—	—	—	—	—	—	—	—	—	—	—	—	—	—	—	0. 32
γ-古芸烯	—	—	—	—	—	—	—	—	—	—	—	—	—	0. 12	—	—	—	—	—
Z-3-十六碳烯-7-炔	—	—	—	—	—	—	—	—	—	—	—	—	—	—	—	—	—	—	0. 14
α-布莱烯	—	—	—	—	—	1. 07	—	—	—	—	—	0. 46	—	—	—	—	—	—	—

A-布藜烯	—	—	—	—	—	—	—	—	—	—	0.42	—	—	—	—	0.36	—	—	0.29
A-二去氢菖蒲烯	—	—	0.49	0.97	—	0.14	—	0.83	—	—	—	1.16	1.63	1.13	0.93	0.85	1.10	0.23	—
α-古巴烯	—	—	4.76	1.70	—	0.87	1.44	8.68	9.88	12.28	15.69	13.77	9.96	16.46	13.14	12.54	16.85	16.19	9.21
α-摩勒烯	—	—	0.67	—	—	—	—	1.24	1.68	—	2.93	2.97	1.52	1.93	1.77	1.77	2.06	3.68	1.82
α-衣兰烯	0.32	—	—	—	—	—	1.85	—	—	—	—	—	—	—	—	—	0.39	—	—
α-愈创木烯	1.15	0.18	0.23	0.29	1.92	2.62	2.34	0.21	0.45	0.27	0.51	0.63	1.05	0.46	0.36	0.37	0.60	0.72	0.37
β-古巴烯	—	—	—	—	—	—	—	—	—	0.90	—	—	—	1.02	—	—	0.20	—	—
β-姜黄烯	—	—	—	—	—	—	0.32	—	—	—	—	—	—	—	—	—	—	—	—
β-榄香烯	—	—	—	—	0.14	—	3.09	—	0.23	—	—	—	2.74	—	—	—	—	—	0.43
β-马揽烯	—	—	—	—	—	—	0.84	—	—	—	—	—	0.26	—	—	—	—	—	—
β-人参烯	—	—	0.34	—	—	0.22	—	0.23	0.50	0.57	0.49	0.33	—	0.30	0.43	0.38	—	0.32	0.52
β-蛇床烯	1.03	—	0.32	1.97	1.65	1.26	3.24	—	0.80	0.38	0.48	—	3.03	0.21	0.38	0.67	0.49	0.44	1.65
β-蛇麻烯	—	—	—	—	—	—	—	—	—	—	—	—	—	—	—	—	0.14	—	—
β-依兰烯	—	—	—	—	—	—	—	—	—	—	1.73	—	—	—	—	1.26	1.03	1.59	—
β-朱栾倍半萜	0.26	—	—	—	0.30	0.15	0.25	—	—	—	—	—	—	—	—	—	0.40	—	—
γ-榄香烯	—	—	—	—	—	—	0.98	—	—	—	—	—	—	—	—	—	—	—	—
γ-新丁香三环烯	—	—	—	—	0.89	—	—	1.21	—	—	—	—	0.12	—	—	—	—	—	—
γ-雪松烯	—	—	—	—	—	—	0.87	—	—	—	—	—	0.19	—	—	—	—	0.06	—
δ-榄香烯	—	—	—	—	—	—	—	—	—	—	—	—	—	0.16	—	—	0.04	—	—

续表

化合物名称	0d	RH30%						RH60%						RH90%					
		2d	4d	6d	8d	10d	12d	2d	4d	6d	8d	10d	12d	2d	4d	6d	8d	10d	12d
β-荜澄茄油烯	—	—	—	—	—	—	0.14	—	—	—	—	0.17	0.19	0.18	1.24	—	0.71	0.18	0.14
π-金合欢烯	—	—	—	—	—	—	2.16	—	—	—	—	—	0.30	—	—	—	—	—	—
π 蛇床烯	—	—	—	—	—	—	—	—	0.22	—	—	—	—	—	—	—	—	—	0.25
β-罗勒烯	—	—	—	—	—	—	0.10	—	—	—	—	—	—	—	—	—	—	—	—
π 愈创木烯	—	—	—	—	—	—	—	—	—	—	—	—	—	—	—	—	—	0.57	—
桉双烯酮	—	—	—	0.12	—	—	0.70	—	—	0.45	—	0.20	—	0.18	—	—	0.11	—	—
巴伦西亚橘烯	—	—	—	—	—	—	—	—	0.23	—	—	—	—	—	—	—	—	—	—
白菖烯	—	—	—	—	—	—	—	—	0.89	—	—	2.19	—	—	—	—	0.28	—	—
表别香树烯	—	—	—	—	—	—	—	—	—	—	—	—	—	—	—	1.42	—	1.58	—
二氢姜黄素	—	—	0.19	—	—	—	—	—	—	—	—	—	—	—	—	—	—	—	—
(E)-菖蒲烯	—	—	—	—	—	—	—	—	—	—	—	—	—	—	—	0.12	—	0.11	—
(E)-石竹烯	8.10	—	2.24	5.08	4.44	14.20	22.33	7.30	3.22	2.40	5.81	12.98	16.85	3.54	3.97	5.62	14.52	7.31	6.62
芳姜黄烯	0.46	0.26	0.12	0.25	0.90	—	1.72	0.21	0.31	0.41	0.55	0.26	0.62	0.28	0.26	0.31	0.29	0.33	0.47
古巴烯	1.29	1.82	—	—	1.11	—	—	—	—	—	—	—	—	—	—	—	—	—	—
(α,2β,3β,5α)-1,2-二甲基-3,5-双(1-甲基乙烯基)-环己烷	—	—	—	—	—	—	—	0.13	—	—	—	—	—	—	—	—	—	—	—
1-乙烯基-1-甲基-2-(1-甲基乙基)-4-(1-甲基亚乙基)-环己烷	—	—	—	—	—	—	—	—	—	—	—	—	0.05	—	—	—	—	—	—

环戊羧酸,2-氨基-,乙基酯,(1S-Z)-(9CI)	—	—	—	—	—	—	—	—	—	0.17	—	—	—	—	—	—	—	—	—
环氧异香树烯	—	—	—	—	—	—	0.12	—	—	—	0.12	0.08	0.09	—	—	—	—	—	—
罗汉柏烯	—	—	—	—	0.31	—	—	—	—	—	—	—	—	—	—	—	—	—	—
罗勒烯	—	—	—	—	—	—	0.12	—	—	—	—	—	—	—	—	—	—	—	—
马兜铃烯	1.91	—	—	—	—	—	—	—	—	—	—	—	—	1.13	—	—	—	—	—
(1α,4a.β,8aα)-1,2,3,4,4a,5,6,8a-八氢-7-甲基-4-亚甲基-1-(1-甲基乙基)-,萘	—	—	—	—	—	—	—	—	—	—	—	—	—	—	—	—	0.37	—	—
(1α,4aβ,8aα)-1,2,4a,5,8,8a-六氢-4,7-二甲基-1-(1-甲基乙基)-萘	—	—	—	0.18	—	—	—	0.32	—	0.32	—	0.37	—	0.21	—	—	0.39	0.49	—
[1S-(1α,4aβ,8aα)]-1,2,4a,5,8,8a-六氢-4,7-二甲基-1-(1-甲基乙基)-萘	—	—	—	—	0.36	0.45	—	—	0.22	—	0.42	—	—	—	0.32	0.36	—	—	—
(4aK-Z)十氢-4a-甲基-1-亚甲基-7-(1-甲基亚乙基)-,萘	0.39	—	—	—	0.93	—	4.81	—	—	—	0.21	—	—	—	0.19	0.14	—	—	—
蒎烯	—	0.38	—	—	1.24	—	1.79	—	—	—	0.07	—	—	—	—	—	—	—	0.73
3,3,7,11-四甲基-三环[6.3.0.0(2,4)]十一碳-8-烯	—	—	—	—	—	—	—	—	—	—	—	—	—	—	—	—	—	0.13	—

续表

化合物名称	0d	RH30%						RH60%						RH90%					
		2d	4d	6d	8d	10d	12d	2d	4d	6d	8d	10d	12d	2d	4d	6d	8d	10d	12d
石竹烯	—	0. 10	—	—	—	—	—	—	—	0. 22	—	—	0. 23	0. 20	0. 18	0. 11	—	—	0. 16
石竹烯-(I1)	—	—	—	—	—	—	—	—	—	—	0. 48	—	—	—	—	—	0. 41	—	—
3,6,6-三甲基-双环[3. 1. 1]庚-2-烯	—	—	—	—	—	0. 36	—	—	—	—	—	—	—	—	—	—	—	—	—
双环大牻牛儿烯	—	0. 50	—	—	—	—	—	—	—	—	—	—	—	—	—	—	—	—	—
双戊烯	—	—	—	—	—	—	—	—	0. 19	—	—	—	—	—	—	—	—	—	—
$(E)-\pi$ 没药烯	—	—	0. 23	—	—	—	—	—	—	—	—	—	—	—	—	—	—	—	—
萜品油烯	—	—	—	—	—	—	0. 19	—	—	—	—	—	—	—	—	—	—	—	—
新异长叶烯	—	—	—	—	—	—	—	—	—	—	0. 64	—	—	—	—	—	—	—	—
雅榄蓝烯	—	—	—	0. 10	—	—	—	—	—	—	—	—	—	—	—	—	—	—	—
依兰烯	—	0. 22	—	0. 19	0. 40	0. 62	0. 65	0. 21	0. 33	0. 53	0. 48	—	0. 35	0. 41	0. 48	0. 56	—	0. 43	0. 31
异长叶烯	—	—	—	0. 58	—	1. 40	—	—	—	—	0. 24	—	—	—	—	0. 46	—	—	—
愈创蓝油烃	0. 15	0. 23	—	0. 25	0. 59	0. 85	0. 84	0. 20	0. 22	0. 18	0. 29	0. 14	0. 19	0. 28	0. 29	0. 25	0. 23	0. 20	0. 07
愈创木烯	—	0. 40	—	0. 15	—	—	—	—	—	—	—	—	—	—	—	—	—	—	—
月桂烯	—	—	—	—	—	—	0. 68	—	—	—	—	—	0. 27	—	—	—	0. 32	—	—
长叶烯	—	—	—	—	—	—	2. 35	—	—	—	—	—	—	—	—	—	—	—	—
左旋-α-蒎烯	—	1. 04	—	1. 01	—	0. 65	—	—	—	—	—	—	0. 41	—	—	—	—	—	—
萜烯类氧化物	**—**	**—**	**—**	**—**	**—**	**—**	**—**	**—**	**—**	**—**	**—**	**0. 09**	**—**	**—**	**—**	**—**	**0. 11**	**—**	**—**
(1)-别香树烯氧化物	—	—	—	—	—	—	—	—	—	—	—	0. 09	—	—	—	—	—	—	—

石竹烯氧化物	—	—	—	—	—	—	—	—	—	—	—	—	—	—	—	—	0.11	—	—
酯类	**0.86**	**—**	**0.38**	**0.83**	**0.93**	**0.36**	**1.10**	**—**	**0.18**	**0.21**	**0.31**	**0.12**	**0.09**	**0.19**	**0.23**	**0.43**	**0.21**	**0.18**	**1.60**
(*S*)-(-)-香茅酸甲酯	—	—	—	—	—	—	—	—	—	—	—	—	—	—	—	—	—	—	0.06
10,12-二十三碳二炔酸甲酯	—	—	—	—	—	—	—	—	—	—	—	0.06	—	—	—	—	0.11	—	—
2,6,6-三甲基-1-环己烯-1-羧酸甲酯	—	—	0.07	—	—	0.18	0.05	—	0.18	0.21	0.23	—	0.09	0.12	0.13	0.28	0.10	—	0.23
1-甲基-2-氧-环己甲酸乙酯	—	—	—	—	—	0.18	—	—	—	—	—	—	—	—	—	—	—	—	—
[(*E*,*E*)-3,7,11-三甲基-2,6,10-十二碳三烯-1-基]苯甲酸酯	—	—	—	—	0.17	—	—	—	—	—	—	—	—	—	—	—	—	—	—
二氢猕猴桃内酯	—	—	0.09	—	—	—	—	—	—	—	—	—	—	—	—	—	—	—	—
法呢基乙酸酯	0.86	—	0.22	0.83	0.76	—	0.99	—	—	—	—	0.06	—	0.08	0.09	0.10	—	0.07	1.02
甲基(2*E*)-3,7-二甲基-2,6-辛二烯酸酯	—	—	—	—	—	—	0.06	—	—	—	0.08	—	—	—	—	—	—	0.11	0.29
邻苯二甲酸异丁酯	—	—	—	—	—	—	—	—	—	—	—	—	—	—	—	0.04	—	—	—

（二）不同相对湿度条件下香椿挥发性成分随贮藏时间的变化情况

1. 30%相对湿度条件下香椿挥发性成分随贮藏时间的变化情况

由表4-12可知，30%相对湿度条件下香椿贮藏2、4、6、8、10、12d，挥发性成分分别为30、43、57、56、52、83种。化合物种类分别为醇类、含硫类、醛类、酸类、烃类、酮类、萜烯类、酯类、其他类。萜烯类、醛类种类较多，且随贮藏时间的延长数量逐渐增加；含硫类物质贮藏2d后即减少，且随贮藏时间的延长数量变化不大。

从挥发性成分相对含量（表4-13）看，30%相对湿度条件下香椿贮藏2、4、6、8、10、12d，挥发性成分相对含量变化明显，含硫类物质相对含量随贮藏时间延长明显减少，萜烯类、酮类、醇类、烃类物质相对含量增加。

2. 60%相对湿度条件下香椿挥发性成分随贮藏时间的变化情况

由表4-12可知，60%相对湿度条件下香椿贮藏2、4、6、8、10、12d，挥发性成分分别为45、59、63、61、62、78种。化合物种类分别为醇类、含硫类、醛类、酸类、烃类、酮类、萜烯类、萜烯类氧化物、酯类、其他类。萜烯类、醛类种类较多，且均随贮藏时间的延长数量逐渐增加，含硫类物质贮藏2d后即减少，且随贮藏时间的延长数量变化不大。

从挥发性成分相对含量（表4-13）看，60%相对湿度条件下香椿贮藏2、4、6、8、10、12d，挥发性成分相对含量变化明显，含硫类物质相对含量随贮藏时间延长明显减少，萜烯类、酮类、烃类物质相对含量增加。

3. 90%相对湿度条件下香椿挥发性成分随贮藏时间的变化情况

由表4-12可知，90%相对湿度条件下香椿贮藏2、4、6、8、10、12d，挥发性成分分别为58、62、61、70、69、63种。化合物种类分别为醇类、含硫类、醛类、烃类、酮类、萜烯类、萜烯类氧化物、酯类、其他类。萜烯类、醛类种类较多，且均随贮藏时间的延长数量基本呈现增加趋势，含硫类物质贮藏2d后即减少，且随贮藏时间的延长数量变化不大。

从挥发性成分相对含量（表4-13）看，90%相对湿度条件下香椿贮藏2、4、6、8、10、12d，挥发性成分相对含量变化明显，含硫类物质相对含量随贮藏时间延长明显减少，萜烯类、酮类、醛类、烃类物质相对含量增加。

（三）不同相对湿度条件下贮藏末期香椿挥发性成分

通过对比不同相对湿度（30%、60%、90%）条件下香椿嫩芽贮藏12d的挥发性成分，数量最多的依旧是萜烯类，共计73种，醇类7种，含硫类4种，其他类4种，醛类9种，酸类1种，烃类9种，酮类2种，酯类4种。

表 4-12 不同湿度条件下香椿挥发性成分随贮藏时间数量变化 单位：种

化合物分类	0d	RH30%						RH60%						RH90%					
		2d	4d	6d	8d	10d	12d	2d	4d	6d	8d	10d	12d	2d	4d	6d	8d	10d	12d
醇类	—	2	1	1	3	2	4	1	—	—	1	3	1	—	—	1	3	2	3
含硫类	6	2	5	4	3	2	2	4	3	2	2	2	3	3	2	4	2	2	3
其他类	3	2	1	2	2	2	2	1	—	3	2	1	2	—	—	—	1	2	1
醛类	1	6	6	7	8	6	8	7	6	9	7	11	11	9	10	7	11	11	8
酸类	—	—	—	1	—	—	1	—	1	—	—	—	—	—	—	—	—	—	—
烃类	—	—	1	2	2	2	4	1	3	5	2	2	5	—	2	5	2	6	4
酮类	—	1	1	1	3	1	2	2	3	2	1	1	2	1	1	2	2	1	2
萜烯类	18	17	25	38	33	35	57	29	42	41	44	39	53	43	45	39	46	43	38
萜烯类氧化物	—	—	—	—	—	—	—	—	—	—	—	1	—	—	—	—	1	—	—
酯类	1	—	3	1	2	2	3	—	1	1	2	2	1	2	2	3	2	2	4
总计	29	30	43	57	56	52	83	45	59	63	61	62	78	58	62	61	70	69	63

表 4-13 不同湿度条件下香椿挥发性成分随贮藏时间相对含量变化 单位:%

化合物分类	0d	RH30%						RH60%						RH90%					
		2d	4d	6d	8d	10d	12d	2d	4d	6d	8d	10d	12d	2d	4d	6d	8d	10d	12d
醇类	—	1. 18	0. 47	0. 26	0. 46	0. 47	0. 62	0. 13	—	—	0. 10	0. 31	0. 09	—	—	0. 11	0. 56	0. 32	0. 72
含硫类	57. 57	70. 93	50. 45	47. 62	49. 80	24. 15	3. 53	46. 68	18. 12	11. 48	7. 69	3. 83	2. 62	22. 51	23. 93	18. 13	4. 74	7. 22	3. 26
其他类	2. 01	0. 58	0. 15	0. 33	0. 69	0. 40	0. 61	0. 09	—	2. 92	0. 50	0. 09	0. 20	—	—	—	0. 09	0. 31	0. 11
醛类	6. 51	15. 74	8. 65	7. 49	10. 16	13. 86	4. 04	4. 68	16. 41	13. 12	9. 85	11. 62	5. 13	7. 99	8. 28	10. 37	10. 75	15. 29	13. 75
酸类	—	—	—	0. 17	—	—	0. 25	—	0. 79	—	—	—	—	—	—	—	—	—	—
烃类	—	—	0. 69	0. 46	0. 26	0. 35	0. 93	0. 16	0. 46	0. 64	0. 28	0. 39	1. 40	—	0. 34	0. 68	0. 40	0. 98	0. 88
酮类	—	0. 49	0. 39	0. 38	2. 37	0. 59	0. 44	0. 74	1. 70	0. 68	0. 49	0. 46	1. 16	0. 33	0. 39	1. 52	0. 59	0. 46	1. 08
萜烯类	33. 06	11. 08	38. 82	42. 45	35. 33	59. 81	88. 49	47. 51	62. 35	70. 95	80. 78	83. 09	89. 31	68. 97	66. 84	68. 76	82. 55	75. 24	78. 60
萜烯类氧化物	—	—	—	—	—	—	—	—	0. 09	—	0. 09	—	—	—	0. 11	0. 20	—	—	—
酯类	0. 86	—	0. 38	0. 83	0. 93	0. 36	1. 10	—	0. 18	0. 21	0. 31	0. 12	0. 09	0. 19	0. 23	0. 43	0. 21	0. 18	1. 60

由表 4-11 可以看出，新鲜香椿嫩芽中含有的萜烯类和含硫类种类和相对含量较多，其中萜烯类物质有 18 种，相对含量为 33.06%，含硫类物质有 6 种，相对含量为 57.57%。3 种湿度条件下贮藏 12d 后其萜烯类物质种类和含量均增加，30%相对湿度条件下香椿萜烯类物质最多，有 57 种，其相对含量为 88.49%；90%相对湿度条件下香椿萜烯类物质种类最少，有 38 种，其相对含量为 78.60%。3 种湿度条件下贮藏 12d 后其含硫类物质种类和含量均减少，60%相对湿度条件下香椿含硫类物质最少，仅有 2,5-二甲基噻吩，其相对含量为 2.62%；90%相对湿度条件下香椿含硫类物质种类最多，有 3 种，其相对含量也较多，为 3.26%，其中 3,4-二甲基噻吩和 2,5-二甲基噻吩相对含量最多，为 3.15%。另外，3 种湿度条件下贮藏 12d 后其醇类物质种类和含量均增加，种类分别为 4、1、4 种，相对含量为 0.62%、0.09%、0.72%。

含硫类物质赋予了香椿刺激性特征风味，而贮藏过程中含硫类物质减少可能是由于含硫类转化为另外其他几种香气成分，从而影响香椿整体的特征风味，使香椿产生品质劣变。而湿度条件对含硫类物质尤其 3,4-二甲基噻吩和 2,5-二甲基噻吩相对含量影响较大，综上可见，90%相对湿度条件能够较好地保留香椿特征香气，具有较好的贮藏效果。

四、小结

考察了 3 种不同相对湿度条件下（30%、60%、90%）香椿挥发性成分随贮藏时间的变化。结果表明，在 3 种湿度条件下香椿挥发性化合物种类均随贮藏时间的延长逐渐增加，含硫类化合物含量随贮藏时间的延长明显减少，萜烯类、酮类、醛类化合物的含量随贮藏时间的延长逐渐增加。3 种湿度条件下贮藏 12d 后，其萜烯类物质种类和含量均增加，且 30%相对湿度条件下香椿萜烯类物质最多；含硫类物质种类和含量均减少，90%相对湿度条件下香椿含硫类物质种类最多；醇类物质种类和含量均增加。湿度条件对含硫类物质尤其特征香气物质 3,4-二甲基噻吩和 2,5-二甲基噻吩相对含量影响较大，90%相对湿度条件能够较好地保留香椿特征香气，具有较好的贮藏效果。

第四节　气调组分因子对香椿特征香气物质的影响

气调保鲜是在能够维持果蔬采后正常生理活动前提下，有效抑制其呼吸作用和水分蒸发，延缓果蔬的生理代谢过程，延长保鲜期，是近几年来发展快、贮藏期长、保存品质最好的贮藏技术，同时在香椿保鲜方面也已取得了很好的效果。学者研究了香椿的自发气调对新鲜香椿芽的保鲜效果，发现不同材料的气调在一定程度上能防止香椿的水分散失，延长香椿的贮藏期。自发气调操作简单、成本低、容易推广，但是对气体成分的控制不精细，降氧速率慢。此外，由于果蔬呼吸强度、贮藏环境的温度均高，难以避免微生物的危害和乙烯等气体在库内积累。而人工气调降氧速率快，贮藏效果好，对不耐贮藏的果蔬更加显著。基于此，探讨不同气调组分环境对香椿嫩芽贮藏期间香气物质的影响，旨在为香椿嫩芽的采后贮藏保鲜及加工技术提供参考。

一、材料与设备

（一）材料与试剂

香椿嫩芽分别于 2019 年 7 月购买自陕西华阴，长度约 15cm，露地种植，红油香椿。

（二）仪器与设备

7890A-5975C 气相色谱-质谱联用仪、HP-5MS 毛细管色谱柱（30m×0.25mm×0.25μm）、顶空固相微萃取手持式手柄、50/30μm DVB/CAR/PDMS 萃取头、20mL 顶空瓶，美国安捷伦公司。

二、试验方法

（一）样品处理

随机挑选新鲜红油香椿嫩芽，直接装于保鲜袋内，放置于不同气调组分环境下贮藏 12d，设置条件为温度 5℃，相对湿度 60%，气调组分分别设置为气调 90%N_2+5%CO_2+5%O_2，90%N_2+8%CO_2+2%O_2，90%N_2+2%CO_2+8%O_2，每 3d 进行取样测定。

（二）顶空固相微萃取条件

取香椿嫩芽于液氮中打碎，称取 1.0g 于 20mL 带有硅胶垫的棕色顶空瓶中，密封后于 40℃水浴平衡 15min，插入萃取头在 40℃水浴条件下萃取 30min，萃取头离样品约 1cm，拔出萃取头立即插入气相色谱仪进样口中，解吸 5min，同时开始采集数据。

（三）气相色谱-质谱联用条件

GC 条件：HP-5MS 毛细管色谱柱（30m×0.25mm×0.25μm）；升温程序：起始温度 40℃，保持 3min，以 5℃/min 速率升温至 150℃，保持 2min，以 8℃/min 速率升温至 220℃，保持 5min；进样口温度 250℃；载气 He，流速 1.0mL/min；无分流比。

MS 条件：电子电离源；扫描方式全扫描；离子源温度 230℃；四极杆温度 150℃；辅助加热器温度 250℃；溶剂延迟 3min；质量扫描范围 m/z 40~800；检索图库：NIST 11. LIB。

三、结果与分析

（一）新鲜香椿嫩芽中挥发性成分

经标准谱库检索对新鲜香椿嫩芽挥发性成分进行鉴定，新鲜香椿嫩芽中含有萜烯类、醛类、烃类、酮类、含硫类和其他类挥发性成分，各类挥发性成分的种类和相对含量如表 4-14 所示，从测定结果可知，新鲜香椿嫩芽中挥发性成分共鉴定出 37 种，种类数量最多的是萜烯类（26 种），其次是含硫类（5 种）、醛类（3 种），酮类（1 种）、烃类（1 种）和其他类（1 种）数量较少。

（二）不同气调组分条件下贮藏末期香椿挥发性成分

通过对比不同气调组分条件下（90%N_2+5%CO_2+5%O_2，90%N_2+8%CO_2+2%O_2，90%N_2+2%CO_2+8%O_2）香椿嫩芽贮藏 12d 的挥发性成分，数量最多的依旧是萜烯类，共计 38 种，含硫类 8 种，醇类 1 种，其他类 2 种，醛类 6 种，烃类 3 种，酮类 1 种。

表 4-14　不同气调组分条件下香椿挥发性成分随贮藏时间的变化

化合物名称	0d	$90\%N_2+2\%CO_2+8\%O_2$				$90\%N_2+5\%CO_2+5\%O_2$				$90\%N_2+8\%CO_2+2\%O_2$			
		3d	6d	9d	12d	3d	6d	9d	12d	3d	6d	9d	12d
醇类	**—**	**—**	**—**	**—**	**—**	**—**	**—**	**—**	**—**	**—**	**—**	**—**	**0.38**
醋酸法呢醇	—	—	—	—	—	—	—	—	—	—	—	—	0.38
含硫类	**70.51**	**42.70**	**31.49**	**43.05**	**34.90**	**57.05**	**60.10**	**55.33**	**56.37**	**30.14**	**44.33**	**46.35**	**34.80**
1-(2-噻吩)-1-丁酮	—	—	—	4.05	—	—	—	—	—	—	—	—	—
1-丙烯基(2,4-二甲基噻吩-5-基)二硫醚	2.29	0.62	—	0.46	0.47	1.20	3.53	2.96	2.93	0.32	0.41	0.81	1.18
1-噻吩-2-基丙烷-1,2-二酮	—	—	—	—	—	—	—	—	—	3.96	—	—	
2,4-二甲基噻吩	0.27	24.68	—	—	—	22.03	2.22	36.04	6.88	—	—	5.87	12.57
2,5-二甲基噻吩	67.94	17.04	—	38.54	—	11.38	53.53	15.30	9.01	—	—	33.37	10.70
2-噻吩甲胺	—	—	—	—	—	—	—	—	0.10	—	—	—	—
2-正丁酰噻吩	—	—	1.65	—	—	—	—	—	—	—	—	—	—
3,4-二甲基噻吩	—	—	29.85	—	34.43	17.77	—	—	32.85	25.86	43.78	—	9.97
环八硫	—	0.19	—	—	—	0.57	0.81	0.74	0.68	—	0.14	—	0.25
硫代异丁酸烯丙酯	—	0.17	—	—	—	0.29	—	0.29	—	—	—	—	0.13
烯丙基二硫代丙酸酯	—	—	—	—	—	3.82	—	—	3.93	—	—	6.30	—
其他类	**0.25**	**2.73**	**1.03**	**0.90**	**1.25**	**0.09**	**2.47**	**0.10**	**0.69**	**0.76**	**0.56**	**—**	**—**
3,4-二甲基-6-乙基苯酚	—	1.43	—	—	—	—	—	—	—	—	—	—	—
[3*R*-(3α,5*a*α,9α,9*a*α)]-八氢-2,2,5*a*,9-四甲基-2*H*-3,9*a*-甲醇-1-氧杂环庚三烯	—	1.30	1.03	0.81	0.99	—	—	—	0.69	0.76	0.56	—	—

续表

化合物名称	0d	90%N_2+2%CO_2+8%O_2				90%N_2+5%CO_2+5%O_2				90%N_2+8%CO_2+2%O_2			
		3d	6d	9d	12d	3d	6d	9d	12d	3d	6d	9d	12d
2-甲基呋喃	—	—	—	0.09	—	—	—	—	—	—	—	—	—
3-甲基-4-异丙基苯酚	—	—	—	—	0.26	—	—	—	—	—	—	—	—
茴香脑	0.25	—	—	—	—	0.09	2.47	0.10	—	—	—	—	—
醛类	**1.87**	**11.50**	**32.28**	**23.34**	**22.67**	**10.40**	**0.94**	**10.40**	**7.76**	**16.90**	**28.37**	**8.59**	**8.21**
(*E*,*E*)-2,4-庚二烯醛	—	—	—	0.33	0.36	—	—	0.37	—	—	0.49	0.18	0.31
2,6,6-三甲基-1-环己烯基乙醛	—	—	—	—	—	—	—	—	—	—	0.09	—	—
2-甲基-3-甲烯基-环戊基甲醛	—	—	0.33	—	—	—	—	—	—	—	—	—	—
β-环柠檬醛	—	1.04	1.10	1.13	0.96	2.59	—	2.86	1.57	0.71	1.30	1.13	0.93
苯甲醛	0.73	0.60	1.34	0.78	0.77	0.72	—	1.04	1.17	0.39	1.10	0.38	0.33
苯乙醛	—	—	0.53	0.47	0.52	—	—	0.27	—	—	—	—	—
(*E*)-2-己烯醛	0.87	9.86	23.70	20.32	20.05	7.09	0.94	5.45	5.02	12.96	20.94	6.57	6.44
癸醛	—	—	0.18	0.31	—	—	—	0.42	—	0.22	0.20	0.33	0.19
壬醛	0.28	—	—	—	—	—	—	—	—	—	—	—	—
正己醛	—	—	5.09	—	—	—	—	—	—	2.63	4.24	—	—
烃类	**0.50**	**—**	**0.26**	**—**	**—**	**—**	**—**	**0.33**	**—**	**—**	**—**	**0.14**	**0.55**
(-)-1,7-二甲基-7-(4-甲基-3-戊烯基)-三环[2.2.1.0(2,6)]庚烷	—	—	—	—	—	—	—	—	—	—	—	0.14	—

1,2,3,4,5,6,7,8-八氢-1-甲基菲	—	—	—	—	—	—	—	—	—	—	—	—	0.06
2-甲基-1-亚甲基-3-(1-甲基乙烯基)-环戊烷	—	—	—	—	—	—	—	—	—	—	—	—	0.26
P-伞花烃	—	—	0.26	—	—	—	—	—	—	—	—	—	—
萘	0.50	—	—	—	—	—	—	0.33	—	—	—	—	—
十三烷	—	—	—	—	—	—	—	—	—	—	—	—	0.23
酮类	**1.21**	**0.22**	**1.23**	**1.47**	**0.45**	**1.80**	**1.68**	**1.74**	**—**	**0.51**	**1.54**	**0.34**	**0.65**
3-丁烯-2-酮,4-(2,6,6-三甲基-1-环己烯-1-基)-,(*e*)-	—	—	0.93	1.05	—	1.46	1.68	—	—	—	1.10	—	—
4-(2,6,6-三甲基-2-环己烯-1-基)-3-丁烯-2-酮	—	—	0.31	—	—	—	—	—	—	—	0.44	—	—
6-甲基-5-庚烯-2-酮	—	0.22	—	0.42	0.45	0.34	—	—	—	0.51	—	0.34	0.65
β-紫罗兰酮	1.21	—	—	—	—	—	—	1.74	—	—	—	—	—
萜烯类	**25.66**	**42.85**	**33.70**	**31.24**	**40.73**	**30.66**	**34.82**	**32.10**	**35.17**	**51.36**	**25.20**	**44.59**	**55.42**
(1α,4$a\beta$,8$a\alpha$)-1,2,3,4,4a,5,6,8a-八氢-7-甲基-4-亚甲基-1-(1-甲基乙基)-萘	—	—	—	—	—	—	—	—	—	0.87	—	—	—
β-波旁烯	—	0.36	0.31	0.31	0.37	0.27	—	—	0.39	0.29	—	0.25	0.35
八氢-1,4,9,9-四甲基-1*H*-3a,7-亚甲基薁	—	—	—	—	—	—	—	—	—	0.05	—	—	—

续表

化合物名称	0d	$90\%N_2+2\%CO_2+8\%O_2$				$90\%N_2+5\%CO_2+5\%O_2$				$90\%N_2+8\%CO_2+2\%O_2$			
		3d	6d	9d	12d	3d	6d	9d	12d	3d	6d	9d	12d
γ-松油烯	0. 27	0. 17	—	—	—	—	0. 16	—	—	0. 16	—	0. 17	0. 14
苯乙烯	0. 66	—	—	—	—	—	0. 42	1. 48	—	—	—	—	—
(-)-α-杜松烯	—	—	—	—	—	—	—	—	—	—	0. 56	—	—
(-)-γ-杜松烯	—	—	—	—	—	—	—	0. 39	—	—	—	—	—
(-)-异丁香烯	—	14. 44	13. 57	10. 99	13. 00	0. 16	—	—	9. 30	13. 38	—	10. 99	11. 40
(-)-异香橙烯-(V)	—	—	0. 35	—	—	—	—	—	—	—	—	—	—
(+)-α-柏木萜烯	0. 44	—	—	—	—	—	—	—	—	—	—	—	—
(+)-β-雪松烯	—	—	0. 55	—	—	—	—	—	—	—	—	—	—
(+)-环苜蓿烯	—	0. 20	0. 24	0. 19	0. 23	0. 25	—	0. 31	0. 17	0. 23	0. 13	0. 17	0. 21
(+)-柠檬烯	1. 56	0. 40	0. 41	0. 26	0. 37	0. 30	0. 95	1. 59	0. 35	0. 40	0. 40	0. 39	0. 51
(+)-香橙烯	0. 22	—	—	—	—	—	1. 80	0. 95	—	—	—	—	—
(1*R*,4*aS*,8*aS*)-7-甲基-4-亚甲基-1-丙-2-基-2,3,4*a*,5,6,8*a*-六氢-1*H*-萘	—	—	—	—	—	—	1. 29	—	—	—	—	—	—
(1*S*-*cis*)-1,2,3,4-四氢呋喃-1,6-二甲基-4-(1-甲基乙基)-萘	—	—	0. 40	0. 31	—	—	—	—	—	—	—	0. 53	—
(4*aR*,8*aS*)-7-异亚丙基-4*A*-甲基-1-亚甲基十氢萘	0. 44	—	—	—	—	—	—	—	—	—	—	—	—
(*E*,*Z*)-α-法呢烯	—	—	0. 11	—	0. 11	—	—	—	—	—	—	—	—

(*S*)-1-甲基-4-(5-甲基-1-亚甲基-4-己烯基)环己烯	0.44	0.82	—	—	—	—	0.65	—	0.77	1.13	—	0.74	0.95
[1*S*-(1α,4α,7α)]-1,2,3,4,5,6,7,8-八氢-1,4,9,9-四甲基-4,7-甲桥薁	—	—	—	—	—	—	—	—	—	—	—	—	0.41
[1*a*-(1*aπ*4*aπ*7*π*7*aπ*7*bπ*)]-十氢-1,1,7-三甲基-4-亚甲基-1*H*环丙烷[*E*]偶氮烯	0.82	—	1.23	—	—	0.16	0.54	0.20	—	—	—	—	1.07
1,2,3,4,4*a*,7-六氢-1,6-二甲基-4-(1-甲基乙基)-萘	—	0.08	—	—	—	0.15	—	0.18	—	0.13	—	0.10	0.17
1,2,4*a*,5,6,8*a*-六氢-4,7-二甲基-1-(1-甲基乙基)-萘	—	—	0.39	—	—	—	—	—	—	—	—	—	—
1,3,5,7-环辛四烯	0.92	—	—	—	—	—	0.48	—	—	—	—	—	—
[1*as*-(1*aπ*3*aπ*7*aπ*7*bπ*]-十氢-1,1,3*a*-三甲基-7-亚甲基-1*H*环丙烷[*a*]萘	—	—	—	—	—	—	0.76	—	—	—	—	—	—
2,5-二甲基-3-亚甲基-1,5-庚二烯	—	—	0.23	—	—	—	—	—	—	—	—	—	—
2,6-二甲基-6-(4-甲基-3-戊烯基)双环[3.1.1]庚-2-烯	—	1.09	0.65	1.28	1.29	1.35	—	—	0.83	2.16	0.85	1.61	2.52

续表

化合物名称	0d	$90\%N_2+2\%CO_2+8\%O_2$				$90\%N_2+5\%CO_2+5\%O_2$				$90\%N_2+8\%CO_2+2\%O_2$			
		3d	6d	9d	12d	3d	6d	9d	12d	3d	6d	9d	12d
2-蒎烯	—	0. 31	0. 10	—	0. 26	—	—	—	0. 51	0. 45	5. 23	0. 36	0. 33
2-异丙基-5-甲基-9-亚甲基二环[4. 4. 0]癸-1-烯	—	—	0. 64	0. 62	—	—	—	—	—	—	0. 45	0. 90	—
(*Z*,*E*)-3,7-11-三甲基,-1,3,6-10-十二碳四烯	—	—	—	—	0. 33	—	—	—	—	—	—	—	0. 35
3-甲基-6-(1-甲基乙亚基)环己烯	—	—	—	—	—	—	—	—	—	0. 23	—	0. 12	—
3-乙基-环己烯	—	0. 18	0. 39	—	—	—	—	—	—	—	—	—	—
4-乙基环己烯	—	—	—	—	—	—	—	—	—	0. 35	—	—	—
6-乙烯基-6-甲基-1-(1-甲基乙基)-3-(1-甲基亚乙基)-(*S*)-环己烯	—	0. 89	—	—	0. 86	0. 25	—	—	1. 01	0. 20	—	0. 17	0. 24
9,10-脱氢异长叶烯	0. 28	1. 39	0. 81	1. 15	1. 72	0. 60	0. 36	0. 83	0. 90	1. 92	0. 41	1. 56	2. 63
α-葎草烯	2. 44	4. 47	2. 28	3. 49	3. 97	2. 85	3. 10	3. 16	3. 14	5. 76	2. 29	4. 70	5. 90
A-柏树烯	—	0. 35	0. 35	0. 43	0. 50	1. 05	2. 77	0. 40	0. 46	0. 43	0. 27	0. 42	0. 81
β-波旁烯	—	—	—	—	—	—	—	0. 33	—	—	—	—	—
cis-*β*-法呢烯	—	—	—	—	—	—	—	—	—	—	0. 11	—	—
δ-杜松烯	0. 40	0. 47	—	—	0. 47	0. 51	0. 32	0. 63	0. 55	0. 75	0. 31	—	0. 78
A-二去氢菖蒲烯	—	0. 07	—	—	0. 09	—	—	0. 11	0. 10	0. 11	—	0. 11	0. 19
α-衣兰烯	0. 79	0. 25	0. 32	0. 30	0. 37	1. 09	1. 69	—	0. 28	—	0. 20	0. 25	0. 35

α-愈创木烯	0.18	0.47	0.35	0.47	0.44	0.26	0.65	0.33	0.41	0.47	0.22	0.45	0.50
β-姜黄烯	0.32	0.44	0.17	0.43	0.59	0.50	0.49	0.49	0.52	0.67	0.30	0.65	0.82
β-榄香烯	0.46	0.24	—	—	—	0.35	—	0.43	0.47	0.24	—	0.25	0.29
β-蛇床烯	1.58	0.78	0.65	0.58	0.68	0.66	1.04	0.68	0.85	0.81	0.38	0.85	1.04
β-依兰烯	—	—	—	—	—	—	—	—	0.21	—	—	—	—
γ-松油烯	—	—	—	—	—	—	—	0.26	—	—	—	—	—
π-法呢烯	—	0.17	—	—	—	—	—	—	—	—	—	—	—
β-罗勒烯	—	—	—	—	—	—	—	—	—	0.47	—	—	—
桉双烯酮	0.27	—	—	—	—	—	—	—	—	—	—	—	0.08
大根香叶烯-D	—	0.18	—	—	—	—	—	—	—	—	—	—	—
(*E*)-石竹烯	7.09	3.46	0.61	1.94	3.13	3.73	6.86	4.86	2.59	7.53	1.97	7.46	10.34
芳姜黄烯	0.53	1.08	0.84	1.20	1.34	1.12	1.07	1.10	1.44	1.23	0.76	1.25	1.42
古巴烯	1.43	2.68	3.04	1.79	3.09	2.99	3.14	3.69	3.82	3.81	1.43	2.60	3.44
莰烯	—	—	—	—	—	—	—	0.23	—	—	—	—	—
榄香烯	—	—	—	—	0.32	—	—	—	—	—	—	—	—
[1*s*-(1*π*4*π*5*π*)]-1,8-二甲基-4-(1-甲基乙烯基)-螺环[4.5]癸-7-烯	—	—	—	—	0.95	—	—	—	—	—	—	—	—
马兜铃烯	—	—	—	0.93	—	—	—	—	—	—	—	—	1.03

续表

化合物名称	0d	90%N_2+2%CO_2+8%O_2				90%N_2+5%CO_2+5%O_2				90%N_2+8%CO_2+2%O_2			
		3d	6d	9d	12d	3d	6d	9d	12d	3d	6d	9d	12d
(1α,4aβ,8aα)-1,2,4a,5,8,8a-六氢-4,7-二甲基-1-(1-甲基乙基)-萘	0.17	—	—	—	—	—	—	—	—	—	—	—	—
蒎烯	0.86	—	—	3.58	5.76	0.36	1.35	1.98	5.83	—	—	6.29	—
石竹烯	3.10	—	—	—	—	6.88	4.95	6.85	—	—	8.00	—	—
石竹烯-(I1)	—	0.33	0.40	0.31	0.29	—	—	—	0.21	—	—	0.28	—
双环大牻牛儿烯	—	—	—	0.68	—	—	—	0.35	—	—	0.55	0.92	—
(*Z*)-π 没药烯	—	—	—	—	—	—	—	—	—	—	—	—	0.18
脱氢香橙烯	—	—	—	—	—	0.56	—	—	—	—	0.40	—	—
雪松烯	—	—	—	—	—	—	—	—	—	0.21	—	—	—
依兰烯	—	—	—	—	—	—	—	0.27	—	0.27	—	—	—
愈创蓝油烃	—	—	—	—	—	—	—	—	0.06	—	—	0.05	0.05
月桂烯	—	—	—	—	0.19	—	—	—	—	0.21	—	—	0.32
左旋-α-蒎烯	—	7.11	4.31	—	—	4.26	—	—	—	6.43	—	—	6.62
酯类	**—**	**—**	**—**	**—**	**—**	**—**	**—**	**—**	**—**	**0.32**	**—**	**—**	**—**
3,7,11-三甲基-1,6,10-十二烷三烯-3-醇乙酸酯	—	—	—	—	—	—	—	—	—	0.32	—	—	—

注:D:二聚体。

由表4-15和表4-16可以看出，新鲜香椿嫩芽中含有的萜烯类和含硫类种类和相对含量较多，其中萜烯类物质有26种，相对含量为25.66%；含硫类物质有5种，相对含量为70.51%。3种气调组分条件下贮藏12d后其萜烯类物质种类和含量均增加，90%N_2+8%CO_2+2%O_2气调组分条件下香椿萜烯类物质最多，有34种，其相对含量为55.42%；90%N_2+5%CO_2+5%O_2气调组分条件下香椿萜烯类物质种类最少，有26种，其相对含量为35.17%。3种气调组分条件下贮藏12d后其含硫类物质相对含量均减少，90%N_2+8%CO_2+2%O_2气调组分条件下香椿含硫类物质最少，为34.80%；90%N_2+5%CO_2+5%O_2气调组分条件下香椿含硫类物质含量最多，为56.37%，且该气调组分条件下含硫类挥发性物质3,4-二甲基噻吩和2,5-二甲基噻吩相对含量最多，为41.86%。另外，3种气调组分条件下贮藏12d后其醛类物质种类和含量均明显增加，均为6种，相对含量为22.67%、7.76%、8.21%。

表4-15　不同气调组分条件下香椿挥发性成分随贮藏时间相对含量变化　单位:%

化合物分类	0d	90%N_2+2%CO_2+8%O_2				90%N_2+5%CO_2+5%O_2				90%N_2+8%CO_2+2%O_2			
		3d	6d	9d	12d	3d	6d	9d	12d	3d	6d	9d	12d
醇类	—	—	—	—	—	—	—	—	—	—	—	—	0.38
含硫类	70.51	42.70	31.49	43.05	34.90	57.05	60.10	55.33	56.37	30.14	44.33	46.35	34.80
其他类	0.25	2.73	1.03	0.90	1.25	0.09	2.47	0.10	0.69	0.76	0.56	—	—
醛类	1.87	11.50	32.28	23.34	22.67	10.40	0.94	10.40	7.76	16.90	28.37	8.59	8.21
烃类	0.50	—	0.26	—	—	—	—	0.33	—	—	—	0.14	0.55
酮类	1.21	0.22	1.23	1.47	0.45	1.80	1.68	1.74	—	0.51	1.54	0.34	0.65
萜烯类	25.66	42.85	33.70	31.24	40.73	30.66	34.82	32.10	35.17	51.36	25.20	44.59	55.42
酯类	—	—	—	—	—	—	—	—	—	0.32	—	—	—

表4-16　不同气调组分条件下香椿挥发性成分随贮藏时间数量变化

化合物分类	0d	90%N_2+2%CO_2+8%O_2				90%N_2+5%CO_2+5%O_2				90%N_2+8%CO_2+2%O_2			
		3d	6d	9d	12d	3d	6d	9d	12d	3d	6d	9d	12d
醇类	—	—	—	—	—	—	—	—	—	—	—	—	1
含硫类	5	6	2	3	2	10	8	9	10	3	3	6	8
其他类	1	2	1	2	2	1	1	1	1	1	1	—	—
醛类	3	4	10	7	6	4	2	7	6	7	8	7	6
烃类	1	—	1	—	—	—	—	1	—	—	—	1	3
酮类	1	1	2	2	1	2	1	1	—	1	2	1	1

续表

化合物分类	0d	$90\%N_2+2\%CO_2+8\%O_2$				$90\%N_2+5\%CO_2+5\%O_2$				$90\%N_2+8\%CO_2+2\%O_2$			
		3d	6d	9d	12d	3d	6d	9d	12d	3d	6d	9d	12d
萜烯类	26	29	27	23	27	26	24	26	26	33	22	29	34
酯类	—	—	—	—	—	—	—	—	—	1	—	—	—
总计	37	42	43	37	38	43	36	45	43	46	36	44	53

综上可见，3 种气调组分条件下香椿贮藏过程中含硫类物质均减少，影响了香椿整体的特征风味，使香椿产生品质劣变。而气调组分条件对含硫类物质尤其是 3,4-二甲基噻吩和 2,5-二甲基噻吩相对含量影响较大，因此 $90\%N_2+5\%CO_2+5\%O_2$ 气调组分条件能够较好地保留香椿特征香气。

四、小结

新鲜香椿嫩芽中含有的萜烯类和含硫类种类和相对含量较多，在 3 种气调组分条件下（$90\%N_2+5\%CO_2+5\%O_2$，$90\%N_2+8\%CO_2+2\%O_2$，$90\%N_2+2\%CO_2+8\%O_2$）贮藏 12d 后其萜烯类物质种类和含量均增加，且 $90\%N_2+8\%CO_2+2\%O_2$ 气调组分条件下香椿萜烯类物质最多，有 34 种，其相对含量为 55.42%。贮藏 12d 后醛类物质种类和含量均明显增加。然而贮藏 12d 后含硫类物质相对含量均减少，在 $90\%N_2+5\%CO_2+5\%O_2$ 气调组分条件下香椿含硫类物质含量最多，为 56.37%，且该气调组分条件下含硫类挥发性物质 3,4-二甲基噻吩和 2,5-二甲基噻吩相对含量最多，为 41.86%。气调组分条件对含硫类物质尤其 3,4-二甲基噻吩和 2,5-二甲基噻吩相对含量影响较大，因此 $90\%N_2+5\%CO_2+5\%O_2$ 气调组分条件能够较好地保留香椿特征香气，具有较好的贮藏效果。

参考文献

[1] Guo L, Ma Y, Sun D W, et al. Effects of controlled freezing-point storage at 0℃ on quality of green bean as compared with cold and room-temperature storages [J]. Journal of Food Engineering, 2008, 86(1): 25-29.

[2] 郭嘉明，吕恩利，陆华忠，等. 保鲜运输车果蔬堆码方式对温度场影响的数值模拟[J]. 农业工程学报，2012，28(13)：231-236.

[3] 郭建华. 绿茶贮藏过程中挥发性物质变化规律的研究[D]. 杭州：浙江大学，2011.

[4]李聚英,王军,戴蕴青,等. 香椿特征香气组成及其在贮藏中变化的研究[J]. 北京林业大学学报,2011,33(3):127-131.
[5]林本芳,鲁晓翔,李江阔,等. 冰温结合纳他霉素贮藏对西蓝花品质及生理的影响[J]. 食品科学,2013,34(16):301-305.
[6]罗云波,生吉萍. 园艺产品贮藏加工学(贮藏篇)[M]. 北京:中国农业大学出版社,2010.
[7]宋秀香,鲁晓翔,陈绍慧,等. 冰温贮藏对绿芦笋品质及酶活性的影响[J]. 食品工业科技,2013,34(11):325-329.
[8]阎瑞香,陈存坤,关文强,等. 自发气调包装对香菇贮藏中挥发性成分的影响[J]. 中国食用菌,2010,29(6):49-51.
[9]于军香,郑亚琴,房克艳. 壳聚糖涂膜结合冰温贮藏对蓝莓活性成分及抗氧化活性的影响[J]. 食品科学,2015,36(14):271-275.

第五章　香椿特征香气物质在热加工过程中的变化规律

第一节 热加工方式对香椿挥发性风味物质的影响

中华民族烹饪历史源远流长，蒸、煮、炸、烤、煎等花样繁多，特色各异。通过不同的烹饪方法，食物中的部分成分会发生一些不同的化学反应，这种化学反应能够分解食物中的营养成分，使其更加利于人们的吸收与消化。一些不正确的烹饪方式反而会将食物中原有的营养成分破坏掉，形成一些可能对人体会产生危害的成分。因为制作的方法不同，其中所消耗的营养素也有所不同。但对食物材料使用不适合的加工与烹饪方法，极易造成食物中大量营养成分的流失。风味成分是选择一种食品加工方法的主要考虑因素，不同的加工方法会对产品的风味产生不同的影响，甚至会产生一些新的特征风味。香气组分复杂、种类繁多，包括萜烯类、醛类、醇类、酮类、酯类和含硫类等。不同的香气组分类型其理化属性不尽相同，且在热加工过程中稳定性差而容易挥发，丧失特征香气，商品价值大打折扣。因此，如果香椿要得到更广泛的使用，找到最好的加工方式来减少加工过程中风味损失，并以最好的方式加工出消费者能够接受的食品是至关重要的。本节研究的目的是系统研究中国传统饮食中的蒸、煮、炸、烤等热加工方式下香椿的挥发性物质的影响，分析不同热加工香椿风味。

一、材料与设备

（一）材料与试剂

香椿，品种为红油香椿，2020 年 4 月 3 日在河南省农业科学院现代农业研究开发基地香椿园采摘，选取新鲜、健壮、成熟度相对一致、无病虫害和机械损伤的香椿嫩芽。

（二）仪器与设备

ME204E 型电子天平梅特勒-托利多仪器（上海）有限公司；KX-30J01 电烤箱，杭州九阳生活电器有限公司；C22-IM06 电磁炉，浙江苏泊尔股份有限公司；Flavour Spec 气相离子迁移谱联用仪（配有分析软件包括 LAV 和三款插件以及 GC×IMS Library Search），德国 G. A. S 公司。

二、试验方法

（一）原料和样品制备

香椿被分为五组，第一组，新鲜香椿没经过烹饪处理，用液氮冷冻新鲜的香椿芽，用磨粉机粉碎。然后装在食品级聚乙烯塑料储存袋中，在-20 °C 下保存直到分析。

在参阅相关方法的基础上，结合传统家庭中式烹饪方法，经过多次预试验，确定了最终的烹饪工艺条件，4 个热处理组分别按如下工艺进行。第二组，漂烫香椿，在沸水（100℃）中漂烫 30s；第三组，蒸香椿，在蒸锅中隔水蒸 1.5min；第四组，烤香椿，在烤箱中，160℃下烤 3min；第五组，炸香椿，电磁炉控制油温 180℃下炸 8s。四个处理组冷却至室温，均按照新鲜组所述粉碎和储存。

（二）气相色谱-离子迁移谱分析

顶空进样条件：孵育温度 40℃；孵育时间 10.0min；孵育转速 250r/min；顶空进样针温度 80℃；进样体积 200μL，不分流模式；载气：高纯氮气（纯度≥99.999%）；清洗时间 0.5min。

GC 条件：色谱柱为 MXT-5 柱（15m×0.53mm×0.53μm）；色谱柱温度 60℃；载气：高纯氮气（纯度≥99.999%）；载气流速程序：初始 2.0mL/min，保持 2min，在 2~10min 线性增至 5.0mL/min，在 10~20min 线性增至 50.0mL/min，在 20~30min 线性增至 100.0mL/min。

IMS 条件：离子源为氚源（6.5keV）；正离子模式；漂移管长度 9.8cm；管内线性电压 500V/cm；漂移管温度 45℃；漂移气为高纯氮气（纯度≥99.999%）；漂移气流速 150mL/min。

样品测定：准确称取 0.5g 香椿样品，装入 20mL 专用顶空进样瓶中，40℃孵化 10min，通过顶空进样用 Flavour Spec 食品风味分析仪进行测定。

数据处理：每个挥发物的保留指数（*RI*）是使用正酮 C4~C9 作为外部参考计算的。采用设备自带的 LAV（Laboratory Analytical Viewer）分析软件中 Reporter 和 Gallery 插件程序构建挥发性有机物的指纹图谱；Dynamic PCA Plug-Ins 插件程序进行 PCA 处理，采用 LAV 软件中插件 Matching Matrix 进行相似度分析。采用 GC-IMS Library Search 软件内置的 2014NIST 数据库和 IMS 数据库对特征风味物质进行定性分析。

（三）电子鼻分析

分别称取0.5g香椿样品于50mL离心管中，用保鲜膜封口，静置10min后，用电子鼻探头吸取离心管顶端空气分析测定其挥发性物质。电子鼻的设置参数为测试时间80s，清洗时间180s，内部流量300mL/min，进样流量300mL/min，获得响应值后，利用电子鼻自带的WinMuster软件对第68~71秒内数据进行主成分分析。

PEN3电子鼻系统中设置了10个金属传感器，不同的金属传感器对不同挥发性风味有特殊的识别效应，如表5-1所示。

表5-1 电子鼻传感器名称与其响应物质

传感器名称	性能描述
W1C	芳香成分，苯类
W5S	对氮氧化合物如吡嗪、呋喃酮等敏感
W3C	芳香成分灵敏，氨类
W6S	主要对氢化物有选择性
W5C	短链烷烃芳香成分
W1S	对甲基类灵敏
W1W	对硫化物灵敏
W2S	对醇类、醛酮类灵敏
W2W	芳香成分，对有机硫化物灵敏
W3S	对长链烷烃灵敏

三、结果与分析

（一）GC-IMS鉴定香椿的挥发性化合物

GC-IMS的二维成像由迁移时间、保留时间和离子信号强度组成。图5-1（见书后插页）为不同热处理的香椿样品挥发性物质的GC-IMS图谱，纵坐标表示GC分离时挥发性化合物的保留时间，横坐标代表离子迁移时间，横坐标1.0处红色竖线为RIP峰（反应离子峰，经归一化处理），RIP峰右侧的每一个点代表一种挥发性化合物，颜色表示单个化合物的信号强度。红色代表强度高，蓝色代表强度低。色暗增加表示强度增加。结果表明，大多数信号出现在100~1000s的保持时间和1.0~1.7s的迁移时间。以鲜香椿地形图为参照，蒸煮处理的样品风味图谱和其较为相似，风味物质浓度相差不大；而油炸处理化合物明显较少与其差别较大。

在香椿样品中共检测到 78 个峰，通过软件内置的 NIST 2014 和 IMS 数据库鉴定了 44 个化合物，包括 12 个醛类、10 个醇类、6 个酮类、2 个含硫类、2 个酸、3 个萜烯类、6 个酯类和其他 3 个主要是吡嗪。由于一些单独的化合物以不同的浓度存在，它们产生了几个信号或斑点，这些信号或斑点被发现代表了相应的二聚体的形成 [图 5-2（见书后插页）和表 5-2]。

表 5-2　GC-IMS 鉴定香椿中的挥发性成分

序号	化合物名称	CAS 号	分子式	相对分子质量	保留指数	保留时间/s	迁移时间/ms
1	2-丁酮	78-93-3	C_4H_8O	72.1	599.9	137.55	1.249
2	丁醛	123-72-8	C_4H_8O	72.1	595.5	13.566	1.285
3	1-丁醇	71-36-3	$C_4H_{10}O$	74.1	657.4	166.11	1.175
4	3-戊酮	96-22-0	$C_5H_{10}O$	86.1	688.0	18.816	1.348
5	戊醛-M	110-62-3	$C_5H_{10}O$	86.1	680.5	18.207	1.182
6	戊醛-D	110-62-3	$C_5H_{10}O$	86.1	696.7	195.93	1.428
7	乙酸丙酯	109-60-4	$C_5H_{10}O_2$	102.1	718.3	21.819	1.168
8	(*E*)-2-戊烯醛-M	1576-87-0	C_5H_8O	84.1	747.6	254.73	1.105
9	(*E*)-2-戊烯醛-D	1576-87-0	C_5H_8O	84.1	746.8	253.68	1.361
10	3-羟基-2-丁酮-M	513-86-0	$C_4H_8O_2$	88.1	743.9	24.969	1.064
11	3-羟基-2-丁酮-D	513-86-0	C_4H8O_2	88.1	745.1	251.37	1.329
12	异戊酸甲酯	556-24-1	$C_6H_{12}O_2$	116.2	762.9	276.15	1.2
13	正戊醇-M	71-41-0	$C_5H_{12}O$	88.1	768.6	284.55	1.256
14	正戊醇-D	71-41-0	$C_5H_{12}O$	88.1	767.5	282.87	1.511
15	2-己酮	591-78-6	$C_6H_{12}O$	100.2	784.2	30.807	1.505
16	2-己醇	626-93-7	$C_6H_{14}O$	102.2	784.9	309.12	1.568
17	己醛	66-25-1	$C_6H_{12}O$	100.2	790.8	318.36	1.26
18	丁酸	107-92-6	$C_4H_8O_2$	88.1	819.4	364.56	1.164
19	3-甲基丁酸	503-74-2	$C_5H_{10}O_2$	102.1	853.2	423.15	1.486
20	2-甲基吡嗪	109-08-0	$C_5H_6N_2$	94.1	857.4	430.71	1.075
21	(*E*)-2-己烯醛	6728-26-3	$C_6H_{10}O$	0.0	861.7	43.869	1.181
22	丁酸丙酯	105-66-8	$C_7H_{14}O_2$	130.2	868.4	451.08	1.268
23	环己酮	108-94-1	$C_6H_{10}O$	98.1	892.0	496.65	1.151
24	庚醛-M	111-71-7	$C_7H_{14}O$	114.2	894.2	501.06	1.33

续表

序号	化合物名称	CAS 号	分子式	相对分子质量	保留指数	保留时间/s	迁移时间/ms
25	庚醛-D	111-71-7	$C_7H_{14}O$	114.2	894.3	501.27	1.699
26	α-蒎烯-M	80-56-8	$C_{10}H_{16}$	136.2	932.9	581.7	1.219
27	α-蒎烯-D	80-56-8	$C_{10}H_{16}$	136.2	932.7	58.128	1.298
28	苯甲醛	100-52-7	C_7H_6O	106.1	966.3	654.36	1.151
29	(*E*)-2-庚醛	18829-55-5	$C_7H_{12}O$	112.2	964.6	65.058	1.257
30	5-甲基糠醛	620-02-0	$C_6H_6O_2$	110.1	966.0	653.73	1.474
31	菲兰烯	99-83-2	$C_{10}H_{16}$	136.2	975.6	67.452	1.223
32	2-乙基-5-甲基吡嗪	13360-64-0	$C_7H_{10}N_2$	122.2	1000.4	727.23	1.201
33	(*Z*)-3-乙酸己烯酯	3681-71-8	$C_8H_{14}O_2$	142.2	1007.3	74.151	1.298
34	芳樟醇	78-70-6	$C_{10}H_{18}O$	154.3	1119.6	957.18	1.216
35	2-苯乙醇	60-12-8	$C_8H_{10}O$	122.2	1117.8	95.382	1.647
36	苯乙烯	100-42-5	C_8H_8	104.2	894.2	500.955	1.429
37	二甲基三硫化物	3658-80-8	$C_2H_6S_3$	126.3	962.0	644.91	1.295
38	3-甲基-1-戊醇	589-35-5	$C_6H_{14}O$	102.2	852.4	42.178	1.309
39	2-戊酮	107-87-9	$C_5H_{10}O$	86.1	666.5	17.199	1.371
40	辛醛	124-13-0	$C_8H_{16}O$	128.2	1002.9	732.48	1.405
41	水杨酸甲酯	119-36-8	$C_8H_8O_3$	152.1	1172.4	1056.09	1.202
42	糠醇	98-00-0	$C_5H_6O_2$	98.1	844.3	40.729	1.123
43	丙酸乙酯	105-37-3	$C_5H_{10}O_2$	102.1	707.7	206.64	1.157
44	1,4-二噁烷	123-91-1	$C_4H_8O_2$	88.1	720.2	22.039	1.123
45	2-甲基丁醇	137-32-6	$C_5H_{12}O$	88.1	731.9	23.436	1.234
46	(*E*,*E*)-24-七烯醛	4313-3-5	$C_7H_{10}O$	110.2	1013.4	75.390	1.193
47	2-甲基丁醛-M	96-17-3	$C_5H_{10}O$	86.1	669.7	174.09	1.16
48	2-甲基丁醛-D	96-17-3	$C_5H_{10}O$	86.1	669.4	17.388	1.407
49	甲基-3-丁-3-烯-1-醇	763-32-6	$C_5H_{10}O$	86.1	717.9	217.665	1.286
50	2,3-丁二醇	513-85-9	$C_4H_{10}O_2$	90.1	791.7	31.972	1.36
51	5-甲基-2-噻吩甲醛	13679-70-4	C_6H_6OS	126.2	1117.6	95.340	1.187

注：M：单体；D：二聚体。

许多挥发性化合物在 GC-IMS 中根据其浓度产生不同的产物离子，如单体和二聚体，这些化合物具有相似的保留时间，但迁移时间不同。

为了通过仪器分析检测香椿，指纹分析技术提供的所有信息都被用于定性表征，而不是基于每种挥发性化合物的鉴定为更直观且定量地比较不热处理香椿样品中的挥发性化合物差异，采用设备内置的 LAV 软件的 GalleryPlot 插件，自动生成指纹图谱（图 5-2，见书后插页）。图中每一行代表一个香椿样品中所含的挥发性化合物，同一列表示一种挥发性化合物的信号峰。较亮的斑点表示挥发性化合物的浓度较高。化合物的单体和二聚体由具有相同化合物名称的不同柱表示。部分风味物质未准确定性，以阿拉伯数字顺序编号。A 框为所有检测样品共有的挥发性有机化合物特征峰区域，共 21 种化合物，其中定性 14 种，主要为醇类和醛类化合物，包括 1-丁醇、正戊醇、2-己醇、2,3 丁二醇、芳樟醇，己醛、戊醛（单体、二聚体）、2-甲基丁醛以及 2-己酮、丁酸、α-蒎烯-D 等。这类化合物总体呈现脂香、果香、叶香、清香等。B 框为油炸组信号强度显著降低的物质，主要有 5-甲基-2-噻吩甲醛、辛醛、苯乙烯、菲兰烯。C 框为仅在鲜香椿样品中存在的物质，3-甲基丁酸、(*E*)-2-己烯醛、(*Z*)-3-乙酸己烯酯、(*E*)-2-戊烯醛-D、乙酸丙酯、甲基-3-丁-3-烯-1-醇，说明这些物质经热处理发生了分解或转化。D 框为仅在新鲜组和蒸煮组检测到的物质，主要为酮类、酯类、醛类，环己酮、丁酸丙酯、3-羟基-2-丁酮（M/D）、水杨酸甲酯、(*E*)-2-戊烯醛-M、3-戊酮、丁醛、5-甲基糠醛、庚醛-D、2-甲基丁醛。E 框为鲜样中没有，经过热处理后出现的物质 1,4-二噁烷、戊醛-M。

（二）基于主成分分析（PCA）的指纹相似度分析

主成分分析（PCA）的指纹相似度分析是一种多元统计分析技术。通过确定几个主成分因子来代表原始样本中许多复杂且难以找到的变量，然后根据主成分因子在不同样本中的贡献率来评价样本之间的规律性和差异性。通过设备内置的 LAV 软件的 Dynamic PCA 插件对不同处理的香椿样品进行主成分分析，得到了第 1、第 2、第 3 主成分的分布图，不同颜色的点代表不同处理组香椿的归类情况（图 5-3）。第 1、第 2、第 3 主成分的方差贡献率分别为 56%、16%和 15%，并对数据进行了可视化。前三个主成分的累计贡献率为 87%，表明前 3 个主成分综合了不同月份香椿样品挥发性成分的绝大部分原始变量信息，能够代表样品的主要特征信息。主成分分析结果清楚地表明，在一个相对独立的空间内，不同的香椿样品在分布图上可以很好地区分开来。根据 PC1 的分值可以很好地区分两组，鲜样和蒸煮组，烫漂、烤和油炸为一类。根据 PC1

的阳性分值可以很好地区分香椿鲜样和蒸煮处理样品，而根据 PC1 的负分可以很好地区分新鲜样品，结合 PC2 的分值可以区分不同地区不同部位的差异。从图 5-3 可以看出，不同处理组香椿样品之间的风味差别很大，且处理组均与未处理组相距较远，说明风味差别大，相对来说蒸煮处理组与鲜样距离最近。上述结果表明，利用 HS-GC-IMS 成功建立了不同处理的香椿特征挥发性成分指纹图谱。通过非靶标特征标记，HSGC-IMS 的数据包含了有用的信息，可以作为鉴别香椿样品的有用工具。

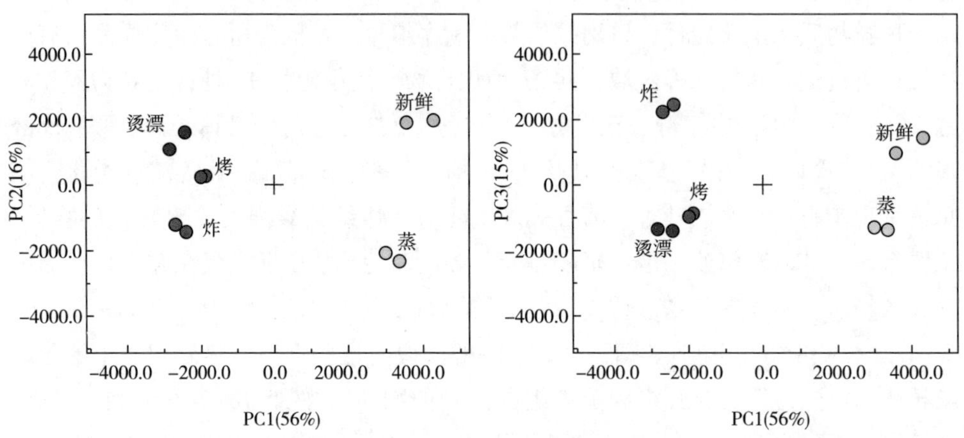

图 5-3 基于 GC-IMS 技术不同处理香椿样品的主成分分析图

（三）香椿挥发性化合物电子鼻分析

对电子鼻检测得到的传感器响应值建立指纹图谱（雷达图）如图 5-4（见书后插页）所示，由图可知，经过蒸处理后与新鲜香椿组相比，除了 W1W 响应值升高外，其他响应值无显著性差异。而经过烫、烤、炸处理组与新鲜香椿组相比 W2W、W1W 及 W5S 显著降低，即香椿散失的香椿气味主要体现在芳香化合物、有机硫化物降低。

从图 5-5 主成分分析图可以看出，PC1 贡献率达到 95. 30%，PC2 贡献率为 2. 88%，贡献率总和达到 98. 18%，所以这两个主成分可以代表样品挥发性风味的主要特征。比较椭圆的横纵坐标发现（表 5-3），新鲜香椿组和蒸处理组差异不显著（差异值 0. 27），烫和炸处理差异不显著（差异值 0. 323）。经过烤处理的香椿样品与其他 4 组相距较远，气味差异显著（差异值均大于 0. 8）。

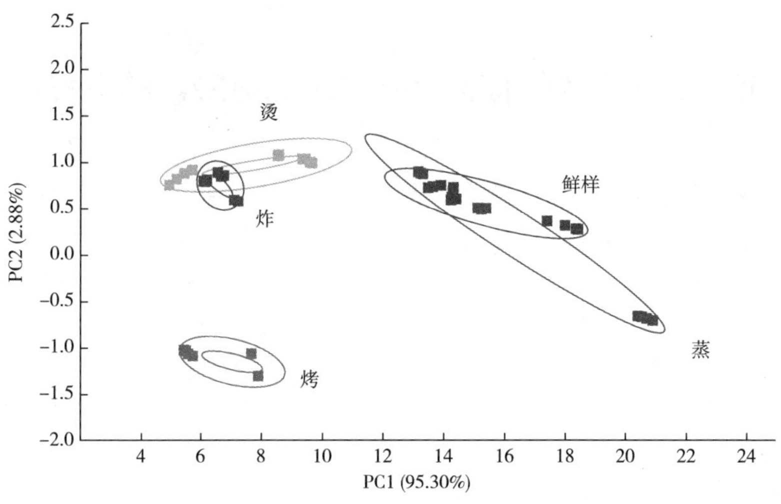

图 5-5　不同稀释香椿挥发性成分 PCA 图

表 5-3　　不同热加工处理后香椿挥发性成分显著性差异分析

加工方式	鲜	烫	蒸	烤	炸
鲜	0				
烫	0. 821	0			
蒸	0. 270	0. 736	0		
烤	0. 895	0. 843	0. 816	0	
炸	0. 913	0. 323	0. 825	0. 961	0

注：小于 0. 5 代表差异不显著；0. 5~0. 95 代表差异显著；大于 0. 95 代表差异极显著。

四、小结

采用 GC-IMS 对香椿挥发性成分进行了分析，主成分分析可以将不同热处理的香椿进行区分，首次在香椿中检测到二甲基三硫化物、5-甲基-2-噻吩甲醛、1-丁醇、正戊醇、糠醇、戊醛、庚醛-M、乙酸丙酯、丁酸丙酯、丙酸乙酯、2-乙基-5-甲基吡嗪等化合物。结果表明，GC-IMS 技术扩大了香椿样品中挥发性成分的检测范围，在香椿香气分析中具有明显的优势。热加工方式对香椿品质特性影响显著，本节研究为今后继续对香椿的生产加工以及热加工过程中风味的变化规律和品质控制提供一定的理论基础和技术支撑。

第二节 香椿特征香气化合物的热降解动态规律

热处理在食品加工中是一种非常普遍的处理手段，但在热加工的过程中可能会导致热敏性物质发生降解。研究表明香椿特征风味物质主要为含硫类的 2-巯基-3,4-二甲基-2,3-二氢噻吩，含硫类物质不稳定易发生氧化、聚合、基团转移等降解分解反应，从而使香气化合物结构及组成发生重大变化。因此，探明香椿特征香气化合物的热降解机制，为采取有效技术手段对香椿加工过程进行风味调控、达到保香增香目的有重要意义。本节以可食用香椿嫩芽为材料，研究不同温度热处理条件下香椿特征风味物质 2-巯基-3,4-二甲基-2,3-二氢噻吩的降解规律及动力学模型，为有效控制香椿加工生产过程特征风味物质的降解提供理论依据。

一、材料与设备

（一）材料与试剂

香椿，品种红油香椿，采自河南省农业科学院香椿示范基地。

（二）仪器与设备

ME204E 型电子天平，梅特勒-托利多仪器（上海）有限公司；BGZ-146 型电热鼓风干燥箱，上海博迅实业有限公司医疗设备厂；HHS 型电热恒温水浴锅上海博讯实业有限公司医疗设备厂；C20 型玻璃仪器气流烘干器，郑州杜甫仪器厂；7890AGC-5975CMS 型气相色谱-质谱联用仪，美国安捷伦公司；HP-5MS 石英毛细管色谱（30m×0. 25mm×0. 25μm）；顶空固相微萃取装置（包括手持式手柄，50/30μm DVB/CAR/PDMS 萃取头，20mL 棕色顶空瓶），美国安捷伦公司。

二、试验方法

（一）样品处理

称取一定质量香椿样品置于干燥烘箱中，分别设定干燥温度为 80、120、150℃进行干燥并计时，每隔 20min 定时取样直至干燥 100min，研碎，称取 1. 0g

于20mL棕色顶空瓶里备用，进行挥发性风味测定，考察特征香气化合物的含量变化。

（二）GC-MS分析

干燥后的香椿样品→称取1.0g于20mL棕色顶空瓶里→密封垫密封→40℃水浴中平衡15min→萃取头插入顶空瓶中，萃取30min→立即取出，插入GC-MS解吸5min。

GC条件：HP-5MS石英毛细管柱（30m×0.25mm×0.25μm）；载气He，进样口温度250℃，无分流比；柱流速1mL/min；程序升温：初温40℃，保持3min，以5℃/min的速率升温至150℃，保持2min；以8℃/min的速率升至220℃，保持5min。

MS条件：穿梭线温度230℃，电离方式为电子电离（EI），离子阱温度230℃，扫描方式为全扫描，扫描范围 m/z 40~800。检索图库：NIST 08. LIB。

（三）降解动力学参数测定

应用一级动力学模拟不同温度热处理条件下香椿特征风味物质2-巯基-3,4-二甲基-2,3-二氢噻吩的降解。动力学公式如下：

$$\text{一级动力学方程：}\ln\frac{C_t}{C_0} = -kt \tag{5-1}$$

式中　C_0——2-巯基-3,4-二甲基-2,3-二氢噻吩的初始含量，%；

t——加热时间，min；

C_t——t 时刻的含量，%；

k——速率常数。

香椿特征风味物质半衰期 $t_{1/2}$（h）计算公式如下：

$$t_{1/2} = -\ln\frac{2}{k} \tag{5-2}$$

式中　k——速率常数。

利用Arrhenius方程计算活化能如下：

$$\ln k = \ln K_0 - (E_a/RT) \tag{5-3}$$

式中　E_a——活化能，kJ/mol；

R——气体常数8.314J/（mol·K）；

T——绝对温度，K；

K_0——频率因子。

香椿特征风味物质降解的热力学参数，包括焓变（ΔH）、吉布斯自由能

（ΔG）和熵变（ΔS）由下列方程计算：

$$\Delta H = \Delta U + \Delta nRT \tag{5-4}$$

$$\Delta G = -RT\ln\frac{kh}{k_B T} \tag{5-5}$$

$$\Delta S = \frac{\Delta H - \Delta G}{T} \tag{5-6}$$

式中 ΔU——系统热力学能变化；

Δn——物质的量变化；

h——普朗克常数 6.6262×10^{-34}，J/s；

k_B——玻尔兹曼常数 1.3806×10^{-23}，J/K。

三、结果与分析

温度对香椿特征挥发性风味物质的影响如下所述：

在不同温度热处理条件下香椿特征挥发性风味物质相对含量如图 5-6 所示，由图 5-6 可知香椿特征挥发性风味物质 2-巯基-3,4-二甲基-2,3-二氢噻吩相对含量随着热处理时间延长呈逐渐降低趋势，且温度越高降解速率越快。

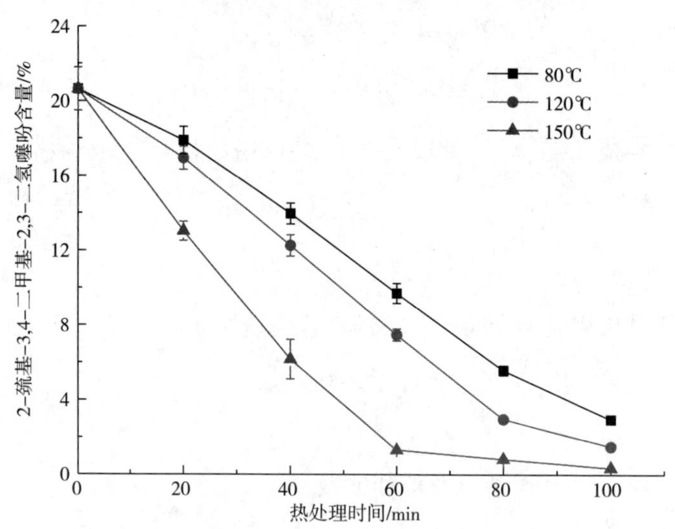

图 5-6 不同热处理温度对香椿特征风味物质 2-巯基-3,4-二甲基-2,3-二氢噻吩的影响

由图 5-7 可知不同温度热处理条件下香椿特征挥发性风味物质 2-巯基-3,4-二甲基-2,3-二氢噻吩保存率的自然对数值 ln（C_t/C_0）对热处理时间成明显线性相关关系，R^2 均在 0.94 以上，说明香椿嫩芽在热处理过程中特征风味物质的

降解符合一级动力学规律。

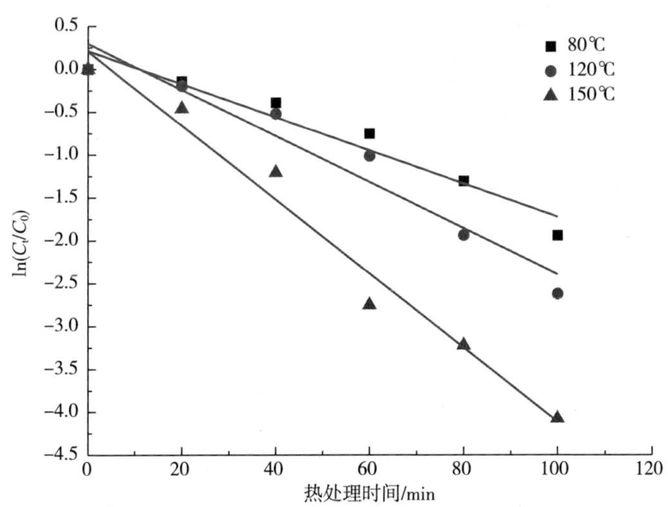

图 5-7 不同温度热处理条件下 2-巯基-3,4-二甲基-2,3-二氢噻吩降解的一级动力学方程

香椿特征挥发性风味物质的降解符合一级动力学模型，比较降解速率常数 k 可以得知降解反应的快慢。从图 5-8 中可以计算出动力学参数，包括速率常数 k 和半衰期，结果见表 5-4 可知，香椿特征挥发性风味物质 2-巯基-3,4-二甲基-2,3-二氢噻吩的降解速率常数随着温度的升高而增大，其半衰期则呈现减少的趋势。2-巯基-3,4-二甲基-2,3-二氢噻吩在 80、120、150℃ 的半衰期分别为 35.729、25.768、16.045min。

表 5-4 温度对香椿特征挥发性风味物质热降解的 k 值和半衰期的影响

化合物	温度/℃	k/min^{-1}	R^2	$t_{1/2}$/min	E_a/（kJ/mol）
2-巯基-3,4-二甲基-2,3-二氢噻吩	80	0.0194	0.942	35.729	13.766
	120	0.0269	0.9427	25.768	—
	150	0.0432	0.9762	16.045	—

图 5-8 是由速率常数得到的 Arrhenius 曲线，可知从 80~150℃，试验结果非常符合 Arrhenius 模型（R^2 为 0.9446）。活化能（E_a）通常用于描述达到一个反应的过渡态所需要的能量，利用 Arrhenius 模型计算出 2-巯基-3,4-二甲基-2,3-二氢噻吩热降解的活化能为 13.766kJ/mol，说明香椿这种特征挥发性风味物质容易发生热降解。

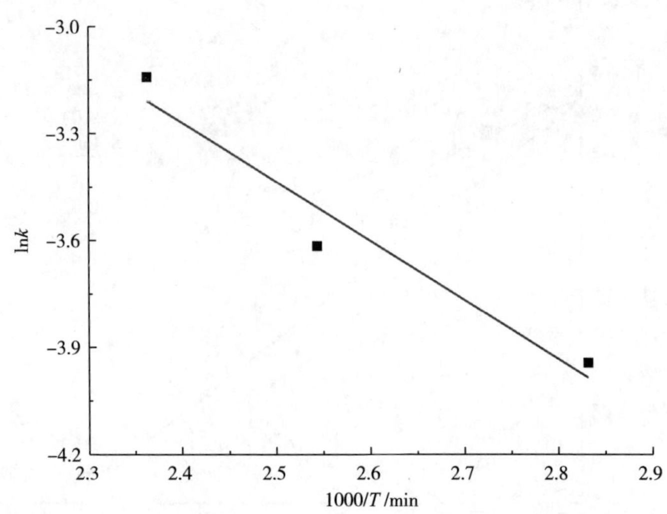

图 5-8 温度 80~150℃时 2-巯基-3,4-二甲基-2,3-二氢噻吩热降解的 Arrhenius 曲线

热力学参数能够为热降解动力学提供有用的信息。焓变（ΔH）代表使反应发生的反应物所需的最少能量，它与反应物化学键的强度有关，化学键在反应过程中会发生破裂和生成。由表 5-5 可知，香椿特征挥发性风味物质 2-巯基-3,4-二甲基-2,3-二氢噻吩热降解的焓变 ΔH 在不同温度下相似，为 10.248~10.830kJ/mol。焓变为正值表明热降解是吸热过程，这也证明了之前随着温度升高降解速率增加的结论。吉布斯自由能（ΔG）为体系的自由能变化，可用于判断反应能否自发进行。由表 5-5 可知，ΔG 均为正值，且在不同温度下变化不大，说明降解反应为非自发反应。熵变（ΔS）代表反应体系中分子的混乱变化，它常与具有可以实际反应的能量的分子数量有关，本试验中熵变为-249.724~-248.429J/mol，均为负值，说明过渡态的结构自由度低于反应物。

表 5-5 香椿特征挥发性风味物质热降解的热力学参数

化合物	温度/℃	ΔH/（kJ/mol）	ΔG/（kJ/mol）	ΔS/（kJ/mol）
2-巯基-3,4-二甲基-2,3-二氢噻吩	80	10.830	98.562	-248.429
	120	10.497	109.009	-250.569
	150	10.248	115.919	-249.724

四、小结

本节以可食用香椿嫩芽为材料，研究了不同温度（80、120、150℃）热处理条件下香椿特征挥发性风味物质 2-巯基-3,4-二甲基-2,3-二氢噻吩的降解规律及动力学模型，得出香椿特征挥发性风味物质相对含量随着热处理时间延长呈逐渐降低趋势，且温度越高降解速率越快，其降解过程符合一级动力学规律，降解速率常数随着热处理温度的升高而增大，半衰期则随着热处理温度的升高呈现减少的趋势。2-巯基-3,4-二甲基-2,3-二氢噻吩在 80、120、150℃的半衰期分别为 35.729、25.768、16.045min。利用 Arrhenius 模型计算出 2-巯基-3,4-二甲基-2,3-二氢噻吩热降解的活化能值为 13.766kJ/mol，说明香椿特征挥发性风味物质容易发生热降解。通过热力学分析可知 2-巯基-3,4-二甲基-2,3-二氢噻吩的降解反应为吸热非自发反应。

参考文献

[1] Fasoyiro S B. The value and utilization of spice plants in tropical Africa[J]. Journal of Agricultural & Food Information, 2014, 15(2): 109-120.

[2] Li M, Yang R, Zhang H, et al. Development of a flavor fingerprint by HS-GC-IMS with PCA for volatile compounds of *Tricholoma matsutake* singer[J]. Food Chemistry, 2019, 290: 32-39.

[3] Mercali G D, Jaeschke D P, Tessaro I C, et al. Degradation kinetics of anthocyanins in acerola pulp: Comparison between ohmic and conventional heat treatment [J]. Food Chemistry, 2013, 136: 853-857.

[4] Wang S Q, Chen H T, Sun B G. Recent progress in food flavor analysis using gas chromatography-ion mobility spectrometry (GC-IMS)[J]. Food Chemistry, 2020, 315: 126158.

[5] 曹雪丹,方修贵,赵凯,等. 蓝莓汁花色苷热降解动力学及抗坏血酸对其热稳定性的影响[J]. 中国食品学报,2013,13(3): 47-54.

[6] 张丽霞. 黑莓花色苷降解与辅色及抗氧化活性研究[D]. 南京: 南京农业大学,2012.

[7] 张元元,张映曈,胡花丽,等. 草莓汁贮藏期维生素 C 的降解动力学研究[J]. 现代食品科技,2020,36(1): 120-126.

第六章　香椿含硫特征香气的释放及特征风味油制备

第一节 香椿含硫特征香气的释放

目前香椿的研究主要围绕在挥发性组分、功能营养成分及其贮藏加工等方面。挥发性成分是决定香椿特征香味的主要物质，同时也是影响消费者对产品选择的最关键因素。因此，对香椿挥发性组分的研究显得尤为重要。

多项研究表明含硫类化合物为香椿特征香气的主要贡献者。然而，香椿含有的特征含硫类香气组分存在易散失、热敏性、易被破坏等不稳定性现象。Yang等鉴定发现硫化氢、硫化丙烯、(*E*,*E*)-二烯丙基二硫化物和(*E*,*Z*)-二烯丙基二硫化物为香椿特征香气的主要贡献者；Liu 和 Zhai 等认为 2-巯基-3,4-二甲基-2,3-二氢噻吩同样也对香椿特征香气具有重要贡献。但硫醚类物质化学性质极其不稳定，在 80℃容易受温度的影响发生变化，且随着温度的升高转变成噻吩而失去其特征香味。此外，新鲜香椿具有季节性，易腐烂变质、不耐保存。为使其成为全年可用的产品，通常会将其干燥后保存，从而降低嫩枝和叶片的水分含量，以便运输和长期储存。真空冷冻干燥作为一种能够更大程度保留原始风味物质的方法而被广泛使用。

因此，本节以真空冷冻干燥香椿粉为原料，借助感官评价、电子鼻、GC-IMS 及 GC-O-MS 等多手段分析鉴定，分别研究真空冷冻干燥香椿粉在水、甲醇、乙酸乙酯、环己烷等不同极性溶剂等条件下其特征香气物质的变化情况，目的在于揭示香椿冻干粉在水的作用下能够激活释放香椿特征香气，旨在有效解决新鲜香椿不易贮存及香气组分不稳定等问题，从而保证原料的一致性，增加香椿特征香气全组分解吸的重复性和可靠性，对含硫类香辛植物特征香气的理论研究奠定基础，同时对产业问题提供技术支撑。

一、材料与设备

(一) 样品

新鲜香椿（Raw TS）：为保证样品的一致性，香椿（幼芽，长约 10cm）于2020 年 4 月 2 日采自河南省登封市三一香椿示范基地；采摘当天低温运回实验室，分拣除杂后，于-30℃冰箱中保存备用。

香椿冻干粉（VFD TS）：取完整的新鲜香椿枝条于-35℃真空冷冻干燥 36h，干燥后物料水分含量为 4.5%左右。将真空冷冻干燥后的香椿于室温下碾碎，避免产热造成热敏性物质分解，获得香椿嫩芽碎料，置于干燥器中室温（25℃）备用。

复水冻干香椿粉（RVFD TS）：按照香椿冻干粉：水=1：10（质量比），添加去离子水于香椿嫩芽碎料中，并于室温下反应30min。

（二）试剂与设备

正构烷烃（C6～C30，用于计算GC-MS检测到的各组分的保留指数），购买自美国Supelco公司；正酮（C4～C9，用于计算GC-IMS检测到的各组分的保留指数），购买自中国国药化学试剂北京有限公司；GC-MS内标物2-甲基-3-庚酮，购买自德国DR公司；甲醇、乙酸乙酯、环己烷、无水硫酸钠（分析纯），购买自国药集团化学试剂有限公司。以上试剂均为色谱纯。液氮，购买自郑州博越商贸股份有限公司。

PEN3便携式电子鼻系统，德国Airsence公司；FlavourSpec 1H1-00053型气相色谱离子迁移谱，德国G. A. S. 公司；7890AGC-5975CMS型气相色谱-质谱联用仪、HP-5MS石英毛细管色谱（30m×0.25mm×0.25μm）、顶空固相微萃取装置（包括手持式手柄，50/30μm DVB/CAR/PDMS，20mL带硅胶垫棕色顶空瓶），美国安捷伦公司；Sniffer3000型嗅觉检测器，德国Gerstel公司。ME204E型电子天平，梅特勒-托利多仪器（上海）有限公司；VFD-2000A真空冷冻干燥机，上海比朗仪器制造有限公司；IKA A11液氮研磨机，艾卡（广州）仪器设备有限公司；HHS型电热恒温水浴锅，上海博讯实业有限公司医疗设备厂。

二、试验方法

（一）样品处理

1. HS-SPME

准确称取香椿样品［新鲜0.5g，冻干粉0.5g，复水冻干粉（0.5g冻干粉+5g水）］于20mL带有硅胶垫的棕色顶空瓶中，密封后于40℃水浴平衡15min，插入50/30μm DVB/CAR/PDMS萃取头，萃取头距离样品约1cm，萃取30min后取出萃取头，插入气相色谱-质谱仪进样口解吸5min，同时开始采集数据。

2. LLE萃取

准确称取1.0g香椿冻干粉，添加20mL有机溶剂，于常温下静态充分反应30min，而后于4℃、8000r/min的超低温高速离心机中离心8min。离心后取溶剂相，加入1.0g无水硫酸钠除水。最后氮吹浓缩至2mL左右，并使用0.22μm的滤膜过滤，置于-30℃冰箱中储藏备用。

（二）分析方法

1. 感官评价

采用定量描述分析法（QDA）对不同样品的主要香气成分进行人工感官分析。感官分析是由10名小组成员（6名女性和4名男性，年龄：22～30岁）组成。所有小组成员均需要受过专业培训，在感官分析方面具有丰富的经验，且对香椿没有特别的偏爱。称取香椿样品［新鲜 0.5g，冻干粉 0.5g，复水冻干粉（0.5g 冻干粉+5g 水）］于 50mL 无色 PET 透明瓶中，将样品随机排列放置在环境和相对湿度较低的单间感官室内。

在培训期间，小组成员讨论了不同处理条件下香椿样品的不同香气属性，并对闻到的感官特征描述词进行统计。小组成员通过共识最终确定了青草味、熟肉味、葱蒜味、泥土味、辛辣味等 5 个出现频率最高的词汇作为定量描述的依据，这些描述语被认为是香椿样品香气的重要因素。描述性感官分析采用 0~9 的 10 点制标度法评分，气味强度范围为 0（无）至 9（非常强）。小组成员对每种气味指标取平均值进行强度评判，并在此基础上报告样品的整体气味强度。

2. 电子鼻测定

PEN3 便携式电子鼻包括一个采样设备、一个传感器阵列的检测器单元以及用于数据记录和分析的模式识别软件。传感器阵列系统由 10 种化学组成和厚度不同的金属氧化物半导体（MOS）组成。根据传感器元件对应的敏感物质类型不同，分为 W1C（芳香成分，苯类）、W5S（氮氧化合物）、W3C（氨水和芳族化合物）、W6S（氢化物）、W5C（芳族脂族化合物）、W1S（甲基类，宽范围化合物）、W1W（硫化合物）、W2S（醇类、醛酮类）、W2W（有机硫化物）和 W3S（长链烷烃）。

准确称取香椿样品［0.5g 新鲜，0.5g 冻干粉，复水冻干粉（0.5g 冻干粉+5g 水）］于 50mL 玻璃小瓶中，然后用装有 Teflon/硅氧烷隔垫的螺帽密封。之后将样品在 25℃下放置 30min（顶空生成时间）。在测量时间（80s）内，采样单元以 300mL/min 的速度吸取顶端空气自动注入电子鼻中，从而导致传感器电导率发生变化，用计算机每秒记录一次数据采样时间足够长，足够使传感器稳定下来。测量完成后，用干净的空气冲洗反应室 180s，直到传感器信号返回基线为止。每个样品至少重复三次分析，利用电子鼻自带的 WinMuster 软件对第 68~71 秒内数据进行主成分分析（PCA）。

3. GC-IMS 分析鉴定

GC-IMS 系统配备了自动进样器和 WXT-5 毛细管柱（15m×0.53mm×0.53μm）。准确称取香椿样品［0.5g 新鲜，0.5g 冻干粉，复水冻干粉（0.5g 冻干粉+5g 水）］于 20mL 顶空样品瓶中，然后将样品在 HS 体积中于 40℃以 250r/min 孵育 10min。孵育后，通过氮气（纯度为 99.99%）在 80℃的注射器温度下以不分流进样模式将 200μL 顶空气体注入 WXT-5 毛细管柱中。分析物在 60℃恒温的色谱柱中分离，氮气作为载气的程序流量如下：2.0mL/min 保持 2min，流量在 10min 内线性上升至 5.0mL/min，在 20min 内线性升至 50.0mL/min，在 30min 时线性增至 100.0mL/min，然后停止流动。将分析物驱动到电离室，以具有 300 MBq 活性的 3H 电离源以阳离子模式电离。将所得离子驱动到漂移管（长 9.8cm），该漂移管在恒定温度（45℃）和电压（500V）下运行。漂移气体（N_2）流量设置为

150mL/min 的恒定流量。

4. GC-O-MS 分析鉴定

采用 GC-O-MS 对香椿挥发性物质进行分析，该系统由 GC-MS 和 ODP 嗅闻装置组成。样品经进样口解吸，经 GC 分离后分别进入质谱检测器和嗅闻检测器，分流比为 1∶1。由 3 名经过训练的实验人员在嗅闻口记录所闻到的香味特征和强度，须有 2 人以上嗅闻到才能被确定为风味活性物质。其中，各部分分析条件为：

GC 条件：HP-5MS 石英毛细管柱（30m×0.25mm×0.25μm）；载气 He（纯度> 99.999%），柱流速 1.8mL/min；进样口温度 250℃；程序升温：初温 40℃，保持 3min，以 2℃/min 的速率升温至 70℃，保持 2min；以 5℃/min 的速率升温至 150℃，保持 2min；以 8℃/min 的速率升至 230℃，保持 5min 结束；无分流比；液体进样：进样量 1μL，溶剂延迟 5~7min；SPME 进样：无溶剂延迟；

MS 条件：EI 离子源；扫描方式全扫描；离子源温度 230℃；四极杆温度 150℃；接口温度 250℃；质量扫描范围 m/z 40~800；检索图库：NIST 17. LIB。

嗅闻条件：加热器温度 150℃。

（三）鉴定方法

1. GC-MS 鉴定

气相色谱-质谱联用仪通过将其质谱图与 NIST 2017 数据库的质谱图进行比较，初步确定了匹配度≥60%的化合物。在相同的色谱条件下分析同源系列的正构烷烃（C6~C40），以计算出检测到的化合物的保留指数（*RI*），并使用同一毛细管柱将其与 NIST 2017 数据库中的 *RI* 进行比较。根据 Kratz 公式计算：

$$RI = 100n + 100\{[Rt(x) - Rt(n)]/Rt(n+1) - Rt(n)]\} \quad (6-1)$$

式中　n 和（n+1）——化合物前后洗脱的碱金属中的碳原子数；

Rt（n）和 Rt（n+1）——相应的烷烃保留时间；

Rt（x）——待鉴定化合物的保留时间 [$Rt(n) < Rt(x) < Rt(n+1)$]。

采用内标法通过将挥发物的峰面积与内标物（2-甲基-3-庚酮）的峰面积相关联，可以计算出挥发性化合物的相对浓度。每种化合物的含量：

$$w(i) = f'(i) \times [A(i)/A(s)] \times m(s)/m(t) \quad (6-2)$$

式中　w（i）——未知化合物的相对含量；

f'（i）——相对校正因子，一般认为是 1；

A（i）——未知化合物的峰面积；

A（s）——内标物的峰面积；

m（s）——加入内标物的质量；

m（t）——样品取样量。

2. GC-IMS 鉴定

每个挥发物的保留指数（*RI*）是使用正酮 C4~C9 作为外部参考计算的。通过比较 RI 和 GC-IMS 库（德国多特蒙德 Gesellschaftfür Analytische Sensorsysteme mbH 的标准溶液）的迁移时间（离子通过漂移管到达收集器所需的时间，以毫秒为单位）来鉴定挥发性化合物。根据 GC-IMS Library Search 应用程序软件的 NIST 数据库和 IMS 数据库对挥发物进行定性分析。GC-IMS 数据的提取和分析通过 LAV 软件进行，以生成差异图谱，并获取有关组件的相应信息。

三、结果与分析

（一）感官分析

本节以六个主要香气属性作为评级，依次对新鲜香椿、香椿冻干粉及香椿冻干粉经不同处理后样品的总体香气特征进行感官评价分析（图 6-1，见书后插页）。发现新鲜香椿真空冷冻干燥所得香椿粉整体气味强度极弱，复水后能够释放出强烈、典型的香椿香气，且刺激味和葱蒜味较为浓郁，整体气味强度与新鲜香椿更为接近；同时对比研究发现，香椿冻干粉添加不同极性有机溶剂进行复原激活，香椿味几乎不存在，这可能存在有机溶剂气味遮盖的现象，因此后续将通过 GC-MS 进行验证。

（二）电子鼻测定

由于感官评价具有较强的主观性，受个人因素影响较大，因此本节进一步采用电子鼻技术，利用各个气敏器件对复杂成分气体都有响应却又互不相同这一特点，借助数据处理方法对多种气味进行识别，从而对气味质量进行客观分析与评定。由于溶剂气味强度高，影响电子鼻十种金属探头对香椿气味相应的灵敏度，因此本节只针对新鲜香椿、香椿冻干粉、复水冻干香椿粉进行对比分析研究。

如图 6-2（见书后插页）所示，冻干香椿粉复水组与新鲜香椿组整体气味轮廓极为相似。且相较于冻干香椿粉而言，二者在 W5S（氮氧化合物）、W1W（硫化合物）、W2W（有机硫化物）传感器上有较强且非常相似的响应，其差异极不显著（$P<0.05$）（表 6-1），说明冻干香椿粉复水能够释放出与新鲜香椿类似的有机、无机硫化物及氮氧类化合物。

表 6-1　3 种香椿样品的电子鼻响应值

样品	W1C	W5S	W3C	W6S	W5C	W1S	W1W	W2S	W2W	W3S
Raw TS	6.55 ±0.15^{a}	12.49 ±0.22^{a}	3.76 ±0.10^{a}	1.23 ±0.01^{a}	2.52 ±0.09^{a}	5.92 ±0.15^{a}	7.29 ±0.18^{a}	3.59 ±0.18^{a}	9.21 ±0.03^{a}	1.23 ±0.02^{b}
VFD TS	2.06 ±0.04^{c}	1.56 ±0.03^{b}	1.39 ±0.01^{c}	0.97 ±0.00^{c}	1.16 ±0.00^{c}	1.43 ±0.41^{c}	2.08 ±0.07^{b}	1.24 ±0.02^{b}	2.09 ±0.04^{b}	0.91 ±0.02^{c}
RVFD TS	5.30 ±0.07^{b}	11.34 ±0.66^{a}	3.15 ±0.03^{b}	1.13 ±0.04^{b}	2.26 ±0.01^{b}	4.99 ±0.30^{b}	6.79 ±0.24^{a}	3.48 ±0.09^{a}	9.26 ±0.32^{a}	1.47 ±0.01^{a}

注：同一行中不同小写字母（a~d）表示不同样本间存在的显著性差异（$P<0.05$）。

采用主成分分析（PCA）将电子鼻传感器所获取的多指标信息进行转换和降维，利用PCA空间分布图作为载体，显示样品间的差异性。从图6-3可以看出，PC1贡献率达到98.67%，PC2贡献率为0.67%，贡献率总和达到99.34%，大于90%，所以这2个主成分可以代表样品挥发性风味的主要特征。比较椭圆的横纵坐标发现，冻干香椿粉复水前后PC1和PC2均相距较远，且差异值为0.971（表6-2），气味差异极显著，说明复水前后香椿气味发生了明显变化；同时发现，新鲜香椿组和冻干香椿粉复水组有交叉重叠，气味差异极不显著仅为0.214（表6-2）。图6-4（见书后插页）聚类分析热图中新鲜香椿组和冻干香椿粉复水组也明显聚为一类，说明冻干香椿粉在水的作用下能够基本复原香椿特征香气。

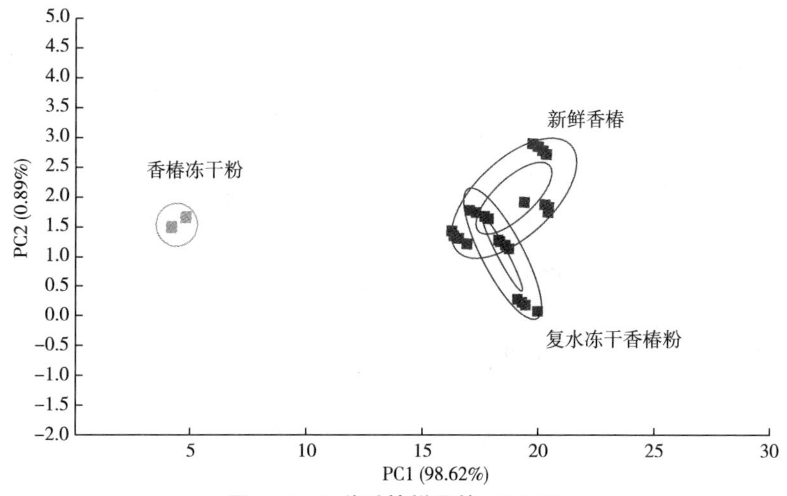

图6-3　3种香椿样品的PCA图

表6-2　3种香椿样品间的显著性差异分析

样品	Raw TS	VFD TS	RVFD TS
Raw TS	1.000		
VFD TS	0.942	1.000	
RVFD TS	0.551	0.972	1.000

注：<0.5表示无差异；05~0.95表示差异显著；>0.95表示差异极显著。

（三）GC-MS鉴定分析

由于电子鼻仅对10种金属探头进行识别，未能对具体化合物进行鉴定分析，因此本节通过GC-MS进一步具体分析鉴定了不同处理香椿冻干粉挥发性成分变化。图6-5（见书后插页）为不同处理条件下香椿挥发性成分的离子流图，结合保留指数及NIST谱库检索鉴定，具体鉴定结果见表6-3。6种样品中共检测鉴别出含硫类、醛类、醇类、酚类、萜烯类、酮类、烷烃类、杂环类、酯类、酸类、醚类及其他类等12类95种挥发性成分，其中新鲜、冻干粉、冻干粉复水、冻干粉+甲醇、冻干粉+乙酸乙酯、冻干粉+环己烷中分别检出35种、21种、20种、23种、22种和13种。

含硫类物质一般具有较低的阈值和较强的气味，呈现出类似于大蒜、洋葱、韭菜等刺激性气味，对香椿的独特风味起着至关重要作用，也是目前香椿中公认的重要挥发性物质。6种样品中共检测鉴别出10种含硫类化合物，其中新鲜香椿中检测到7种，其相对百分含量占比75.66%；复水香椿冻干粉中检测到9种，其相对百分含量占比68.06%，冻干香椿粉复水后其含硫类化合物的相对百分含量与新鲜香椿极为相似。其中(Z,E)-二丙烯基二硫醚、(E)-二丙烯基二硫醚、(Z)-二丙烯基二硫醚、硫化丙烯、(E)-2-巯基-3,4-二甲基-2,3-二氢噻吩在新鲜及复水冻干香椿粉中共同检出，经过GC-O嗅闻发现该类物质具有极为浓郁的葱蒜味，且文献中鉴定此类含硫类化合物为香椿特征风味的主要贡献者。且由图6-6（见书后插页）可以看出，该类物质大量存在于新鲜香椿及复水冻干香椿粉中，而冻干粉及经过不同极性有机溶剂处理后的冻干粉中则均不存在，因此说明了水作为一种重要反应介质能够激活冻干香椿粉特征气味化合物。

醛类物质是香椿挥发性成分中相对含量较高的一类物质，对香椿总体风味起加和作用。6种样品中共检测鉴定出13种醛类物质，其中已烯醛、2-已烯醛、苯甲醛、(E,E)-2,4-二烯醛在新鲜香椿、冻干粉及复水冻干粉中均检出，具有青草香、坚果香，并带有水果的味道，共同赋予香椿独特的青草及叶香味。醛类物质在弱极性的环已烷中未检测出。

萜烯类化合物作为香椿挥发性成分中种类最多的一类化合物，对香椿风味起到重要作用。6种样品中均检测到该类物质的存在，共检测到28种，其中新鲜香椿及冻干粉中分别检测到17、14种，而复水冻干粉中仅检测到3种，这可能是由于萜烯类化合物大多具有较强的水溶性，复水后溶于水从而使得挥发性降低，因此复水香椿粉采用顶空-固相微萃取（HS-SPME）检测得到的萜烯类化合物数量较少。石竹烯、(E)-菖蒲烯为新鲜香椿、冻干香椿粉及复水冻干香椿粉中共同检出物质，具有甜香、木香等比较柔和的气味，起到调和含硫化合物刺激性气味的作用。

醇类、酯类和酮类物质也是构成香椿香气成分的重要组成部分。根据表6-2及图6-7（见书后插页）香椿挥发性成分相对含量的聚类分析热图，醇类主要存在于甲醇及乙酸乙酯处理的香椿冻干粉中，酮类大量存在于甲醇处理的香椿冻干粉中，酯类则大量存在于乙酸乙酯处理的香椿冻干粉中。

此外，酚类、烷烃类、酸类、醚类、杂环类及其他类等也被少量检出，且含氮类化合物和饱和烷烃类物质由于阈值很高，几乎不产生明显嗅感，故不作详细分析。

根据图6-7（见书后插页）聚类结果显示新鲜香椿与复水冻干香椿粉能够较好地聚为1类，说明二者之间挥发性成分较为相似，冻干粉复水后能够较好地复原新鲜香椿的典型气味物质。

表 6-3　3 种香椿样品的 GC-O-MS 鉴定结果

编号	化合物名称	风味描述	CAS 号	MS 匹配度	*RI*	鉴定方式	相对含量/（μg/g）					
							新鲜	真空冷冻干燥	真空冷冻干燥复水	真空冷冻干燥+甲醇	真空冷冻干燥+乙酸乙酯	真空冷冻干燥+环己烷
含硫类												
1	(*E*)-二丙烯基丙二酸	硫黄味，恶臭，葱味	067269-06-1	80	1164.6	MS/RI	—	—	0.06±0.01	—	—	—
2	(*Z*)-二丙烯基丙二酸	硫黄味，清新的	067230-81-3	78	1159.3	MS/RI	—	—	0.39±0.08	—	—	—
3	(*Z*,*E*)-二丙烯基二硫醚	硫黄味，煮洋葱，烤咖啡	121609-82-3	96	1124	MS/RI	8.90±0.34	—	1.37±0.10	—	—	—
4	(*E*)-二丙烯基二硫醚	硫黄味，煮熟的洋葱	023838-23-5	95	1129.1	MS/RI	3.13±0.09	—	0.44±0.07	—	—	—
5	(*Z*)-二丙烯基二硫醚	硫黄味，葱味，肉味	023838-22-4	98	1120.2	MS/RI	12.85±0.25	—	1.77±0.23	—	—	—
6	3,4-二甲基噻吩-2-硫醇	硫黄味，辛辣味	153001-04-8	78	1193.5	MS/RI	—	—	0.05±0.00	—	—	—
7	硫化丙烯	葱味，辛辣味	001072-43-1	80	606	MS/RI	1.34±0.07	—	0.32±0.02	—	—	—
8	2,4-二甲基噻吩	硫黄味，辛辣，肉味	000638-00-6	76	863	MS/RI	0.33±0.03	—	—	—	—	—
9	2,5-二甲基噻吩	硫黄味，大蒜味	000638-02-8	91	905	MS/RI	51.8±5.47	—	11.47±1.12	—	—	—

续表

编号	化合物名称	风味描述	CAS 号	MS 匹配度	*RI*	鉴定方式	相对含量/(μg/g)					
							新鲜	真空冷冻干燥	真空冷冻干燥复水	真空冷冻干燥+甲醇	真空冷冻干燥+乙酸乙酯	真空冷冻干燥+环己烷
10	(*E*)-2-巯基-3,4-二甲基-2,3-二氢噻吩	硫黄味,葱属的,灯笼椒味	1000322-30-1	83	1127	MS/RI	9.51±0.35	—	3.69±0.80	—	—	—
醛类												
11	(*E*,*E*)-2,4-二烯醛	脂肪,青菜,油性,醛类,蔬菜味	004313-03-5	78	1012.3	MS/RI	0.48±0.03	0.62±0.01	0.08±0.01	—	1.80±0.06	—
12	(*E*)-2-甲基-2-丁烯醛	强烈的绿色水果	000497-03-0	90	749	MS/RI	—	0.03±0.00	0.02±0.00	—	—	—
13	5-甲基-2-糠醛	焦糖,苹果酒味	000620-02-0	91	964	MS/RI	—	—	—	1.15±0.00	—	—
14	2-己烯醛	甜杏仁,水果,绿叶	000505-57-7	90	853	MS/RI	0.89±0.09	0.38±0.01	2.19±0.35	—	—	—
15	(*E*)-2-辛烯醛	新鲜黄瓜,脂肪,绿色的,草药,香蕉,蜡绿色的叶子	002548-87-0	80	1063	MS/RI	0.06±0.00	—	—	—	—	—
16	苯甲醛	强烈的甜苦杏仁,樱桃	000100-52-7	91	966	MS/RI	1.26±0.01	0.57±0.02	0.66±0.04	—	—	—
17	2-甲基苯甲醛	樱桃	000529-20-4	96	1068	MS/RI	0.09±0.01	—	—	—	—	—

18	3,5-二甲基苯甲醛	—	005779-95-3	83	1169	MS/RI	0.53±0.01	—	—	—	—	—
19	苯乙醛	绿色的,甜甜的花,蜂蜜,可可	000122-78-1	90	1049	MS/RI	—	—	—	13.18±1.45	—	—
20	3-甲基-正丁醛	乙醛,巧克力,桃子	000590-86-3	91	649	MS/RI	0.22±0.00	—	—	—	—	—
21	己烯醛	草地上,绿叶	000066-25-1	78	800	MS/RI	2.69±0.15	1.53±0.10	3.06±0.06	—	3.12±0.02	—
22	间苯二甲醛	—	000626-19-7	81	0	MS	0.35±0.03	—	—	—	—	—
23	戊醛	发酵的面包,水果,坚果浆果	000110-62-3	83	698	MS/RI	—	—	0.03±0.00	—	—	—
醇类												
24	(2*E*,4*S*,7*E*)-4-异丙基-1,7-二甲基环癸-2,7-二烯醇	—	198991-79-6	91	1572	MS/RI	—	—	—	11.87±1.16	—	—
25	1,2,3-苯三酚	—	000087-66-1	96	1385.7	MS/RI	—	—	—	68.62±6.02	—	—

续表

编号	化合物名称	风味描述	CAS 号	MS 匹配度	*RI*	鉴定方式	相对含量/(μg/g)					
							新鲜	真空冷冻干燥	真空冷冻干燥复水	真空冷冻干燥+甲醇	真空冷冻干燥+乙酸乙酯	真空冷冻干燥+环己烷
26	3,7,11-三甲基-2,6,10-十二碳三烯-1-醇	温和新鲜,甜美的椴树,花,当归	004602-84-0	98	1747	MS/RI	—	—	—	79.81±11.45	45.30±3.02	—
27	2-呋喃甲醇	酒精,化学发霉	000098-00-0	96	864	MS/RI	—	—	—	5.04±0.00	—	—
28	甘油	—	000056-81-5	78	0	MS	—	—	—	40.61±0.70	—	—
29	麦芽酚	甜焦糖,棉花糖,果酱,水果,烤面包	000118-71-8	74	1110.8	MS/RI	—	—	—	8.93±1.03	—	—
酚类												
30	2,4-二叔丁基苯酚	酚醛树脂	000096-76-4	91	1513	MS/RI	—	—	—	—	—	3.47±0.14
萜烯类												
31	(3*S*,3*aS*,8*aR*)-6,8*a*-二甲基-3-(丙-1-烯-2-基)-1,2,3,3*a*,4,5,8,8*a*-八氢天青	—	142878-08-8	83	1503.4	MS/RI	—	0.73±0.07	—	—	—	—
32	(*S*,1*Z*,6*Z*)-8-异丙基-1-甲基-5-亚甲基环癸-1,6-二烯	—	030021-46-6	72	1439	MS/RI	0.57±0.02	—	—	—	6.67±0.02	—
33	α-二去氢菖蒲烯	木香	021391-99-1	97	1536	MS/RI	0.41±0.01	0.33±0.05	—	—	—	—

34	α-荜澄茄油烯	植物蜡质	017699-14-8	97	1354	MS/RI	—	0.74±0.09	—	—	—	—
35	α-金合欢烯	柑橘	000502-61-4	72	1508	MS/RI	—	—	—	—	4.45±0.58	2.58±0.15
36	α-愈创木烯	甜木香	003691-12-1	99	1439	MS/RI	0.85±0.02	—	—	—	—	—
37	γ-衣兰油烯	草本、木本香料	030021-74-0	97	1477	MS/RI	0.59±0.04	—	—	—	—	—
38	3,3-三甲基-1,4-戊二烯	—	001112-35-2	78	0	MS	—	—	0.94±0.01	—	—	—
39	1-异丙基-4,7-二甲基-1,2,3,4,5,6-六氢萘	—	016729-00-3	89	1481.3	MS/RI	—	0.15±0.02	—	—	—	—
40	2-异丙烯基-4a,8-二甲基-1,2,3,4,4a,5,6,8a-八氢萘	—	207297-57-2	80	1493	MS/RI	—	2.18±0.11	—	—	—	—
41	1,4-二甲基-7-(1-乙基乙基)-甘菊环	—	000489-84-9	91	1790	MS/RI	0.20±0.01	—	—	—	—	—
42	α-姜黄烯	中草药	000644-30-4	94	1484	MS/RI	0.53±0.03	—	—	—	—	—
43	[1R-(1R*,4Z,9S*)]-4,11,11-三甲基-8-亚甲基-二环[7.2.0]4-十一烯	辛香木质调	000118-65-0	99	1408	MS/RI	8.85±0.46	—	—	—	—	—

续表

编号	化合物名称	风味描述	CAS 号	MS 匹配度	*RI*	鉴定方式	相对含量/(μg/g)					
							新鲜	真空冷冻干燥	真空冷冻干燥复水	真空冷冻干燥+甲醇	真空冷冻干燥+乙酸乙酯	真空冷冻干燥+环己烷
44	石竹烯	甜的木本香料,干丁香	000087-44-5	99	1426	MS/RI	2. 33±0. 13	5. 24±0. 43	0. 23±0. 01	—	24. 32±0. 55	10. 29±0. 36
45	(*Z*)-木罗-4(15),5-二烯	—	157477-72-0	95	1461	MS/RI	—	0. 42±0. 01	—	23. 66±7. 30	—	—
46	古巴烯	辛香木质调,蜂蜜味	003856-25-5	95	1380	MS/RI	0. 26±0. 02	0. 65±0. 02	—	—	—	—
47	*β*-榄香烯	甜味	000515-13-9	87	1391	MS/RI	—	1. 48±0. 04	—	—	14. 87±0. 14	7. 70±0. 21
48	右旋大根香叶烯	香辛料的木质味	023986-74-5	98	1503	MS/RI	—	3. 11±0. 04	—	—	24. 94±1. 84	12. 35±0. 49
49	蛇麻烯	木香	006753-98-6	94	1477	MS/RI	2. 10±0. 12	0. 73±0. 07	—	—	4. 95±0. 54	—
50	9,10-脱氢-异长叶烯		1000151-67-1	91	0	MS	0. 33±0. 01	—	—	—	—	—
51	(1*R*,4*aS*,8*aS*)-7-甲基-4-亚甲基-1-丙-2-基-2,3,4*a*,5,6,8*a*-六氢-1*H*-萘	中药材的木香	039029-41-9	78	1524	MS/RI	0. 25±0. 02	—	—	—	—	—
52	佛术烯	—	010219-75-7	95	1502	MS/RI	0. 97±0. 07	—	—	—	—	—

53	1,2,4a,5,6,8a-六氢-1-异丙基-4,7-二甲基萘	—	000483-75-0	99	1490	MS/RI	—	1.21±0.07	—	—	—	—
54	α-杜松烯	干木香	024406-05-1	98	1537	MS/RI	—	0.50±0.03	—	—	—	—
55	卡达萘	—	000483-78-3	91	1674	MS/RI	0.22±0.04	—	—	—	—	—
56	γ-芹子烯	木香	000515-17-3	91	1532	MS/RI	1.09±0.07	—	—	—	—	—
57	苯乙烯	甜的花胶,塑料味	000100-42-5	95	890	MS/RI	0.88±0.02	—	—	—	—	—
58	(*E*)-菖蒲烯	—	073209-42-4	94	1529	MS/RI	0.59±0.03	3.67±0.16	0.15±0.01	—	—	—
酮类												
59	2(3*H*)-二氢-4-羟基-呋喃	—	005469-16-9	64	1185.1	MS/RI	—	—	—	17.80±1.82	—	—
60	3,5-辛二烯-2-酮	水果,脂肪,蘑菇	038284-27-4	72	1090	MS/RI	—	—	0.90±0.02	—	—	—

续表

编号	化合物名称	风味描述	CAS 号	MS 匹配度	*RI*	鉴定方式	相对含量/(μg/g)					
							新鲜	真空冷冻干燥	真空冷冻干燥复水	真空冷冻干燥+甲醇	真空冷冻干燥+乙酸乙酯	真空冷冻干燥+环己烷
61	(*E*,*E*)-3,5-辛二烯-2-酮	青草	030086-02-3	83	1091	MS/RI	—	2.64±0.09	—	—	—	—
62	4-环戊烯-1,3-二酮	—	000930-60-9	91	880	MS/RI	—	—	—	7.34±0.02	—	—
63	2,3-二氢-3,5-二羟基-6-甲基-4*H*-吡喃-4-酮	—	028564-83-2	95	1149	MS/RI	—	—	—	283.75±52.64	—	—
64	3,5-二羟基-2-甲基-4*H*-吡喃-4-酮		001073-96-7	70	1188.3	MS/RI	—	—	—	14.03±1.55	—	—
65	6,10,14-三甲基-5,9,13-十五碳三烯-2-酮	果味葡萄酒,花香,奶油	000762-29-8	92	—	MS	—	—	—	—	22.71±2.29	—
66	6-甲基-5-庚烯-2-酮	柑橘,清新的,柠檬草,苹果	000110-93-0	87	991	MS/RI	—	0.32±0.03	—	—	—	—
67	丁内酯	奶油,油脂,肪焦糖	000096-48-0	91	915	MS/RI	—	—	—	60.27±3.82	—	—
烷烃类												
68	2,3,7-三甲基-癸烷	—	062238-13-5	72	1300	MS/RI	—	—	—	—	1.10±0.06	—

69	(*E*)-1-苯基-1-丁烯	—	001005-64-7	94	1082	MS/RI	0.38±0.02	—	—	—	—	—
70	1,3-二甲基苯	塑料味	000108-38-3	86	864	MS/RI	—	—	—	—	—	2.29±0.04
71	双环[4.2.0]辛-1,3,5-三烯	—	000694-87-1	96	0	MS	—	—	—	—	—	1.76±0.07
72	*o*-二甲苯	天竺葵	000095-47-6	80	894	MS/RI	—	—	—	—	0.55±0.08	—
73	*p*-二甲苯	—	000106-42-3	78	870	MS/RI	—	—	—	—	3.38±0.08	8.58±0.25
74	甲苯	甜味	000108-88-3	90	766	MS/RI	—	—	—	—	2.53±0.18	—
杂环化合物												
75	2-吡咯烷酮	—	000616-45-5	64	1077	MS/RI	—	—	—	13.51±2.16	—	—
76	2,5-二甲基-吡嗪	可可,烤坚果,烤牛肉,木本草医药	000123-32-0	87	913	MS/RI	—	—	—	7.91±0.25	—	—
77	2,6-二甲基-吡嗪	可可,坚果,烤牛肉,咖啡	000108-50-9	64	915	MS/RI	—	—	—	7.40±0.00	—	—

续表

编号	化合物名称	风味描述	CAS 号	MS 匹配度	*RI*	鉴定方式	相对含量/(μg/g)					
							新鲜	真空冷冻干燥	真空冷冻干燥复水	真空冷冻干燥+甲醇	真空冷冻干燥+乙酸乙酯	真空冷冻干燥+环己烷
78	甲基吡嗪	坚果,可可,烤巧克力,花生	000109-08-0	87	826	MS/RI	—	—	—	13.47±0.01	—	—
酯类												
79	1,2-苯二甲酸-双(1-甲基乙基)酯	—	000605-45-8	78	0	MS	—	—	—	—	—	4.25±0.05
80	1,2-苯二甲酸-2-乙基己基丁酯	—	000085-69-8	86	0	MS	—	—	—	—	5.39±0.51	—
81	1-甲氧基-2-乙酸丙酯	—	000108-65-6	78	0	MS	—	—	—	—	2.33±0.03	—
82	二氢猕猴桃内酯	麝香香豆素	017092-92-1	95	1538	MS/RI	—	—	—	—	3.46±0.12	—
83	(*E*,*E*)-乙酸法呢醇酯	油蜡状	004128-17-0	91	1840	MS/RI	0.29±0.02	—	—	96.07±1.62	80.77±1.74	36.16±0.61
84	乙酸丁酯	香蕉水果味	000123-86-4	78	812	MS/RI	—	—	—	—	2.28±0.06	—
85	(*E*)-3-烯基 2-甲基-2-烯酸盐	—	1000373-72-1	72	1115	MS/RI	—	—	—	21.39±1.97	—	—

86	壬基乙烯基碳酸酯	—	1000383-25-6	72	1414	MS/RI	—	—	—	—	—	0.78±0.09
87	乙酸正丙酯	蔬菜水果香味	000109-60-4	78	712	MS/RI	—	—	—	—	99.57±1.03	—
88	2-甲基丙酸乙酯	甜的水果酒香	000097-62-1	90	755	MS/RI	—	—	—	—	2.69±0.12	—
酸类												
89	3-苯基-2-丙烯酸	甜味,安息香脂	000621-82-9	83	1434	MS/RI	—	—	—	12.09±2.01	—	—
90	丙酸	醋,酸干酪	000079-09-4	87	740	MS/RI	—	—	—	7.33±0.00	—	—
醚类												
91	1,1-二乙氧基-乙烷	坚果,泥土,甜熟菜味	000105-57-7	83	725	MS/RI	—	—	—	—	3.90±0.31	—
其他类												
92	1,4-二甲基-2,3-二氮杂二环[2.2.1]庚-2-烯	—	071312-54-4	78	0	MS	—	—	0.93±0.01	—	—	—

续表

编号	化合物名称	风味描述	CAS 号	MS 匹配度	*RI*	鉴定方式	相对含量/(μg/g)					
							新鲜	真空冷冻干燥	真空冷冻干燥复水	真空冷冻干燥+甲醇	真空冷冻干燥+乙酸乙酯	真空冷冻干燥+环己烷
93	2,3-二氢-香豆酮	—	000496-16-2	68	1219	MS/RI	—	—	—	22. 34±4. 50	—	—
94	1-碘代-十二烷	—	004292-19-7	90	0	MS	—	—	—	—	—	10. 03±0. 12
95	1-碘代-十四烷	—	019218-94-1	80	0	MS	—	—	—	—	—	13. 46±0. 20

注:*RI*:保留指数。

(四) GC-IMS

由于质子亲和力的影响，冻干香椿粉经溶剂处理的样品无法直接进 GC-IMS 分析鉴定，因此本节只针对新鲜、真空冷冻干燥香椿、复水冻干香椿粉进行对比分析研究。

图 6-8（见书后插页）为三种香椿样品挥发性成分的 HS-GC-IMS 二维图谱，纵坐标代表 GC 保留时间，横坐标代表反应离子峰迁移时间，蓝色为背景，左侧红色竖线为 RIP 峰。其中每一个亮点代表一种挥发性物质，白色点表示该物质浓度较小，红色代表物质浓度较大，且红色越深表示浓度越高。由图可知，不同处理的香椿样品中挥发性成分均可通过 GC-IMS 很好地分离，且可直观看出新鲜和复水冻干香椿粉中挥发性组分更为相似，冻干香椿粉与其具有明显的差异。

根据目前现有的软件内置的 IMS 迁移时间数据库以及 NIST 2014 气相保留指数数据库进行二维定性，在 3 种样品中共计鉴定出 32 种挥发性化合物（表 6-4），部分化合物浓度高会产生二聚体及多聚体，它们的保留时间与单体相近，但迁移时间不同而区别开。32 种挥发性化合物的碳链为 C4~C10，主要包括 10 种醇类、10 种醛类、1 种酸类、2 种萜烯类、3 种酮类、1 种酯类、5 种其他类。

表 6-4 部分挥发性物质的定性结果

化合物分类	序号	化合物名称	CAS 号	分子式	*RI*	*Rt*/s	*Dt*/ms
醇类	1	芳樟醇	C78706	$C_{10}H_{18}O$	1121.40	960.54	1.22
	2	苯乙醇	C60128	$C_8H_{10}O$	1120.60	958.96	1.65
	3	(*E*)-3-己烯醇	C928972	$C_6H_{12}O$	849.00	415.59	1.52
	4	(*Z*)-3-己烯醇	C928961	$C_6H_{12}O$	833.50	388.50	1.52
	5	3-甲基戊醇	C589355	$C_6H_{14}O$	838.50	397.11	1.61
	6	2-甲基-1-戊醇	C105306	$C_6H_{14}O$	834.20	389.76	1.30
	7	1-戊醇	C71410	$C_5H_{12}O$	782.80	305.97	1.25
	8	2-己烯醇	C626937	$C_6H_{14}O$	787.60	313.32	1.57
	9	3-甲基-1-丁醇	C123513	$C_5H_{12}O$	741.60	246.75	1.49
	10	1-戊醇	C71410	$C_5H_{12}O$	771.20	288.33	1.26
醛类	11	(*E*,*E*)-2,4-二烯醛	C4313035	$C_7H_{10}O$	1019.50	766.29	1.19
	12	苯甲醛	C100527	C_7H_6O	967.70	657.51	1.15
	13	庚醛	C111717	$C_7H_{14}O$	896.10	504.84	1.33
	14	(*E*)-2-己烯醛	C6728263	$C_6H_{10}O$	849.00	415.59	1.18
	15	己烯醛	C66251	$C_6H_{12}O$	791.20	318.99	1.25
	16	(*E*)-2-戊醛	C1576870	C_5H_8O	750.00	257.99	1.11
	17	乙缩醛	C105577	$C_6H_{14}O_2$	732.90	235.62	1.13
	18	戊醛	C110623	$C_5H_{10}O$	726.00	227.11	1.42
	19	2-甲基丁醛	C96173	$C_5H_{10}O$	669.70	174.09	1.41
	20	丁醛	C123728	C_4H_8O	598.00	136.71	1.29

续表

化合物分类	序号	化合物名称	CAS 号	分子式	*RI*	*Rt*/s	*Dt*/ms
酸类	21	丁酸	C107926	$C_4H_8O_2$	820.80	366.87	1.16
萜烯类	22	α-水芹烯	C99832	$C_{10}H_{16}$	992.60	710.85	1.22
	23	α-蒎烯	C80568	$C_{10}H_{16}$	934.70	585.69	1.30
酮类	24	1-辛烯-3-酮	C4312996	$C_8H_{14}O$	967.00	655.83	1.27
	25	环己酮	C108941	$C_6H_{10}O$	894.30	501.27	1.15
	26	二乙酰	C431038	$C_4H_6O_2$	602.10	138.50	1.17
酯类	27	丙酸乙酯	C105373	$C_5H_{10}O_2$	709.10	208.22	1.15
其他类	28	2-乙基-5 甲基吡嗪	C13360640	$C_7H_{10}N_2$	1002.50	731.64	1.20
	29	2,5-二甲基吡嗪	C123320	$C_6H_8N_2$	907.70	528.57	1.11
	30	2-乙基呋喃	C3208160	C_6H_8O	718.60	218.50	1.30
	31	2,5-二甲基呋喃	C625865	C_6H_8O	697.90	196.98	1.36
	32	3-丁烯腈	C109751	C_4H_5N	642.40	157.50	1.25

注：*RI*：保留指数；*Rt*：保留时间；*Dt*：迁移时间。

为更直观且定量地比较不同样品中挥发性化合物的差异，采用设备内置的 LAV 软件的 GalleryPlot 插件，自动生成相应的指纹图谱（图 6-9，见书后插页）。图中每一行代表一个样品中所含的挥发性化合物，每一列是不同样品之间同一种挥发性化合物的差异。颜色的明亮程度代表挥发性化合物的含量，颜色越亮，含量越高。可以看出，A 区域为三种香椿样品共有的挥发性物质，主要为醛类和酮类；B 区域为新鲜及复水冻干香椿粉共有的挥发性物质，主要为醇类、醛类及酮类，尤其是芳樟醇、苯乙醇，明显区别于冻干香椿粉，可能对香椿特征气味具有明显贡献；C 区域挥发性化合物为新鲜香椿中特有物质，其他两种样品中几乎不存在，主要为萜烯类和醇类；D 区域挥发性化合物大量存在于复水冻干香椿粉中，其他样品中含量较少，主要为醛类、酸类及其他类，该部分物质可能是冻干粉在复水过程中发生分解转化新产生的。但由于 GC-IMS 数据库暂不完善，部分化合物无法定性，图中 1~30 号为未能定性的未知化合物。由图 6-9 可知香椿经真空冷冻干燥后，香椿中一部分挥发性物质不断减少，冻干粉复水后又有一大部分物质不断增多，甚至从无到有，说明挥发性物质组分在样品处理过程中进行了转化。

GC-IMS 检测到的主要为小分子、挥发性强且含量低的挥发性成分，而 GC-MS 检测的多是大分子且含量较高的挥发性成分，因此 GC-IMS 检测结果与 GC-MS 结果呈现一定的差异性。目前关于香椿挥发性成分的研究主要采用 GC-MS 进行检测分析，但分子质量小且含量极低的酮类、酸类、呋喃类等化合物很难被检测到，因此本节采用 GC-MS 和 GC-IMS 共同检测分析样品的挥发性成分，扩大了样品中挥发性成分的检测范围。

通过设备内置的 LAV 软件对指纹图谱上 32 个信号点的信号强度进行主成分分析，从而对不同香椿样品的风味差异进行数字化分析。如图 6-10 所示，第 1 主成分（PC1）贡献率为 61%，第 2 主成分（PC1）贡献率为 36%，前两个主成分的累计贡献率为 97%，超过了 85%，表明前 2 个主成分综合了不同样品挥发性成分的绝大部分原始变量信息，能够代表样品的主要特征信息。通过二维空间的数据分布可以直观地观察到不同样品间的差异性，同一处理样品相对距离较近或重叠，表明样品检测重复性好；不同样品的类间距离表明不同样品的差异性程度，二者的凝聚点距离越近说明二者差异较小，距离越远差异较大。新鲜、冻干香椿粉及复水冻干香椿粉三者在 PC1 和 PC2 上均有较显著的差异，但新鲜和复水冻干香椿粉类间距离较近，说明新鲜和复水冻干香椿粉差异较小，较为相似。

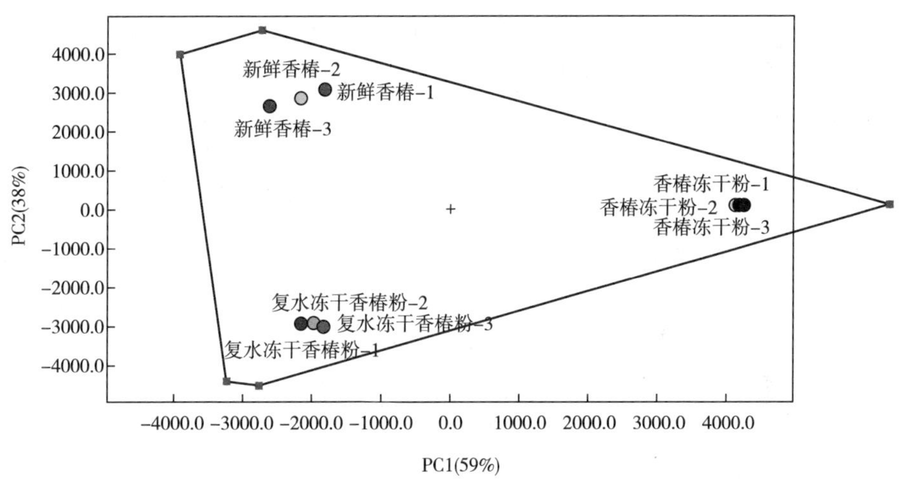

图 6-10 3 种香椿样品挥发性成分的 HS-GC-IMS 主成分分析图

四、小结

本节以新鲜香椿为对照，通过感官评价、电子鼻测定及 GC-IMS、GC-MS 分析鉴定，对比研究了香椿冻干粉在不同溶剂（水、甲醇、乙酸乙酯、环己烷）处理下香气物质变化情况，发现冻干香椿粉在水的作用下可以激活释放香椿特征香气，而在不同极性有机溶剂中则无法激活释放，揭示了水能够激活香椿特征香气的释放。从生化角度分析，真空冷冻干燥在低温下进行，因此对于许多热敏性的物质特别适用，微生物的生长和酶的作用无法进行，且微生物和蛋白质不会发生变性或失去生物活力，能保持原来的性状，从而使得生物体内的酶和底物在水介质的作用下，酶被激活，发生酶促反应，将蛋白质水解为氨基酸，然后氨基酸进一步分解转化，从而产生特征香味物质。但水是如何激活特征香气的释放，其作用机制及合成途径将是本节研究后续进行研究的方向。

第二节　香椿特征风味油制备技术

每年的三四月，是香椿嫩芽上市的季节，其浓郁的香气和特殊的风味深受人们的青睐，虽价格高达60元/千克左右，但仍供不应求。香椿嫩芽在2周之后便开始木质化失去鲜食商品价值。香椿短暂的市场供给远远不能满足人们的需求，如何将可食性的香椿特征风味进行高效制备值得研究关注。研究表明，含硫类化学组分是香椿特征风味的主要贡献者，香椿的特征风味主要是(*Z*/*E*)-2-巯基-3,4-二甲基-2,3-二氢噻吩、(*E*,*E*)-二丙烯基二硫化物、(*E*,*Z*)-二丙烯基二硫化物等。因为硫醚类物质化学性质极其不稳定，同时在80℃容易受温度的影响发生变化，且随着温度的升高而转变成噻吩而失去其特征风味。

目前从香辛植物中制备风味物质的方法主要为压榨法、水蒸气蒸馏法、溶剂萃取等，中国风味油的传统加工方式主要采用单相食用油脂直接浸提香辛植物或其提取物，如花椒油、八角茴香油等。对于热敏感风味物质来说，溶剂萃取是较好的选择，但其后期过滤工艺操作麻烦，且增加生产成本。鉴于香椿中的特征香味主要为含硫化合物，在较低温度下受热易分解，因此提出了双相液体萃取温度可独立调控、提取过程动静结合的水-油双相萃取技术。

本节利用水-玉米油双相萃取技术萃取冻干粉中的香椿风味，制得双相萃取香椿风味油，同时以常规的单相玉米油萃取冻干粉中的香椿风味作为对照，制得单相萃取香椿风味油。通过感官评价、电子鼻、顶空固相微萃取-气相色谱-质谱联用仪（HS-SPME-GC-MS）和气相色谱-离子迁移谱联用仪（GC-IMS）等技术对两种方法制得的香椿风味油的风味轮廓进行分析，研究的目的：①揭示水-油双相体系能瞬间激发无香椿风味的香椿冻干粉产生浓郁的香椿特征风味物质；②构建一种香椿特征风味大量制备的双相制备技术；③比较双相和常规单相制备技术的主要风味物质及相对含量。

一、材料与设备

（一）材料与试剂

香椿冻干粉：为保证样品的一致性，香椿（幼芽，长约10cm）于2020年4月2日采自河南省登封市三一香椿示范基地，采摘当天低温运回实验室，分拣除杂后，完整的香椿枝条进行真空冷冻干燥。干燥结束后，利用高速万能粉碎机进行粉碎处理，置于干燥器中室温（25℃）备用。玉米油：购自山东省长寿花食品股份有限公司。

2-甲基-3-庚酮购于德国DR；正构烷烃（C5、C6、C7~C40）购自美国Sigma-Aldrich公司；*n*-酮（C4~C9）购自国药化学试剂有限公司。

（二）仪器与设备

ME204E型电子天平，梅特勒-托利多仪器（上海）有限公司；VFD-2000A真空冷冻干燥机，上海比朗仪器制造有限公司；FW-80高速万能粉碎机，北京市永光明医疗仪器有限公司；DF-101S集热式恒温加热磁力搅拌器，巩义市予华仪器有限责任公司；C20型玻璃仪器气流烘干器，郑州杜甫仪器厂；PEN3便携式电子鼻系统，德国Airsence公司；7890A-7000B GC-MS、HP-5MS［30m×0.25mm（内径）×0.25μm（膜厚）］，美国安捷伦公司；50/30μm二乙烯基苯/羧甲基/聚二甲基硅氧烷（DVB/CAR/PDMS）纤维萃取头，美国Supelco公司；Flavour Spec GC-IMS系统，德国GAS公司。

二、试验方法

（一）样品处理

1. 双相浸提原理及装置

本节结合香椿香气的特点和油脂的包埋作用，提出了双相浸提制备含硫类香辛植物调味油工艺。该工艺采用水、油两种液相介质分别形成加热浸提区、冷却萃取区，双区的浸提萃取温度可独立调控、提取过程动静结合，从而有效增加香辛植物调味油产品的营养和风味，提升调味油浸提效率，同时减少调味油后续净化流程。该双相浸提装置示意图如图6-11所示。

2. 双相浸提水样和油样样品制备

准确称取20.00g香椿冻干粉置于双相浸提装置，为了能更好地激活香椿风

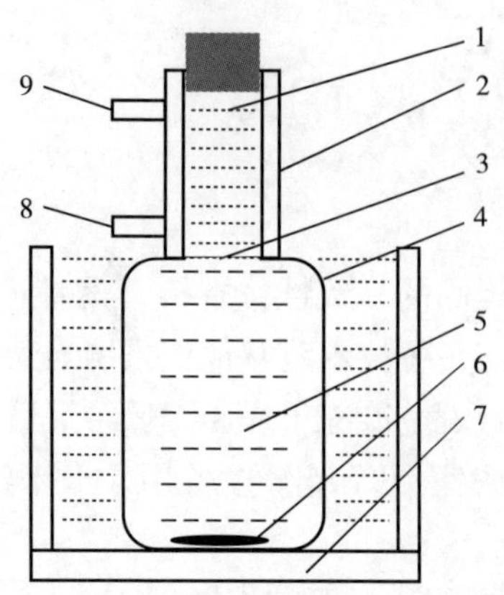

1—油相区域；2—冷却夹套；3—油-水两相界面；4—双相浸提容器；5—双相区域；6—磁力搅拌子；7—加热槽；8—进水口；9—出水口。

图 6-11 双相浸提装置示意图

味，在大量试验基础上，按照香椿冻干粉：蒸馏水 = 1 ：10（质量比）添加蒸馏水，室温静置 30min，再按照香椿冻干粉：玉米油 = 1 ：10（质量比）添加玉米油，加入转子后，用封口膜封口。打开磁力搅拌器开关，水相温度设为 50℃，转速为保持油水两相界面不动，设置为 800r/min。通过调节冷却水流速控制油相温度为 20℃，浸提 2h 后，先用纱布进行粗过滤，再倒入分液漏斗。上层为油相，经过滤及除水后得到双相浸提油样；下层为水相，经过滤后得到双相浸提水样。最后样品分别装到棕色顶空瓶中放在 -20℃ 冰箱中用于下步分析。

3. 单相浸提油样样品制备

准确称取 20.00g 香椿冻干粉置于三角瓶中，按照香椿冻干粉：玉米油 = 1 ：10（质量比）添加玉米油，加入转子后，用封口膜封口，室温静置 30min。放入磁力搅拌器中，与双相浸提保持一致，油相温度设为 50℃，转速 800r/min，浸提 2h 后取出，经过滤后得到单相浸提油样。最后样品装到棕色顶空瓶中放在 -20℃ 冰箱中用于下步分析。

（二）感官评价

采用定量描述分析法（QDA）对不同样品的主要气味成分进行人工感官分析。感官分析是由 10 名小组成员（6 名女性和 4 名男性，年龄：22～40 岁）组成。所有小组成员均需要受过专业培训，在感官分析方面具有丰富的经验，且对香椿没有特别的偏爱。称取 10g 样品于 50mL 无色 PET 透明瓶中，将样品随机排列放置在环境和相对湿度较低的单间感官室内。

在培训期间，小组成员讨论了样品的不同香气属性，并对闻到的感官特征描述词进行统计。他们通过共识最终确定了油脂味、青草味、肉香味、大蒜味、泥土味、刺激味等6个出现频率最高的词汇作为定量描述的依据，这些描述语被认为是香椿样品风味的重要因素。描述性感官分析采用0~9的10点制标度法评分，气味强度范围为0（无）至9（非常强）。小组成员对每种气味指标取平均值进行强度评判，并绘制样品风味轮廓图。

（三）电子鼻

PEN3便携式电子鼻包括一个采样设备、一个传感器阵列的检测器单元以及用于数据记录和分析的模式识别软件。传感器阵列系统由10种化学组成和厚度不同的金属氧化物半导体（MOS）组成。根据传感器元件对应的敏感物质类型不同，分为W1C（芳香成分，苯类）、W5S（氮氧化合物）、W3C（氨水和芳族化合物）、W6S（氢化物）、W5C（芳族脂族化合物）、W1S（甲基类，宽范围化合物）、W1W（硫化合物）、W2S（醇类、醛酮类）、W2W（有机硫化物）和W3S（长链烷烃）。

准确称取1.00g香椿冻干粉、5.00g水样或油样分别放入50mL玻璃小瓶中，然后用装有聚四氟乙烯/硅氧烷隔垫的螺帽密封。之后将样品在25℃下放置30min（顶空生成时间）。在测量时间（80s）内，采样单元以300mL/min的速度吸取顶端空气自动注入电子鼻中，从而导致传感器电导率发生变化，用计算机每秒记录一次数据采样时间足够长，足够使传感器稳定下来。测量完成后，用干净的空气冲洗反应室10min，直到传感器信号返回基线为止。每个样品至少重复三次分析。使用主成分分析法（PCA）分析获得的数据。

（四）气相色谱-质谱联用仪检测

准确称取1.00g香椿冻干粉、5.00g水样或油样分别放于20mL顶空瓶密封，然后于40℃水浴中平衡15min。先将50/30μm DVB/CAR/PDMS萃取头在250℃下老化1h，然后将萃取头暴露于平衡后的样品顶部空间进行固相微萃取（SPME）30min。将吸附在SPME纤维上的挥发性化合物在GC-MS进样器中于250℃解吸5min，然后立即使用Agilent 7890A-7000B GC-MS仪器分析样品。

GC条件：毛细管柱为HP-5MS（30m×0.25mm×0.25μm），氦气（纯度>99.999%）用作载气，流速为1mL/min。喷射器温度为250℃，并且喷射模式为不分流。色谱柱温度40℃持续3min，然后以2℃/min的速度升至70℃（保持2min），以5℃/min的速度升至150℃（保持2min），以8℃/min的速度升高至230℃（保持5min）。

MS条件：四极杆温度150℃，传输线温度250℃，EI离子源的温度为230℃，电子能量为70eV。采集为全扫描模式，质量扫描范围 *m/z* 40~800。

气相色谱-质谱联用仪通过将其质谱图与 NIST 2017 数据库的质谱图进行比较，初步确定了这些挥发性化合物。不考虑与 NIST 库具有≤80%相似性的化合物。在相同的色谱条件下分析同源系列的正构烷烃（C5~C40），以计算出检测到的化合物的保留指数（*RI*），并使用同一毛细管柱将其与 NIST 2017 数据库中的 *RI* 进行比较。根据 Kratz 公式［式（6-1）］计算 *RI* 值。

采用内标法通过将挥发物的峰面积与内标物（2-甲基-3-庚酮）的峰面积相关联，可以计算出香气化合物的相对浓度。每种化合物的含量按照式（6-2）计算。

（五）气相色谱-离子迁移谱检测

GC-IMS 系统配备了自动进样器和 WXT-5 毛细管柱（15m×0.53mm×0.53μm）。准确称取 0.2g 香椿冻干粉、2.0g 水样或油样分别放入 20mL 顶空样品瓶中，然后将样品在 HS 体积中于 40℃以 250r/min 孵育 10min。孵育后，通过氮气（纯度为 99.99%）在 80℃的注射器温度下以不分流进样模式将 200μL 顶空注入 WXT-5 毛细管柱中。分析物在 60℃恒温的色谱柱中分离，氮气作为载气的程序流量如下：2.0mL/min 保持 2min，流量在 10min 内线性上升至 5.0mL/min，在 20min 内线性升至 50.0mL/min，在 30min 时线性增至 100.0mL/min，然后停止流动。将分析物驱动到电离室，以具有 300 MBq 活性的 3H 电离源以阳离子模式电离。将所得离子驱动到漂移管（长 9.8cm），该漂移管在恒定温度（45℃）和电压（500V）下运行。漂移气体（N_2）流量设置为 150mL/min 的恒定流量。

每个挥发物的保留指数（*RI*）是使用正酮 C4~C9 作为外部参考计算的。通过比较 *RI* 和 GC-IMS 库的迁移时间来鉴定挥发性化合物。根据 GC-IMS Library Search 应用程序软件的 NIST 数据库和 IMS 数据库对挥发物进行定性分析。GC-IMS 数据的提取和分析通过 LAV 软件进行，以生成差异图谱，并获取有关组件的相应信息。

三、结果与分析

（一）感官评价结果

为了解香椿冻干粉、双相浸提水样、双相浸提油样、单相浸提油样 4 种样品的总体香气特征，本节以 6 个主要香气属性作为评级来进行感官描述分析，包括油脂味、青草味、肉香味、大蒜味、泥土味、刺激味。通过挥发性风味剖面（图 6-12，见书后插页）可知，双相浸提-油样样品中的青草味、肉香味、大蒜味、刺激味显著高于其他样品，这可能是因为双相制备生成了新的化合物且被油脂吸附包埋。感官评价无法识别和鉴定导致不同样品存在差异的特征香气成分，因此后续采用电子鼻、GC-MS、GC-IMS等感官仪器进行检测分析。

（二）电子鼻结果

将香椿冻干粉、双相浸提-水样、双相浸提-油样、单相浸提-油样的电子鼻数据作雷达图，对比结果如图6-13（见书后插页）所示。电子鼻每个传感器对4种样品均有明显的响应，且响应值均不相同，说明各样品的香气成分有一定的差别。香椿冻干粉对传感器W1C（芳香成分，苯类）、W5S（氮氧化合物）、W2W（有机硫化物）的响应值最高，而传感器W1W（硫化合物）、W2W（有机硫化物）、W5S（氮氧化合物）对双相浸提-水样、双相浸提-油样、单相浸提-油样的挥发性香气物质最为敏感，其中双相浸提-油样>双相浸提-水样>单相浸提-油样，原因可能是因为在双相浸提过程中随反应的不断进行，氮氧化合物和硫化物的种类和数量不断增加。

为进一步分析香椿冻干粉、双相浸提-水样、双相浸提-油样、单相浸提-油样的区别，对电子鼻响应值的数据集进行PCA，结果如图6-14（1）和（2）所示。PC1贡献率为65.00%，PC2贡献率为30.80%，总共贡献率为95.80%，大于85%，说明该方法有效且能够很好地反映样品的整体信息，且这两个主成分可代表样品挥发性风味的主要特征。每组样品测定数据均能成团，说明电子鼻数据稳定性和重复性较好。4种样品的香气成分区域无交叉，从PC1角度看，双相浸提-水样、双相浸提-油样和单相浸提-油样主要位于负向端，从PC2角度看，双相浸提-油样位于正向端，单相浸提-油样均位于负向端，由上述分析可得，PCA法可以将两种浸提方法制备的油样样品完全区分，且差别明显。由图6-12（2）可知，W1S（甲基类，宽范围化合物）和W1C（芳香成分，苯类）对PC1贡献率最大，W1W（硫化合物）对PC2贡献率最大。

香椿主要特征风味物质为含硫类物质，电子鼻数据显示含硫类化物在双相浸提-油样中响应最大，且双相浸提-油样和单相浸提-油样差异主要体现在硫化物、无机硫化物、氢化物等物质上，不仅进一步验证了两种浸提方法制备油样样品香气特性的差异，而且证明了利用双相浸提方法制备香椿风味油是可行的。

（三）HS-SPME-GC-MS分析

HS-SPME-GC-MS对香椿冻干粉、玉米油、双相浸提-水样、双相浸提-油样、单相浸提-油样的总离子流图如图6-15（见书后插页）所示，样品中挥发性化合物的分析结果如表6-5所示，样品中各类挥发性化合物的数量和相对含量变化如图6-16（见书后插页）所示。由表6-5和图6-16可知，5个样品中共检测鉴别出含硫类、醇类、酯类、醛类、酮类、醚类、萜烯类及其氧化物类、含氮类和烷烃类等9类61种挥发性成分，其中冻干香椿粉、玉米油、双相浸提-水样、双相浸提-油样和单相浸提-油样分别检出46种、4种、9种、12种和14种。

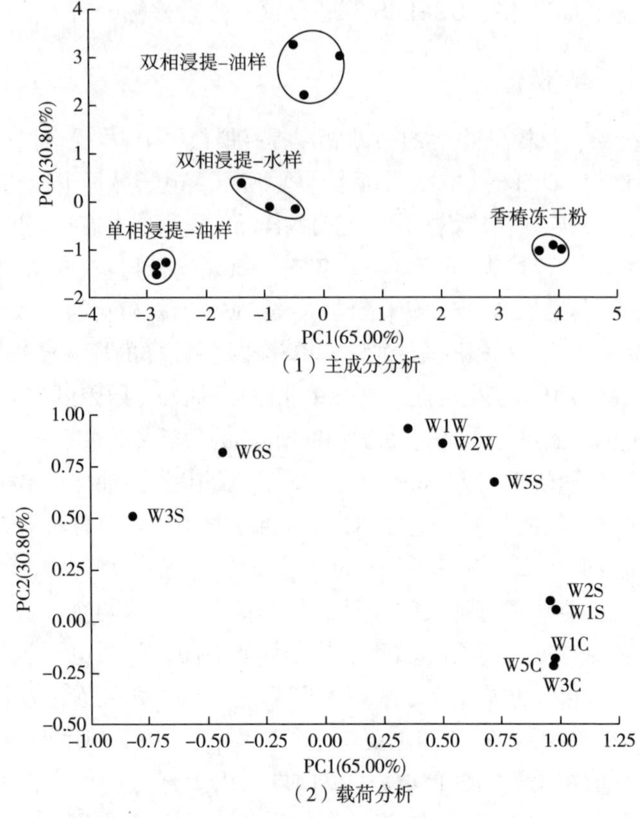

图 6-14 不同样品电子鼻的主成分分析和载荷分析

含硫类物质一般具有较低的阈值和较强的气味，呈现出类似于大蒜、洋葱、韭菜等刺激性味道，对香椿的独特风味起着至关重要作用，也是目前香椿中公认的重要挥发性物质。5 个样品中只有香椿冻干粉、双相浸提-水样和双相浸提-油样检测到含硫类物质，香椿冻干粉中检测到了 4-甲基-异噻唑（0. 062μg/g）、3,4-二甲基-噻吩（0. 136μg/g）、硫代硼酸二乙酯（0. 123μg/g），双相浸提-水样中检测到了 3,4-二甲基-噻吩（0. 004μg/g），双相浸提-油样中检测到了 3,4-二甲基-噻吩（0. 406μg/g）、(*E*,*Z*)-二丙烯基二硫醚（0. 357μg/g）、2-巯基-3,4-二甲基-2,3-二氢噻吩（1. 569μg/g），三者共同检测出的共有物质为 3,4-二甲基-噻吩。与双相浸提-油样相比，香椿冻干粉和双相浸提-水样中含硫类物质相对含量较低，单相浸提-油样未检测到含硫类物质，推测是因为水相的加入，促进了冻干香椿粉中前体物质的酶促转化，产生了含硫类化合物。前期研究表明，含硫类物质(*E*,*Z*)-二丙烯基二硫醚和 2-巯基-3,4-二甲基-2,3-二氢噻吩是香椿的特征香气成分贡献者，而 3,4-二甲基-噻吩却不是，因此一定程度上说明双相浸提-油相具有香椿的特征风味，这与感官评价和电子鼻的结果一致。

表 6-5　5 种样品中挥发性化合物的检测结果对比分析

序号	保留时间/min	化合物名称	化学式	CAS 号	香椿冻干粉	玉米油	双相浸提-水样	双相浸提-油相	单相浸提-油相	*RI*
1	3. 197	2-甲基-2-丁烯醛	C_5H_8O	1115-11-3	0. 273±0. 101	—	0. 006±0. 001	0. 163±0. 055	0. 039±0. 019	736/749
2	3. 384	1-甲基吡唑	$C_4H_6N_2$	930-36-9	—	—	0. 006±0. 001	—	0. 058±0. 006	746/—
3	3. 452	4,5-二羟基-3-甲基吡唑	$C_4H_8N_2$	1911-30-4	0. 064±0. 015	—	—	—	0. 013±0. 001	750/—
4	3. 694	1-戊醇	$C_5H_{12}O$	71-41-0	—	—	0. 004±0. 001	—	—	762/763
5	4. 152	5-甲基-1-庚烯	C_8H_{16}	13151-04-7	—	0. 022±0. 001	—	—	—	786/—
6	4. 471	辛烷	C_8H_{18}	111-65-9	—	—	—	—	0. 02±0	801/800
7	4. 512	己烯醛	$C_6H_{12}O$	66-25-1	0. 612±0. 129	0. 406±0. 008	0. 033±0. 008	0. 579±0. 181	0. 328±0. 048	802/802
8	6. 126	4-甲基-异噻唑	C_4H_5NS	693-90-3	0. 062±0. 016	—	—	—	—	844/—
9	6. 338	2-己烯醛	$C_6H_{10}O$	505-57-7	0. 384±0. 139	—	0. 023±0. 006	0. 825±0. 021	—	849/848
10	7. 028	(*E*)-2-己烯醇	$C_6H_{12}O$	928-95-0	0. 08±0. 018	—	—	—	—	867/862
11	7. 142	1-己醇	$C_6H_{14}O$	111-27-3	—	—	0. 003±0	—	0. 012±0. 001	870/867
12	7. 188	2-甲基四唑	$C_2H_4N_4$	16681-78-0	—	—	—	0. 026±0	—	871/—
13	7. 646	*N*-甲基-丙酰胺	C_4H_9NO	1187-58-2	—	—	—	0. 047±0. 016	—	883/897
14	8. 427	3,4-二甲基-噻吩	C_6H_8S	632-15-5	0. 136±0. 041	—	0. 004±0. 001	0. 406±0. 075	—	902/908
15	9. 337	2,3-二甲基-吡嗪	$C_6H_8N_2$	5910-89-4	0. 107±0. 045	—	—	—	—	918/918
16	9. 767	己酸甲酯	$C_7H_{14}O_2$	106-70-7	0. 145±0. 044	—	—	—	—	926/925

续表

序号	保留时间/min	化合物名称	化学式	CAS 号	香椿冻干粉	玉米油	双相浸提-水样	双相浸提-油相	单相浸提-油相	*RI*
17	11.236	硫代硼酸二乙酯	$C_5H_{13}BS$	92276-84-1	0.123±0.013	—	—	—	—	951/—
18	11.41	苯甲醛	C_7H_6O	100-52-7	0.676±0.123	—	0.004±0.001	0.04±0		954/958
19	11.464	环己基甲醛	$C_7H_{12}O$	2043-61-0	—	—	—	—	0.05±0.011	955/958
20	13.262	3,5-二氨基-1,2,4-三唑	$C_2H_5N_5$	1455-77-2	—	—	—	—	0.005±0.002	987/—
21	14.005	十烷	$C_{10}H_{22}$	124-18-5	—	0.046±0.007	—	—	—	1000/1000
22	14.214	三甲基-吡嗪	$C_7H_{10}N_2$	14667-55-1	0.075±0.031	—	—	—	—	1003/1002
23	15.599	D-柠檬烯	$C_{10}H_{16}$	5989-27-5	—	—	—	0.509±0	0.136±0.037	1023/1025
24	16.285	苯甲醇	C_7H_8O	100-51-6	0.798±0.122	—	—	—	—	1033/1033
25	16.939	1-硝基-己烷	$C_6H_{13}NO_2$	646-14-0	0.494±0.03	—	—	—	—	1042/1050
26	18.755	3,5-辛二烯-2-酮	$C_8H_{12}O$	38284-27-4	1.094±0.038	—	—	—	—	1068/1069
27	19.394	2,6-二乙基-吡嗪	$C_8H_{12}N_2$	13067-27-1	0.062±0.001	—	—	—	—	1077/1078
28	20.949	芳樟醇	$C_{10}H_{18}O$	78-70-6	0.197±0.057	—	—	—	—	1100/1104
29	21.958	(*E*, *Z*)-二丙烯基二硫醚	$C_6H_{10}S_2$	121609-82-3	—	—	—	0.357±0.033	—	1119/1124
30	23.386	2,6,6-三甲基-2-环己烯-1,4-二酮	$C_9H_{12}O_2$	1125-21-9	0.14±0.09	—	—	—	—	1146/1147
31	24.579	2-巯基-3,4-二甲基-2,3-二氢噻吩	$C_6H_{10}S_2$	1000322-30-1	—	—	—	1.569±0.032	—	1168/—

32	25.967	2,6,6-三甲基-1,3-环己二烯-1-吡咯甲醛	$C_{10}H_{14}O$	116-26-7	0.1±0.003	—	—	—	—	1194/1197
33	25.981	草蒿脑	$C_{10}H_{12}O$	140-67-0	—	—	—	0.13±0.02	0.033±0.001	1195/1195
34	26.17	5,7-二甲基-十一烷	$C_{13}H_{28}$	17312-83-3	0.246±0.139	0.018±0.003	—	—	0.011±0	1198/—
35	26.605	2,5-二甲基-苯甲醛	$C_9H_{10}O$	5779-94-2	—	—	0.004±0.001	—	—	1209/1208
36	26.834	2,6,6-三甲基-1-环己烯-1-吡咯甲醛	$C_{10}H_{16}O$	432-25-7	0.148±0.015	—	—	—	—	1215/1214
37	27.57	3-乙基-4-甲基-吡咯-2,5-二酮	$C_7H_9NO_2$	20189-42-8	0.072±0.009	—	—	—	—	1235/1235
38	29.838	十三烷	$C_{13}H_{28}$	629-50-5	0.464±0.122	—	—	—	—	1297/1300
39	30.954	δ-榄香烯	$C_{15}H_{24}$	20307-84-0	0.265±0.059	—	—	—	—	1333/1334
40	31.318	α-荜澄茄油烯	$C_{15}H_{24}$	17699-14-8	0.307±0.078	—	—	—	—	1345/1349
41	31.959	依兰烯	$C_{15}H_{24}$	14912-44-8	0.093±0.017	—	—	—	—	1367/1368
42	32.095	古巴烯	$C_{15}H_{24}$	3856-25-5	1.042±0.064	—	—	—	—	1371/1367
43	32.342	β-波旁烯	$C_{15}H_{24}$	5208-59-3	0.383±0.084	—	—	—	—	1379/1375
44	32.608	β-柠檬烯	$C_{15}H_{24}$	515-13-9	1.406±0.011	—	—	—	0.021±0	1388/1389
45	32.856	十四烷	$C_{14}H_{30}$	629-59-4	0.104±0.036	—	—	—	—	1396/1400
46	33.35	β-石竹烯	$C_{15}H_{24}$	87-44-5	7.051±0.093	—	—	0.045±0.01	0.076±0.025	1414/1417

续表

序号	保留时间/min	化合物名称	化学式	CAS 号	香椿冻干粉	玉米油	双相浸提-水样	双相浸提-油相	单相浸提-油相	*RI*
47	33.617	β-古巴烯	$C_{15}H_{24}$	18252-44-3	0.126±0.007	—	—	—	—	1424/1422
48	33.894	α-愈创木烯	$C_{15}H_{24}$	3691-12-1	0.352±0.078	—	—	—	—	1435/1438
49	34.025	(1*R*,3*aS*,8*aS*)-7-异丙基-1,4-二甲基-1,2,3,3*a*,6,8*a*-六氢甘菊环	$C_{15}H_{24}$	36577-33-0	0.302±0.059	—	—	—	—	1439/1435
50	34.158	α-紫穗槐烯	$C_{15}H_{24}$	20085-19-2	0.158±0.026	—	—	—	—	1444/1445
51	34.279	α-石竹烯	$C_{15}H_{24}$	6753-98-6	0.863±0.124	—	—	—	0.007±0.001	1449/1452
52	34.475	别香橙烯	$C_{15}H_{24}$	25246-27-9	0.06±0.009	—	—	—	—	1456/1457
53	34.921	γ-依兰油烯	$C_{15}H_{24}$	30021-74-0	0.218±0.055	—	—	—	—	1473/1476
54	35.162	(+)-瓦伦亚烯	$C_{15}H_{24}$	4630-07-3	0.965±0.012	—	—	—	—	1482/1484
55	35.401	2-异丙烯基-4*a*,8-二甲基-1,2,3,4,4*a*,5,6,8*a*-八氢萘	$C_{15}H_{24}$	207297-57-2	0.674±0.124	—	—	—	—	1491/1493
56	35.532	表双环倍半水芹烯	$C_{15}H_{24}$	54274-73-6	0.055±0.01	—	—	—	—	1496/1498
57	35.753	α-法呢烯	$C_{15}H_{24}$	502-61-4	0.07±0.013	—	—	—	—	1504/1507
58	35.884	γ-杜松烯	$C_{15}H_{24}$	39029-41-9	0.127±0.029	—	—	—	—	1509/1511
59	36.13	δ-荜橙茄烯	$C_{15}H_{24}$	483-76-1	0.185±0.031	—	—	—	—	1517/1519
60	36.275	二氢猕猴桃内酯	$C_{11}H_{16}O_2$	17092-92-1	0.31±0.082	—	—	—	—	1522/1525
61	37.825	石竹烯氧化物	$C_{15}H_{24}O$	1139-30-6	0.23±0.045	—	—	—	—	1577/1578

醇类和酯类化合物也是香椿挥发性成分的重要组成部分，大多具有不同的果香、花香、清香等香气味道，且阈值一般比较低，且对香椿的刺激性气味起到一定的中和作用。双相浸提-水样检测到了正戊醇（0.004μg/g）和正己醇（0.003μg/g），双相浸提-油样未检出，单相浸提-油样只检测到了正己醇（0.012μg/g），赋予产品青草香及果香气味。

醛、酮、醚类物质是香椿挥发性成分中相对含量较高的物质。在香椿冻干粉、玉米油、双相浸提-水样、双相浸提-油样和单相浸提-油样相对含量占比分别为17.39%、82.52%、80.46%、36.99%和55.62%。5个样品共同检测到的物质为正己醛，赋予了样品青草香、水果香和脂肪香。2-甲基-2-丁烯醛在香椿冻干粉、双相浸提-水样、双相浸提-油样和单相浸提油样均有检出，含量分别为0.273 μg/g、0.039μg/g、0.163μg/g和0.006μg/g，具有青草香、坚果香，并带有水果的味道。双相浸提-油相还检测到了2-己烯醛（0.825μg/g）和苯甲醛（0.040μg/g），共同赋予了样品水果香和坚果香。酮类化合物仅出现在香椿冻干粉中。醚类化合物仅检出了草蒿脑，在双相浸提-油样和单相浸提-油样相对含量分别为0.130μg/g和0.033μg/g。多种醛类物质可能在香椿风味的呈现中起加和作用，即使痕量存在，醛类物质也能与其他挥发性成分重叠产生风味效应。但一般认为，酮类物质感觉阈值较高，对气味贡献不太大。

萜烯及其氧化物类是香椿挥发性成分中含量最高和种类最多的一类化合物，对香椿风味也起着重要作用。香椿冻干粉、玉米油、双相浸提-水样、双相浸提-油样和单相浸提-油样中萜烯类化合物的相对含量为14.932μg/g、0.022μg/g、0.240μg/g、0μg/g和0.554μg/g。双相浸提-油样和单相浸提-油样中共同检出D-柠檬烯和β-石竹烯，分别具有柠檬香和丁香气味。单相浸提-油样还检测到β-榄香烯和α-石竹烯，但相对含量较低。研究表明萜烯类化合物大多具有花香、甜香及水果香等比较柔和的气味，可以起到中和噻吩等含硫类物质产生的刺激性气味。

含氮类化合物和饱和烷烃类物质由于阈值很高，几乎不产生明显嗅感，故此处不作详细分析。

通过上述分析，可以发现双相浸提-油样中含硫类化合物、醛类、醚类、萜烯及其氧化物类的相对含量大于单相浸提-油样，而醇类、含氮类和烷烃类正好相反，酯类和酮类均没有检出。前期研究表明，(*Z/E*)-2-巯基-3,4-二甲基-2,3-二氢噻吩，(*Z*,*Z*)-、(*Z*,*E*)-和(*E*,*E*)-二丙烯基二硫醚，(*Z*,*Z*)-、(*Z*,*E*)-和（*E*,*E*)-二丙烯基三硫醚，二甲基硫醚等含硫类化合物是香椿的主要特征风味物质，也是香椿具有与众不同味道的原因。但GC-MS结果显示这些含硫类物质仅在双相浸提-油样中检出，这与感官评价和电子鼻结果一致，同时进一步验证了双相浸提制备的可行性。

(四) GC-IMS 分析

1. 挥发性成分变化规律

香椿冻干粉、玉米油、双相浸提-水样、双相浸提-油样、单相浸提-油样等5种样品挥发性化合物的GC-IMS图谱如图6-17（见书后插页）所示，横坐标表示IMS分离时挥发性化合物相对于反应离子峰的迁移时间，纵坐标表示GC分离时挥发性化合物的保留时间。整个图背景为蓝色，横坐标1.0处红色竖线为RIP峰（反应离子峰，经归一化处理），RIP峰右侧的每一个点代表一种挥发性化合物，颜色深浅代表挥发性化合物的含量，由图6-17可以看出不同样品中的挥发性成分通过GC-IMS很好地分离，大部分信号出现在迁移时间为1.0~1.7ms和保留时间为100~800s的区域。

根据目前现有的软件内置的IMS迁移时间数据库以及NIST 2014气相保留指数数据库进行二维定性，在五种样品中共计鉴定出32种挥发性化合物（表6-6），部分化合物浓度高会产生二聚体，它们保留时间与单体相近，但迁移时间不同而区别开。32种挥发性化合物的碳链在C4~C10，主要包括7种醇类、13种醛类、2种酯类、4种酮类、2种酸类、1种萜烯类、2种含氮类以及1种杂环化合物。

表6-6 GC-IMS鉴定挥发性成分

化合物分类	序号	化合物名称	CAS号	化学式	保留指数	保留时间/s	迁移时间/ms
醇类	1	5-甲基-2-呋喃甲醇	C3857258	$C_6H_8O_2$	967.3	656.460	1.260
	2	2-己醇	C626937	$C_6H_{14}O$	785.0	309.330	1.569
	3	1-戊醇	C71410	$C_5H_{12}O$	770.6	287.490	1.255
	4	3-甲基-3-丁烯醇	C763326	$C_5H_{10}O$	726.6	227.850	1.289
	5	1,2-丙二醇	C57556	$C_3H_8O_2$	731.9	234.360	1.128
	6	异戊醇	C123513	$C_5H_{12}O$	741.4	246.540	1.496
	7	1,1-二乙氧基乙烷	C105577	$C_6H_{14}O_2$	717.3	217.035	1.129
醛类	8	2,4-庚二烯醛	C5910850	$C_7H_{10}O$	992.7	711.060	1.185
	9	苯甲醛	C100527	C_7H_6O	967.9	657.930	1.155
	10	庚醛	C111717	$C_7H_{14}O$	896.6	505.890	1.328
	11	(*E*)-2-己烯醛-M	C6728263	$C_6H_{10}O$	846.8	411.810	1.184
	12	(*E*)-2-己烯醛-D	C6728263	$C_6H_{10}O$	844.1	406.980	1.523
	13	(*E*)-2-戊烯醛-M	C1576870	C_5H_8O	749.4	257.250	1.107
	14	(*E*)-2-戊烯醛-D	C1576870	C_5H_8O	748.4	255.780	1.364
	15	戊醛-M	C110623	$C_5H_{10}O$	698.8	197.820	1.183
	16	戊醛-D	C110623	$C_5H_{10}O$	697.4	196.560	1.428
	17	2-甲基丁醛-M	C96173	$C_5H_{10}O$	670.8	174.930	1.158
	18	2-甲基丁醛-D	C96173	$C_5H_{10}O$	668.5	173.250	1.408
	19	丁醛-M	C123728	C_4H_8O	598.0	136.710	1.112
	20	丁醛-D	C123728	C_4H_8O	596.7	136.185	1.288

续表

化合物分类	序号	化合物名称	CAS 号	化学式	保留指数	保留时间/s	迁移时间/ms
酯类	21	乙酸乙酯	C141786	$C_4H_8O_2$	618.1	145.530	1.343
	22	丙酸乙酯	C105373	$C_5H_{10}O_2$	708.1	207.060	1.461
酮类	23	2,3-丁二酮	C431038	$C_4H_6O_2$	602.9	138.810	1.174
	24	3-戊酮	C96220	$C_5H_{10}O$	689.2	189.210	1.349
	25	2-丁酮	C78933	C_4H_8O	600.7	137.865	1.250
	26	2,3-戊二酮	C600146	C_5H_8O2	693.6	193.095	1.219
酸类	27	丁酸	C107926	$C_4H_8O_2$	818.4	362.880	1.167
	28	丙酸	C79094	$C_3H_6O_2$	708.8	207.900	1.266
萜烯类	29	α-蒎烯	C80568	$C_{10}H_{16}$	934.1	584.430	1.221
含氮类	30	3-丁烯腈-M	C109751	C_4H_5N	641.3	156.870	1.132
	31	3-丁烯腈-D	C109751	C_4H_5N	643.2	157.920	1.248
杂环化合物	32	1,4-二氧六环	C123911	$C_4H_8O_2$	704.5	203.490	1.130

注：M：单体；D：二聚体。

为更直观且定量地比较不同样品中挥发性化合物的差异，采用设备内置的 LAV 软件的 GalleryPlot 插件，自动生成相应的指纹图谱（图 6-18，见书后插页）。图中每一行代表一个样品中所含的挥发性化合物，每一列是不同样品之间同一种挥发性化合物的差异。颜色的明亮程度代表挥发性化合物的含量，颜色越亮，含量越高。由图 6-18 可以看出，双相浸提-水样和双相浸提-油样除了检测到香椿冻干粉中的风味物质还检测到部分新生成的物质，而单相浸提-油样中检测到的风味物质基本上与香椿冻干粉一致。图中 A 区域为 5 种样品的共有挥发性化合物，主要为醇类和醛类化合物，包括 2-己醇、2-甲基丁醛-M、苯甲醛、庚醛、5-甲基-2-呋喃甲醇、戊醛-M、戊醛-D 等。B 区域中的物质有：乙酸乙酯、3-丁烯腈-D、2-丁酮、3-甲基-3-丁烯醇、丁酸、2,3-戊二酮、异戊醇、1-戊醇、2-甲基丁醛-D、(*E*)-2-戊烯醛-D、丁醛-M、(*E*)-2-戊烯醛-M、(*E*)-2-己烯醛-D、(*E*)-2-己烯醛-M、丁醛-D，这些物质主要存在于双相浸烯提-水样和双相浸提-油样中，尤其是异戊醇、1-戊醇、2-甲基丁醛-D、(*E*)-2-戊烯醛-M、(*E*)-2-己烯醛-D、(*E*)-2-己烯醛-M、丁醛-D 等物质含量高于香椿冻干粉和玉米油，而且还生成了部分新的化合物。C 区域中化合物主要存在于香椿冻干粉和单相浸提-油样中，包括 2,3-丁二酮、3-丁烯腈-M、1,2-丙二醇、1,1-二乙氧基乙烷、1,4-二氧六环。D 区域中挥发性化合物仅在香椿冻干粉中检出，包含 α-蒎烯、

2,4-庚二烯醛、3-戊酮、丙酸乙酯、丙酸。但由于 GC-IMS 数据库暂不完善，部分化合物无法定性，图中 1~30 号为未能定性的未知化合物。

2. 挥发性成分主成分分析

通过设备内置的 LAV 软件的 Dynamic PCA 插件对不同样品进行主成分分析，得到了第 1、第 2 主成分的分布图，不同颜色的点代表不同样品的归类情况。如图 6-19 所示，第 1 主成分（PC1）贡献率为 50%，第 2 主成分（PC1）贡献率为 38%，前两个主成分的累计贡献率为 88%，超过了 85%，表明前 2 个主成分综合了不同样品挥发性成分的绝大部分原始变量信息，能够代表样品的主要特征信息。通过二维空间的数据分布可以直观地观察到不同样品间的差异性，同一处理样品相对距离较近或重叠，表明样品检测重复性好，不同样品之间有明显的间距，表明不同样品的差异性明显。双相浸提-水样和双相浸提-油样差异较小，但二者与单相浸提-油样在 PC1 和 PC2 上均有较显著的差异。上述结果表明，基于 GC-IMS 对挥发性化合物含量的差异，PCA 可以将单相浸提与双相浸提制备的样品进行快速有效区别。

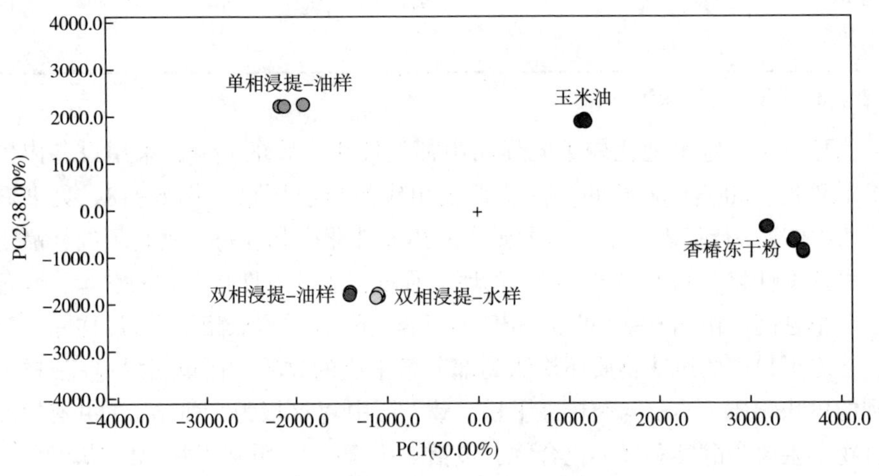

图 6-19　5 种样品的主成分分析图

GC-IMS 检测结果与 GC-MS 检测结果呈现一定的差异性，表现为 GC-IMS 检测到的主要为小分子、挥发性强且含量低的挥发性成分，而 GC-MS 检测的多是大分子且含量较高的挥发性成分。目前关于香椿挥发性成分的研究主要采用 GC-MS 进行检测分析，但分子质量小且含量极低的酮类、酸类、呋喃类等化合物很难被检测到，因此本节采用 GC-MS 和 GC-IMS 共同检测分析样品的挥发性成分，不仅可以更加全面地检测样品的挥发性成分，而且采用多种检测分析手段可以进一步验证双相浸提制备方法的可行性。

四、小结

香椿含硫类独特风味是吸引消费者的重要因素，也是大部分人群消费的关键感官品质指标，直接关系到产业经济的健康发展。但在香椿采后贮藏保鲜及加工过程中，其含硫类特征风味热敏性强、极易散失，经高温后极易发生热解或聚合反应生成其他含硫物质，造成香椿产品风味品质参差不齐，严重影响其商品价值。本节首先构建了一种香椿特征风味大量制备的双相浸提制备技术，然后采用感官评价、电子鼻、GC-MS 及 GC-IMS 等检测分析手段研究了香椿冻干粉、玉米油、双相浸提-水样、双相浸提-油样、单相浸提-油样等不同样品的风味物质变化，最终仅在双相浸提-油相中检测到具有香椿特征风味的含硫类化合物，验证了该方法的可行性。推测可能在复水条件下，香椿中风味酶被激活，从而复原并释放了香椿的特征风味。本节研究不仅可以为含硫类风味化合物的组分解析和体外稳定提供理论基础，同时为不同含硫化合物在风味形成、后期调香技术应用等方面提供重要的技术支撑，同时后续将进一步开展水激活香椿风味的机制研究和含硫类风味物质的稳定性研究。

参考文献

[1] Bordiga, M, Rinaldi M, Locatelli M , et al. Characterization of Muscat wines aroma evolution using comprehensive gas chromatography followed by a post-analytic approach to 2D contour plots comparison[J]. Food Chemistry, 2013, 140(1-2): 57-67.

[2] Chen G H, Huang F S, Lin Y C, et al. Effects of water extract from anaerobic fermented *Toona sinensis* Roemor on the expression of antioxidant enzymes in the Sprague-Dawley rats[J]. J. Funct. Foods, 2013(5): 773-780.

[3] Feng W, Wang M, Cao J, et al. Regeneration of denaturedpolyphenol oxidase in *Toona sinensis* (A. Juss.) Roem[J]. Process Biochem, 2007(42): 1155-1159.

[4] Hu G H, Sheng C, Mao R G, et al. Essential oil composition of *Allium tuberosum* seed from China[J]. Chemistry of Natural Compounds, 2013, 48(6): 1091-1093.

[5] Liao J W, Chung Y C, Yeh J Y, et al. Safety evaluation of water extracts of *Toona sinensis* Roemor leaf[J]. Food Chem. Toxicol, 2007, 45: 1393-1399.

[6] Liu C J, Zhang J, Zhou Z K, et al. Analysis of volatile compounds and identification of characteristic aroma components of *Toona sinensis* (A. Juss.) Roem. using GC-MS and GC-O[J]. Food and Nutrition Sciences, 2013, 4(3): 305-314.

[7]Mu R,Wang X,Liu S,et al. Rapid determination of volatile compounds in *Toona sinensis* (A. Juss.)Roem. by MAE-HS-SPME followed by GC-MS[J]. Chromatographia ,2007 (65): 463-467.

[8]Peng W,Liu Y J,Hu M B,et al. *Toona sinensis*: A comprehensive review on its traditional usages,phytochemisty,pharmacology and toxicology[J]. Revista Brasileira de F armacognosia,2019,29(1): 111-124.

[9]Van den Dool H,Dec Kratz P D. A generalization of the retention index system including linear temperature programmed gas - liquid partition chromatography [J]. Journal of Chromatography A,1963,11(2): 463-471.

[10]Yang W X,Cadwallader K R,Liu Y P,et al. Characterization of typical potent odorants in raw and cooked *Toona sinensis* (A. Juss.) M. Roem. by instrumental - sensory analysis techniques[J]. Food Chemistry,2019(282): 153-163.

[11]Zhai X T,Granvogl M. Key Odor-active compounds in raw green and red *Toona* sinensis (A. Juss.)Roem and their changes during blanching[J]. Journal of Agricultural and Food Chemistry,2020,68(27):7169-7183.

[12]Zhang W,Li C,You L J,et al. Structural identification of compounds from *Toona sinensis* leaves with antioxidant and anticancer activities[J]. Journal of Functional Foods,2014(10):427-435.

[13]刘倩倩,宋楠,宋玉飞,等. 香椿挥发性成分提取及分析研究进展[J]. 农产品加工,2018(4):71-74.

[14]陆长旬,张德纯,王德槟. 香椿起源和分类地位的研究[J]. 植物研究,2001,21(2): 195-199.

[15]孙晓健,于鹏飞,李晨晨,等. HS-SPME 结合 GC-MS 分析真空冷冻干燥香椿中挥发性成分[J]. 食品工业科技,2019,40(16):196-200.

[16]朱永清,李可,袁怀瑜,等."巴山红"香椿不同发育时期挥发性物质分析[J]. 食品科学,2016,37(24): 118-123.

第七章 风味物质稳定性

第一节　风味物质与食品成分的相互作用

食品中的风味物质，特别是具有挥发性的一些嗅感物质，由于分子结构中含有不饱和双键，在某些自然条件下（如光照、氧、热等）也很容易发生氧化反应或分解反应，稳定性差。例如，茶叶的风味物质在分离后就极易被氧化；油脂的风味在分离后很快就转变成人工效应，而油脂腐败时形成的鱼腥味组分也极难捕集；肉类的一种风味成分，即使保存在0℃的四氯化碳中，也会很快分解成12种组分。

香气物质常常由于挥发而造成损失，进而影响食品的品质。可以通过适当的稳定技术来防止这种挥发。在一定条件下使食品各种香气成分挥发性降低的作用，称为稳定作用。风味物质的稳定性是由食品本身的结构和特性决定的，完整无损的细胞比经过研磨、均质等加工后的细胞能更好地结合风味物质，加入软木脂或角质后，也会使香气成分的渗透性减低而易于保存。一般来讲，对食品风味物质稳定作用主要有两种方式：一是在食品表面形成包合物，即在食品微粒表面形成一层膜，使得水分子能通过而香气成分不能通过。二是物理吸附，对那些不能形成包合物的香气成分，可以通过物理吸附（如溶解或吸收）而与食品成分结合。所以，在实际的生产和加工中，对这些易分解易被氧化的风味物质采取保护措施，尤为重要。

一、脂肪与风味物质的作用

纯净油脂几乎无气味，除作为风味化合物前体外，还可以通过其对口感以及风味成分挥发性和阈值的影响调节许多食品的风味。脂类在保藏或加工过程中能发生很多反应，生成许多种中间产物和最终产物，这些化合物的物理和化学性质差别很大甚至完全不同，因此，他们所表现的风味效应也不一样，其中有些具有使人产生愉快感觉的香味，像水果和蔬菜的香气，而另一些则有令人厌恶的异味。食品加工和贮藏中，油脂产生异味的途径主要有以下几种。

（一）酸败

脂类的水解酸败导致油脂释放出游离脂肪酸，但只有短链脂肪酸才有令人不愉快的气味，特别在牛乳和乳制品中常常会遇到这种情况。另外，油脂经过自动氧化，会产生油漆、脂肪、金属、纸、蜡等的不同异味，当在食品加工过程中这些风味物质的浓度适宜时，则是人们需要的。酸败产生的异味因食品种类不同而异，即使是同一种食品氧化产生的气味，也因氧化条件的差异而有明显区别，如肉、核桃或奶油的脂肪氧化产生完全不同的酸败味。

（二）风味回复

是豆油和其他含亚油酸酯的油脂所独有的，这种异味即所谓豆腥味或草味，一般在低过氧化值（2.5mmol/kg）时出现，有几种化合物是产生风味回复的成分，从产生风味回复的豆油中鉴定出的一种化合物为2-正戊基呋喃，它是亚油酸酯经自动氧化形成的。若将此化合物以2mg/kg水平添加在其他油脂中也会产生同样的生油味。亚麻酸具有催化亚油酸自动氧化生成2-正戊基呋喃的作用。亚油酸酯自动氧化反应中形成的氢过氧化物中间体是十氢过氧化物，它并不具有亚油酸酯自动氧化的特征，但单重态氧可以使它产生这种反应。

近来发现(*Z/E*)-2-(1-戊基)呋喃可能是产生生油味的化合物，另有一些人认为，(3*Z*/3*E*)-己烯醛、磷脂和非甘油酯等其他几种化合物都是生油味的重要成分。

（三）硬化风味

氧化豆油和海鱼油在贮藏过程中产生异味（臭味），这种异味是由于油脂中形成了(6*Z*/6*E*)-壬烯醛、(2*E*,6*E*)十八碳二烯醛、酮、醇和内酯等化合物。这些化合物可能是氢化过程中形成的异构二烯自动氧化产生的。

二、糖类化合物与风味物质的作用

由不同工艺制得的食品，特别是喷雾或冷冻干燥脱水的食品，碳水化合物在这些脱水过程中对于保持食品的色泽和挥发性风味成分起着重要作用，它可以使糖水的相互作用转变成糖-风味剂的相互作用。

$$糖-水+风味剂\longleftrightarrow糖-风味剂+水$$

食品中的双糖比单糖能更有效地保留挥发性风味成分，这些风味成分包括多种羰基化合物（醛和酮）和羧酸衍生物（主要是酯类），双糖和分子质量较大的低聚糖是有效的风味结合剂，环状糊精因能形成包合结构，所以能有效地截留风味剂和其他小分子化合物。大分子糖类化合物是一类很好的风味固定剂，应用最普通和最广泛的是阿拉伯树胶，阿拉伯树胶在风味物颗粒的周围形成一层厚碘，从而可以防止水分的吸收、蒸发和化学氧化造成的损失。阿拉伯树胶和明胶的混合物用于微胶囊技术是食品风味固定方法的重大进展，此外阿拉伯树胶还用作柠檬、莱姆、橙子和可乐等乳浊液的风味乳化剂。

非氧化褐变反应除了产生类黑精外，还生成多种挥发性风味物，这些挥发物有些是需要的，有些则是不需要的。非氧化褐变使加工食品产生特殊的风味，如花生、咖啡豆在焙烤过程中产生的褐变风味。此外，它本身可能具有特殊的风味或者能增强其他的风味，具有这种双重作用的焦糖化产物是麦芽酚和乙基麦芽酚。

糖类化合物的褐变产物均有特征的强烈焦糖气味，可以作为甜味增强剂，麦芽酚可以使蔗糖甜度的检出阈值浓度降低至正常值的一半，麦芽酚还能影响食品质地并产生更可口的感觉。异麦芽酚增强甜味的效果为麦芽酚的6倍。糖的热分解产物有吡喃酮、呋喃、内酯、羰基化合物、酸和酯类等。这些化合物总的风味和香味特征使某些食品产生特有的香味。

羰氨褐变反应也可以形成挥发性香味剂，这些化合物主要是吡啶、吡嗪、咪唑、吡咯等。含硫氨基酸和D-葡萄糖一起加热可产生不同于其他氨基酸加热时形成的香味。例如，甲硫氨酸和D-葡萄糖在温度100℃和180℃反应可产生马铃薯香味，盐酸半胱氨酸形成类似肉、硫磷的香气，胱氨酸所产生的香味很像烤焦火鸡皮的气味。

褐变能产生风味物质，但是食品中产生的挥发性和刺激性产物的含量应限制在消费者所接受的水平，因为过度增加食品香味会使人产生厌恶感。

三、蛋白质与风味物质的作用

蛋白质的价值不仅体现在其营养价值上，还体现在其丰富的功能特性上。某些蛋白质制品，虽然在功能和营养上可以为人们所接受，但由于有异味，因此必须经过脱臭处理。例如，醛、酮、醇、酚和氧化脂肪酸产生豆腥味、苦味或涩味，在食品中与蛋白质或其他成分结合时，烹煮或咀嚼便能感觉出这些物质的释放。然而某些物质结合得非常牢固，甚至蒸汽或溶剂提取也不能去除。

蛋白质可以作为风味载体，产生或保存食品良好风味，如质构化植物蛋白可产生肉的风味。理想的情况是使所有挥发性风味成分在贮藏和加工中能始终保持不变，并在口腔内迅速释放而不失原味。

（一）挥发性物质和蛋白质之间的相互作用

食品的香味是由食品中的低浓度挥发物产生的，挥发物的浓度取决于食品和其表层空隙之间的分配平衡。在水-风味模拟体系中添加蛋白质，可降低表层空隙挥发性化合物的浓度。

风味结合包括食品的表面吸附或经扩散向食品内部渗透，固体食品的吸附分为两种类型，一种是范德华力相互作用引起的可逆物理吸附，另一种是共价键或静电力的化学吸附。前一种反应释放的热能低于20kJ/mol，第二种至少为40kJ/

mol。吸附性风味结合除涉及上述机制外，还有氢键和疏水相互作用。极性分子例如醇通过氢键结合，但非极性氨基酸残基靠疏水相互作用可优先结合低分子质量挥发性化合物。

在某些情况下，挥发性物质以共价键与蛋白质结合，这种结合通常是不可逆的，例如醛或酮与氨基的结合，胺类与羧基的结合都是不可逆的结合。虽然羰基挥发物同蛋白质和氨基酸的 ε-或 α-氨基之间能形成可逆的席夫碱，但分子质量较大的挥发性物质可能发生不可逆结合（在同浓度下，2-十二醛同大豆蛋白不可逆结合是50%，而辛醛为10%）。这种性质可以用来消除食品中原有挥发性化合物的气味。

挥发性物质与蛋白质的结合，只能发生在那些未参与蛋白质或其他相互作用的位点上，挥发性化合物同蛋白质的可逆的非共价键结合遵循斯卡查德（Scatchard）方程。

（二）蛋白质与挥发性化合物结合的评价方法

蛋白质载体吸附的挥发性化合物的吸附等温线，是在密闭空间中蛋白质与空气中已知起始浓度挥发性化合物达到平衡时，用气相色谱法测定一定温度下游离挥发性化合物的平衡浓度绘制的。载体对被结合化合物的保持能力，经过提取或蒸馏后即可求得被解吸的挥发物。

（三）影响蛋白质与风味物质结合的因素

任何能改变蛋白质构象的因素都会影响其对挥发性化合物的结合。水可以提高蛋白质对极性挥发性化合物的结合，但对非极性化合物的结合几乎没有影响。在干燥的蛋白质成分中，挥发性化合物的扩散是有限度的，稍微提高水的活性就能增加极性挥发物的迁移和提高它获得结合位点的能力。在水合作用较强的介质或溶液中，极性或非极性氨基酸残基结合挥发性物质的有效性受到许多因素影响。酪蛋白在中性或碱性 pH 时比在酸性 pH 溶液中结合的羧基、醇或酯类挥发性物质更多。氯化物、硫酸盐通常能稳定球蛋白的天然结构，但在高浓度时由于改变了水的结构致使疏水相互作用减弱，导致蛋白质伸展，提高对羰基化合物的结合。凡容易使蛋白质解离或二硫键裂开的试剂，均能提高对挥发物的结合，然而低聚物解离成为亚单位可降低非极性挥发物的结合，因为原来分子间的疏水区随着单体构象的改变易变成被埋藏的结构。

蛋白质彻底水解将会降低其对挥发性物质的结合能力，如每千克大豆蛋白能结合 6.7mg 正己醛，但用一种酸性细菌蛋白酶水解后的产物只能结合 1mg 的正己醛。因此，蛋白质水解后可减轻大豆蛋白质的豆腥味。此外，用醛脱氢酶使被结合的正己醛转变成己酸也能减少异味。相反，蛋白质热变性一般导致对挥发性物质的结合增强，例如，10%的大豆分离蛋白溶液在有正已醛存在时于90℃加热1h或24h，然后冷冻干燥，发现其对己醛的结合量比未加热的对照组分别大3倍和6倍。

脱水处理、冷冻干燥通常使最初被蛋白质结合的挥发物质降低50%以上，例如酪蛋白，对蒸气压低的低浓度挥发性物质具有较好的保留作用。脂类的存在能促进各种羰基挥发性物质的结合和保留，包括脂类氧化形成的挥发性物质。

四、微量食品成分与风味物质的相互作用

（一）蛋白黑素与风味物质的相互作用

该领域的研究主要集中在风味化合物与咖啡中的蛋白黑素的相互作用。蛋白黑素是在美拉德反应中形成的一种化学结构还不清楚的高分子化合物，多在咖啡烘烤中产生。把一种已知的具有咖啡香气的挥发性物质混合物分别加入水、水与咖啡蛋白黑素的混合物中，发现模型混合物在水中和含蛋白黑素的水中在香气方面最初是相似的，但是含蛋白黑素的溶液其香气在储藏过程中会发生改变（40℃，30min），混合物会丧失它特有的烘烤硫香味。分析表明大约50%的糠基硫醇在贮藏20min后会损失，在贮藏30min后就基本不存在了。3-甲基-3-丁烯-1-硫醇和3巯基-3-甲基丁基甲酸盐也有类似的损失现象。而这三个含硫挥发物能使咖啡产生烘烤硫香味。

通过凝胶过滤色谱将蛋白黑素进行分离，以确定蛋白黑素中的哪个分子量级导致了这种香气损失。发现所有的分子量级都能和含硫挥发物反应。人们曾试图通过加入其他游离硫醇来释放蛋白黑素结合的挥发物，但没有成功，这说明含硫化合物不是简单地与蛋白质结合发生二硫化物的交换反应。更深入的研究清楚地证明了这样的假设：硫醇与吡嗪离子共价结合，吡嗪离子是1,4-二-(5氨基-5羧基-1-戊烷)吡嗪自由基离子的氧化产物。

通过化学反应导致的香气化合物的损失引起人们的兴趣，首先是因为它可以部分解释现煮咖啡和陈化煮咖啡（或速溶咖啡）香气不同的原因；其次是因为它说明食品中的微量成分（煮咖啡中的蛋白黑素仅占1.25%）可能对于食品中的香气有影响。

（二）氢离子效应（pH效应）

pH会同时影响食品的味道和香气。在味道方面，氢离子浓度与食品的酸味有关。pH越低，食品尝起来越酸。在pH影响味觉的同时，pH也会影响一些酸性或碱性芳香化学物质的释放。例如，在较低的pH条件下，挥发性酸对水溶液

的香气贡献增加。因为在低 pH 的条件下，酸会质子化（不是离子化），因此在水相中的溶解度降低，这会驱使挥发性酸更多进入样品的顶空，增加它对香气的贡献。对碱性香气物质（如胺或吡嗪）的作用方式则相反，这些物质在它们的离子分配系数（pK_a）之下时，它们在水相中的溶解度会增加，因为它们被离子化，更易溶解，这使得在低 pH 下，它们对香气的贡献降低。当人们提高传统酸性食品的 pH 或试图在低 pH 食品（一般是中性或稍偏碱性）中产生好的巧克力风味时，对香气物质的 pH 效应是很明显的。

（三）无机盐、果酸与风味物质的相互作用

风味物质和无机盐的作用，最著名的就是盐析效应。水溶液中加入部分硫酸钠、硫酸铵或氯化钠就可以把挥发性香气物质驱赶到气相或与水不混溶的溶剂中。水溶液中加入 5%~15%（体积分数）的盐就可以把顶空相乙酸乙酯、乙酸异戊酯的浓度提高到 25%（体积分数）。这样的盐浓度远远超过一般食品允许的范围，但在香气物质分析中非常有用。

水溶液体系中加入柠檬酸可以明显降低顶空相的丙酮浓度，但在水溶液体系中加入苹果酸对丁二酮的蒸气压影响很小。当体系中同时含有两种果酸（如 7g/L 柠檬酸和 1g/L 苹果酸）时柠檬烯（柠檬油精）的香气阈值将提高一倍。

第二节　液态和乳状液态风味物质的加工

通常根据风味物质产品的物理状态将其分为不同的种类，如液体、乳状液、糊状物或固体，液态和乳状液类型的风味物质用于液体食品。这些食品可以是水溶性或油溶性体系，风味物质相应地溶解在水溶液（乙醇或丙二醇）或油溶性溶剂（苯甲醇、乙酸甘油酯、柠檬酸三乙酯或植物油）中。糊状风味物是一种含有较高天然成分（如植物提取物）或具有不同溶解度组分的混合物质，如切达干酪风味。切达干酪的头香部分由小分子羰基化合物和脂肪酸组成，基础呈味成分由盐类和氨基酸组成。因为这些组分不互溶，不加工成糊状物是不可能形成完整的切达干酪风味的。固态风味物是含有较高的天然风味物或风味化学物质、分散在固体脂肪或干的胶质或淀粉基质中的产品。

一、液态风味物质的加工

液态风味物质的生产本质上是一种化学混合操作。生产车间主要进行原料储藏、称重、混合和包装等工序。不稳定的化学物质贮存在冰箱或冷藏室里，刺激

性味道比较强的物质（如芥子油）存放在通风较好的房间里，而大部分化学物质保藏在室温下。风味物质生产区域也包括各种混合罐，混合罐以空气为动力进行搅拌可尽量减少火灾或爆炸的危险性。

近年来电子秤和计算机控制配方的革新使这一加工过程变得非常简单。因为一旦配方出错将会造成很大的损失，这些损失包括原材料的损失、废品的处理、工作时间的浪费和潜在的顾客不满意，或是已销售产品的召回。新的体系可以完全实现自动化，可以扫描每个配料的条形码，用计算机称重和核对配方。配料混合顺序也很重要，因为溶解性和反应活性取决于特殊化学物质的类型和浓度。因此，一般先称取溶剂以避免这些问题的产生。计算机控制系统不仅可以检查原料及其含量，而且可以检查添加顺序。配方完成后，取样做质量控制分析，质量合格后包装销售。

在生产阶段卫生不是主要问题，加工产品不大可能有微生物生长，而且很多风味化学物质对微生物具有抑制作用。液态产品配方区清洁的主要目的是避免不同风味之间的交叉污染，并且减少有机蒸气对工作人员的危害。由于些风味成分的阈值非常低，因此清洁是非常必要的。

二、乳状液的加工

风味工业产品经常是乳状液是为了保持产品风味（如饮料或焙烤用的乳状液）或赋予产品一定的浊度（混浊乳状液）。在一些饮料生产中，乳状液可能同时具有这两种作用。乳状液也可能是干燥风味产品生产过程的一个加工单元（如果风味物是油溶性的），风味工业用的乳状液通常是水（连续相）包油（风味物，分散相）型。乳状液提供了一个非常简单的方法，乳状液的主要缺点是物理性质不稳定和易被微生物污染，但焙烤用乳状液的稳定性不是一个问题，因为它们可以通过调节体系黏度达到稳定。

乳状液根据液滴粒径大小分成不同的等级，微乳平均粒径大小<0.1μm。这种乳状液在应用中根据分子大小的不同，外观可以是混浊的或透明的。非常小的颗粒只有通过非常有效的乳化剂来实现（如 Tween 80）以及用乙醇作为溶剂（如在漱口水中的应用）。微乳主要用于风味强度比较高的产品如牙膏或漱口水，因为如果高含量的乳化剂用于风味较清淡的产品可能产生异味。典型的风味混浊乳状液理想的粒径大小在0.5~2μm，小颗粒乳状液呈蓝色色调，大颗粒缺乏浊度和稳定性。

（一）饮料乳状液

饮料风味混浊乳状液至少是由一种油（调味用的油溶性风味物以及提供浊度的中性萜烯或植物油）、水、乳化剂阿拉伯胶或者化学改性淀粉组成的。典型的配方一般会加入增稠剂以及防腐剂（如苯甲酸钠加上柠檬酸或者丙二醇）（表7-1）。饮料乳状液为饮料增加风味（也增加浊度），而混浊乳状液的作用主要是赋予饮料浊度，对风味基本没有贡献。制造商使用混浊乳状液的原因可能是饮料真果汁太少，以至于不能达到相应天然果汁的浊度要求（如新鲜柠檬汁配制的柠檬水与柠檬油产品）；或者是厂商希望避免使用天然产物时浊度不理想的问题（如选用澄清果汁），因此使用合成混浊乳状液来调制到期望的浊度。在一些实例里，饮料厂商会使用饮料乳状液来赋予产品风味和部分浊度，另外再用一些混浊乳状液获得所需要的浊度。

表7-1　风味工业生产的乳状液的典型配方　单位：%

原料	乳状液类型		
	饮料型	混浊型	焙烤型
黄原胶	—	—	0.70
阿拉伯胶	9.45	25	2
柑橘精油	4	10	10.8
苯甲酸钠	—	—	0.2
柠檬酸	—	—	0.39
溴化植物油	0.5	0.45	—
松香酸甘油酯	3.3	5	—
丙二醇	9.45	—	—
水	73.3	59.55	85.91

饮料和混浊乳状液中会不同程度地发生上浮、聚结、絮凝以及奥斯特瓦尔德熟化等现象。工业生产中瓶装软饮料最常见的上浮现象是出现油圈，这是因为风味乳状液从苏打水中分离出来，然后浮到液体表面，呈白色乳脂状或在瓶颈处出现油圈。聚结作用是指分散的小液滴在聚集过程中邻近液滴的壁膜破裂合并成大液滴，这会减少液滴的数量，上浮加剧，导致乳状液破坏。絮凝是在分散相的油滴聚集成簇但没有合并的情况下发生。这些聚集物的行为就像一个大的液滴，导致上浮加速。在乳状液浓缩物中，当有絮凝现象出现时，可以观察到黏度增加。在软饮料体系中，小液滴浓度非常低，絮凝作用一般其可逆的。奥斯特瓦尔德熟化可定义为可溶性分散相通过分散介质大量迁移，由小液滴不断聚集成大液滴的过程。只有当分散相很少量溶解在连续相中时奥斯特瓦尔德熟化才可以忽略。由于香精油总有一部分是溶解于水的，因此饮料乳状液易于发生奥斯特瓦尔德熟化。

（二）焙烤用乳状液

焙烤用的乳状液是黏性非常大的微乳，主要由风味物质、阿拉伯胶、黄原胶、丙二醇和水组成。胶的数量和比例根据稳定乳状液所需的黏度而定。黏性有利于风味物质与面团或饼馅的结合。丙二醇作为微生物防腐剂添加。由于在最后阶段使用，因此乳状液的稳定性不存在多大问题。

第三节　风味物质的干燥加工与稳定化

一、概述

在食品工业中需要干燥形式的风味物质，这种风味物质一般通过涂层或干燥加工方式生产。涂层是把调味物质喷涂到可食用食品配料上，如糖、盐、乳清。通过干燥可以生产风味物质均匀分布在载体基质中的粉末微粒。这些加工过程都是为了使液态的风味物质转化成便于处理的固体形式。尤其对于使用之前需要储存很长时间的风味物质来说，做成微胶囊状能起到更好的保护作用。

风味微胶囊化的作用是：

（1）抑制风味的挥发损失风味物的组成成分有几十种，甚至上百种，许多组分挥发性极高，各种组分的挥发性差异大。组分的挥发不仅造成风味的挥发损失，而且由于某些组分的挥发改变了风味的组成，从而使风味香韵失真。通过微胶囊化，风味由于囊壁的保护作用，挥发损失受到抑制，香气保留完整，从而提高了风味储藏和使用的稳定性。

（2）保护敏感成分微胶囊化可使风味物免受外界不良因素，如光、氧气、温度、混度、pH 的影响，大幅提高了耐氧、耐光、耐热的能力，增强稳定性。如微胶囊化可避免橘油中的萜烯氧化导致的风味变质。微胶囊化提高了风味的耐热性，从而增加其在糖果、焙烤食品、膨化食品等中的稳定性。

（3）控制释放作用微胶囊化可使风味达到控制释放效果，使风味物质在加工的适当时候释放（如制作曲奇时的热释放）或者是在消费过程中释放出来（如在口腔中通过物理破碎或湿润后释放）；在酸性或碱性条件下释放、高温释放以及缓慢释放等。典型的例子就是口香糖中使用微胶囊化香精，使产品香气持久。

（4）避免风味成分与其他食品成分反应微胶囊化可将风味物中的某些活性成分保护起来，从而避免与其他食品成分反应。如避免香精中一些不饱和的醛类成分和食品中的蛋白质反应，影响食品的风味和口感。

（5）改变风味常温物理形态微胶囊化能将常温为液体或半固体的香精香料转变为自由流动的粉末，使其易于与其他配料混合，也有利于提高水不溶性香精在液体食品中的分散稳定性。

冲饮食品的发展，就是利用高技术制备的食品配料，特别是微胶囊化香精，不断地开发出优于传统的新产品。冲饮食品特别是谷物食品，使用微胶囊化香精可增加食品的香气和食欲；增强加工过程中产生的香气，如增强麦片和玉米片的麦香和焦香；弥补加工损失的香气以及修饰食品香气。

焙烤食品在焙烤过程中，直接使用粉末香精或精油、油树脂，由于水分的蒸发会带走部分香料，同时香料在高温下会过度逸散或发生变化，使焙烤食品在货架期内风味或口感不足。当在焙烤食品中添加微胶囊化的风味料后，可以减少加工过程中的风味损失，使其在货架期内具有浓郁的风味，食品入口后，在唾液作用下微胶囊中的调味成分溶出，保证产品良好的口感。目前在葱香饼干、茶风味饼干等不同风味的饼干加工中，很多都是采用微胶囊化调味香料。如肉桂醛可以赋予面包良好的风味，但是其能抑制酵母菌的生长，如果在面团中直接加入肉桂精油或肉桂醛香精，就会影响面包前期醒发阶段，若采用微胶囊化的精油或香精，可以避免面包制作前期肉桂醛与酵母菌接触，在焙烤过程中，高温使肉桂醛从微胶囊中逸出，赋予食品良好的风味。在煎炸前，需要在食品外表涂附一层风味物在整个煎炸过程中由于水分的快速蒸发，香料中的挥发性成分损失较多，目前国外已在煎炸食品应用微胶囊化香料，使香味物质有所释放，同时大部分呈味成分仍保留在食品中。

食品原料在挤压机内经高温高压处理时，食品水分迅速蒸发，调味香料的挥发性成分也会随之损失，当在膨化食品中加入微胶囊化风味料，则会获得满意的效果。并能在较长储存期内，保持食品浓郁的风味。汤粉食品中的风味物多用香辛料，忽、姜、蒜、肉桂、茴香等，在生产中采用微胶囊化香料，可避免风味物质在储藏过程中的损失，又可使其溶于水时，风味物质迅速释胶出来。

微胶囊化在商业实践中应用主要经历以下过程：喷雾干燥、喷雾冷却、冷冻干燥、液化床涂层、挤压、凝聚、重结晶和分子包合。在这些过程当中，除了分子包合其他都是大型加工过程。经过加工的颗粒直径在3～800μm。在某些情况下，微粒由分散在连续基体的微滴核心构成；而在另些情况下，核心是连续的，并且被基体包裹。分子包合则发生在分子水平上，单个风味分子被包裹在携带单个分子的空洞孔隙中（最常见的是环糊精）。

二、填充或涂层风味物

最简单的生产干风味物的方法是将液体风味物填充或涂到可食用基料上。根据最终的用途，这种可食用基料可以是盐、糖、硅酸盐、干乳清、多孔淀粉等。例如，经常会看到香肠生产者在盐上加精油和油树脂，风味物质和盐混合后在生产时加入香肠内，而面包师会选择在糖上涂一层香兰素。

这种生产干风味物方法的主要优势是成本低。基本目的是确保不溶性风味物质能均匀地分散在食品中，并且方便称重，因为风味油已经被载体稀释。最大的缺点是风味很少或没有载体的保护。如果储存过长，风味物质能够从产品或包装中蒸发与空气接触发生氧化。风味载量局限在2%~7%（质量分数），因为更高的载量可能使黏度变大而不能自由流动。

上述限制对于应用硅酸盐时是个例外。硅酸盐能够吸收几乎等质量的风味物并保持自由流动的粉末。而且一旦风味物质被硅酸盐吸附就能保持相当的稳定性，避免蒸发失重和被氧化。不同的二氧化硅（SiO_2）在防止蒸发和氧化方面存在很大差异。Syloid 74、Syloid 244 和 Sylox 15 的风味存留和风味稳定（抗氧化）效果较好，而 Sylox 2 和 Syloid 63 的效果较差，前者风味保留能力差，后者柠檬烯氧化非常快。二氧化硅的防氧化能力取决于二氧化硅的类型。二氧化硅的物理和化学性质的差异对防氧化作用有重要的影响。与传统的风味载体相比较，无定形二氧化硅（Syloid 74、Syloid 244 和 Sylox 15）在涂层加工过程中是更有效的风味载体。

传统载体（盐、糖、碳水化合物）中风味物质的损失主要由于简单蒸发作用，而无定形二氧化硅对风味化合物的吸附和保留却复杂得多。总体上来说，低分子质量的风味化合物更容易挥发。极性风味化合物和具有未成对电子的化合物与二氧化硅的表面作用力强，因此保留效果比非极性化合物好。风味物质的保留还取决于二氧化硅的风味载量，因此存在一个理想风味保留的最适载量。

三、食用香料香精微胶囊的制备

微胶囊技术是指利用天然的或人工合成的高分子化合物壁材将芯材连续地、完全地包覆起来形成固体颗粒，是一种控制释放或保护活性物质的有效方法。微胶囊技术的目的在于隔离两相物质，控制释放速率。目前用于精油微胶囊包埋的壁材主要有糖类、蛋白质类、脂类、胶质和纤维素等。

（一）环糊精

β-环糊精（β-CD）分子外形呈截锥状，分子中每个葡萄糖单元采取未扭曲椅式构象，作为吡喃葡萄糖单元$^4C1$构象结果，β-环糊精分子中所有伯羟基均坐落于环的一侧，即葡萄糖单元 6 位羟基构成环糊精截锥状结构主面（较窄端），而所有仲羟基坐落于环的另一侧，即 2 位和 3 位羟基构成环糊精截锥状结构次面

(较阔面)。环糊精内壁由指向空腔 C3 和 C5 上的氢原子及糖苷键氧原子构成,使其空腔内部有较高电子云密度,表现出一定疏水性;环糊精次面仲羟基则使其大口端和外壁表现为亲水性。另外,由于 6 位亚甲基存在,使其主面也表现出一定疏水性。即具有“内腔疏水,外壁亲水”的特殊性质,并在外形上呈“截顶圆锥”状。环糊精无毒无害,能作为“宿主”包络各种“客体”化合物,形成特殊的分子级包络物,因此,包结络合法是合成环糊精纳微胶囊最常用的一类方法。另外还可采用喷雾干燥法、冷冻干燥法、沉淀法等方法制备环糊精为壁材的微胶囊。

环糊精包合法的优点在于:①在干燥状态下产品非常稳定,达 200℃时微胶囊分解;②产品具有良好的流动性;③良好的结晶性与不吸湿性;④可节省包装和储存费用;⑤无需特殊设备,成本低。不足之处:①包络量低,一般为 9%~14 %;②要求芯材分子颗粒大小一定,以适应疏水性中心的空间位置,而且必须是非极性分子,这大限制了该法的应用;③对于水溶性香精的包理效果较差。

关于环糊精用作风味物质胶囊化的研究很多。如 β-环糊精用于人工合成风合,发现小分子物质的保留量很少,失去小分子挥发性风味物质特有的新鲜、飘逸的香部将使风味的平衡被打破;在双螺杆挤压加工中添加环糊精包合型风味物质,可制海的和向质的保留量;研究牙膏中风味物质的释放时,发现环糊精包合型柠檬醛加水缓慢释放,但可以通过添加表面活性剂如月桂酸硫酸酯加快释放速率;在环糊精存在时,水溶液中烯丙基异硫氰酸酯的分解受到抑制。

将一定量的 β-环糊精配成饱和水溶液,再加入一定量的芯材(柠檬醛或紫罗兰酮),室温下磁力搅拌 4h,静置过滤,用温水、丙酮各洗涤沉淀 2 次,以分别除去残留的壁材和芯材,干燥后制得白色的微胶囊粉末。也可以预先将一定量的芯材溶解在尽可能少的丙酮中,再将 β-环糊精饱和水溶液缓慢加入上述溶液中,室温下磁力搅拌 4h,静置过滤,用温水、丙酮各洗涤两次后干燥制备香精微胶囊。

(二)麦芽糊精

麦芽糊精(MD)是一类葡萄糖当量小于 20 的酸水解淀粉产物,具有生产成本低、味道和香气呈中性、氧化稳定性良好和高浓度下的黏度低等优点,可用于包覆天然色素和天然提取物。但 MD 对油性物质保留率低,成膜能力差,将 MD 与蛋白质或其他乳化性能良好的碳水化合物如阿拉伯胶、变性淀粉等混合,用来包埋目标物质,可显著提高其应用效果。在采用喷雾干燥法制备 MD 为壁材的微胶囊的过程中,壁材类型、芯材和壁材的比例、热空气进出温度和速率等因素都可能会影响微胶囊的形态。如 Li 等采用喷雾干燥法以阿拉伯胶和 MD 为壁材制备了桂花香精微胶囊,该胶囊呈球形,但喷雾干燥过程中的高温(180℃)导致了微胶囊表面的凹陷。

（三）壳聚糖

壳聚糖是由储量丰富的甲壳素经脱乙酰化反应得到的直链阳离子聚合物。壳聚糖具备生物相容性、微生物可降解性、安全、无毒等诸多优点，能与阴离子聚电解质发生络合反应形成高分子半透膜，被广泛应用作包覆壁材。研究过程中采用电子鼻对纳米香精胶囊的香气缓释性进行测试，通过香气雷达图分析，普通香精在80℃下加热30min后香气损失严重，而纳米香精胶囊在同样的条件下其香气强度和香型变化甚微。然而壳聚糖只能在酸性溶液中溶解，严重限制了纳米香精胶囊的应用范围。近年来，科研工作者们通过壳聚糖的氨基引入羧酸基、二羟乙基、硫基等亲水基团对其进行改性，来改善其溶解性问题。Casanova等采用喷雾干燥法以壳聚糖和羧酸改性壳聚糖为壁材包覆迷迭香酸，得到了粒径为4.2μm和7.7μm的迷迭香酸微胶囊。从SEM电镜图中可以发现羧酸改性壳聚糖制备的微胶囊较壳聚糖更加光滑，且试验证明该改性壳聚糖胶囊在油相体系拥有更好的缓释效果。

（四）乳清蛋白

乳清蛋白是一种从牛乳中提取的蛋白质，含有α-乳清蛋白、β-乳球蛋白、免疫球蛋白和多种活性成分。乳清蛋白主要分为浓缩乳清蛋白（WPC）和分离乳清蛋白（WPI），乳清蛋白制备微胶囊是通过α-乳清蛋白、β-乳球蛋白和挥发性化合物之间的相互作用来实现，当蛋白质变性时，自由的二硫基能够形成稳定的三维网络状聚集体或薄膜来完成包覆。

随着技术的发展，一些新兴的方案应用于蛋白胶囊的制备：

（1）喷雾冷冻干燥法既解决了喷雾干燥易使不饱和脂肪酸油脂酸败的问题，又改善了冷冻干燥制备时间长的缺点，是一种有潜力的微胶囊合成方法。制备过程主要包括喷雾冷冻和冷冻干燥两个步骤。Hundre等采用该方法以β-环糊精和WPI为壁材制备了香兰素微胶囊，当β-环糊精和WPI比例为1∶1时，香兰素微胶囊平均粒径最小（24.76μm），球形表面有许多小孔，具有良好的复水性（干制后重新吸水的程度）。

（2）还可将乳化蒸发技术结合喷雾干燥法用于微胶囊制备。Shah等采用该方法以WPI和麦芽糊精为壁材制备了麝香草酚胶囊，粒径达到纳米级别，包覆率为51.4%。

（3）研究人员还将超声波法应用于香精包覆，Tzhayik等利用超氧自由基空化过程使蛋白质之间交联成膜进行包覆，制备了一种纯芳香精油纳米胶囊，包覆率高达97%。

大豆分离蛋白（SPI）是以低变性脱脂大豆粉或浓缩大豆蛋白为原料，经酸碱等一系列处理后得到的组分较单一的蛋白质，价格便宜，且具有凝胶性。徐真真等采用复凝聚法以 SPI 和壳聚糖为壁材制备了辣椒红色素纳米胶囊。

玉米醇溶蛋白（Zein）易溶于 80%~92%的乙醇或 70%~80%（体积分数）的丙酮中，在溶剂蒸发之后形成一种透明、有光泽的薄膜。该膜具有防潮、隔氧、抗紫外线、保香、阻油、防静电等特性。Zein 来源广泛，价格便宜，在食品、香料香精等方面的缓释包覆有非常大的潜力。

其壁材的选择对微胶囊功能特性具有主要决定作用，不同壁材在很大程度上决定着产品的理化性质。林玉环等利用不同壁材对薰衣草精油进行微胶囊化，结果显示大豆分离蛋白、β-环糊精和麦芽糊精的薰衣草精油包埋率分别为 64.40%、43.95%和 60.84%，大豆分离蛋白的包埋效果最佳。刘双双等分别以β-环糊精、麦芽糊精、辛烯基琥珀酸淀粉钠、酪蛋白为壁材对香兰草精油进行微胶囊化，综合所有指标，对比其他三种微胶囊产品，辛烯基琥珀酸淀粉钠是制备香草兰精油微胶囊的最佳壁材。由此可见不同壁材及不同芯材形成的微胶囊产品差异显著。

乳清分离蛋白、大豆分离蛋白等天然植物蛋白具有很好的成膜性和乳化性，乳清分离蛋白同时具有很好的抗氧化性。近年来，国内外已有相关研究证明此类天然植物蛋白非常适合用于微胶囊包埋壁材，但在此领域并未被广泛应用。林蔚婷等利用乳清分离蛋白作为抗氧化型包埋壁材制备番茄红素微胶囊，结果表明乳清分离蛋白壁材能够有效保护芯材成分，提高番茄红素微胶囊的储存稳定性；黄国清等利用大豆分离蛋白-壳聚糖复凝聚法制备大蒜油微胶囊，结果显示大蒜油微胶囊的包埋效率和产率最高分别达到了 69.20%和 64.77%，此法制备的大蒜油微胶囊具有典型的蒜香味，且大蒜油的刺激性气味有所降低。以上研究结果均表明乳清分离蛋白、大豆分离蛋白均可以作为包埋壁材应用于香精香料行业。

纳微胶囊技术在香料香精方面的应用可显著提高其稳定性和缓释性。然而目前香料香精胶囊大部分粒径只控制在微米级，并且包覆率较低，在实际应用过程中很难发挥更好的效果，现有的制备方法仍然只存于实验室阶段。提高包覆率，减小粒径以及壁材开发将是食用香料香精纳微胶囊研究的重点。壁材的选择也不再依靠单一的材料，复配的壁材在性能和成本上可能会更占优势。

第四节　香椿挥发性风味物质稳定性

香椿风味物质的稳定性差、生物利用率低等特点使得其应用受到很大限制，且香椿风味物质对热极为敏感，这增加了其在生产工业化中应用的难度。因此采用现代高新技术将香椿特征风味物质包埋起来，提高其水溶性和稳定性，对拓宽香椿特征风味物质的应用范围具有极其重要的意义。笔者课题组对提取得到的香椿精油进行全波长扫描，得到在290~310nm香椿精油具有最大吸收波长，并在309nm下制作香椿精油标准曲线，相关性达0.999%以上。分别以β-环糊精、麦芽糊精、乳清分离蛋白、大豆分离蛋白为壁材，对提取得到的香椿精油乙醇溶液进行包埋预实验，结果显示β-环糊精的包埋率较低，但包埋颗粒性均匀分散，表观特征良好，其他三种壁材的包埋效果有待进一步探究，四种壁材制备得到的香椿精油微胶囊缓释性能需要进一步探究和全面评价。

油脂具有的脂类疏水基团能将非极性或弱极性风味物质溶解在其中，对风味物质具有一定的包埋作用，以食用油为油质载体，采用油脂萃取工艺，使得脂溶性的风味成分能够较好保留。鉴于此，本课题基于油脂包埋技术和物质相似相容原理，对香椿风味组分进行油脂浸提、富集研究，制备了含硫风味油脂，同时探究风味油贮藏过程中，时间、温度、光照等因素对其稳定性的影响。为含硫类风味化合物的组分解析和体外稳定提供理论基础，同时为不同含硫化物在风味形成、后期调香技术应用等方面提供重要的技术支撑。

目前主要通过微乳化、微囊化技术以及纳米技术、固体分散技术等手段得到具有高度分散状态、优异的稳定性、良好的生物利用度等优势产品，取得了一定的成效。我国在风味物质的稳定性方面虽有了一些发展，但与国外相比仍处于起步阶段，在工艺条件及产品的稳定性、释放率等方面研究还不够深入，产品也较少，急需对该技术进行进一步深入研究。

参考文献

[1] Casanova F, Estevinho B N, Santos L. Preliminary studies of rosmarinic acid microencapsulation with chitosan and modified chitosan for topical delivery[J]. Powder Technology, 2016(297): 44-49.

[2] Estevinho B M, Rocha F A, Santos LM, et al. Using water-soluble chitosan for flavour microencapsulation in food industry[J]. Journal of Microencapsulation, 2013, 30(6): 571-579.

[3] Hundre S Y, Karthik P, Anandharamakrishnan C. Effect of whey protein isolate and beta-cyclodextrin wall systems on stability of microencapsulated vanillin by spray-freeze drying method[J]. Food Chemistry, 2015(174): 16-24.

[4] Li Y, Huang Y Q, Fan H F, et al. Heat-resistant sustained-release fragrance microcapsules[J]. Journal of Applied Polymer Science, 2014, 131(7): 2540-2547.

[5] Ribeiro A, Ruphuy G, Lopes J C, et al. Spray-drying microencapsulation of synergis-

tic antioxidant mushroom extracts and their use as functional food ingredients [J]. Food Chemistry,2015(188): 612-618.

[6] Shah B, Ikeda S, Michael Davidson P, et al. Nanodispersing thymol in whey protein isolate-maltodextrin conjugate capsules produced using the emulsion-evaporation technique[J]. Journal of Food Engineering,2012,113(1): 79-86.

[7] Tzhayik O, Cavaco-Paulo A, Gedanken A. Fragrance release profile from sonochemically prepared protein microsphere containers[J]. Ultrasonics Sonochemistry,2012, 19(4): 858-863.

[8] 何磊,胡静,肖作兵. 食用香料香精纳微胶囊的研究现状及发展趋势[J]. 食品工业,2017,38(10):260-264.

[9] 黄国清,肖军霞,仇宏伟. 大豆分离蛋白-壳聚糖复凝聚法制备大蒜油微胶囊的工艺研究[J]. 中国调味品,2014,39(8):46-50.

[10] 林蔚婷,贾承胜,夏书芹,等. 抗氧化型壁材包埋番茄红素微胶囊的研究[J]. 食品与生物技术学报,2018,37(1):50-57.

[11] 刘双双,那治国,徐飞,等. 壁材对香草兰精油微胶囊物性与释放特性的影响[J]. 食品科学,2019,40(3):129-134.

[12] 毛田野,余红伟,陆刚,等. 微胶囊技术应用及展望[J]. 弹性体,2018,28(2): 75-79.

[13] 夏延斌,迟玉杰,朱旗. 食品风味化学[M]. 北京:化学工业出版社,2007.

[14] 肖作兵,邵莹莹. 薄荷纳米香精的制备技术研究[J]. 香料香精化妆品,2008(3): 44-48.

[15] 徐真真,肖军霞,黄国清,等. 复凝聚辣椒红色素微胶囊酶法固化工艺的研究[J]. 中国食品添加剂,2015(12): 135-139.

[16] 张晓鸣,夏书芹,贾承胜,等. 食品风味化学[M]. 北京:中国轻工业出版社,2017.

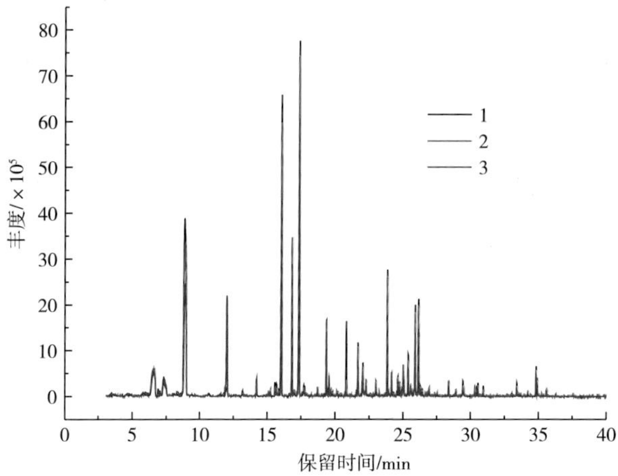

图 2-4　精密性实验的总离子流图

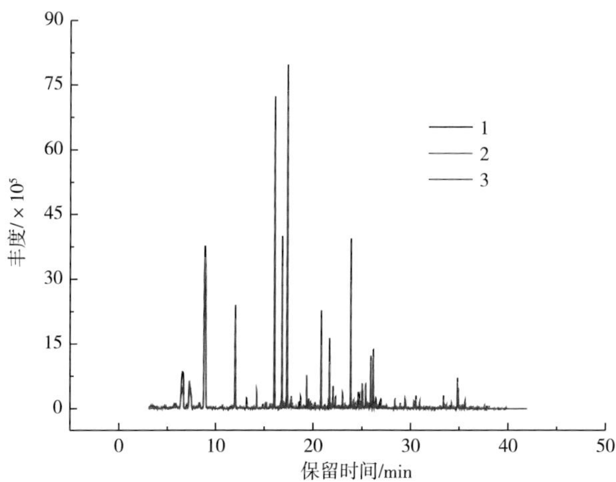

图 2-5　稳定性实验的总离子流图

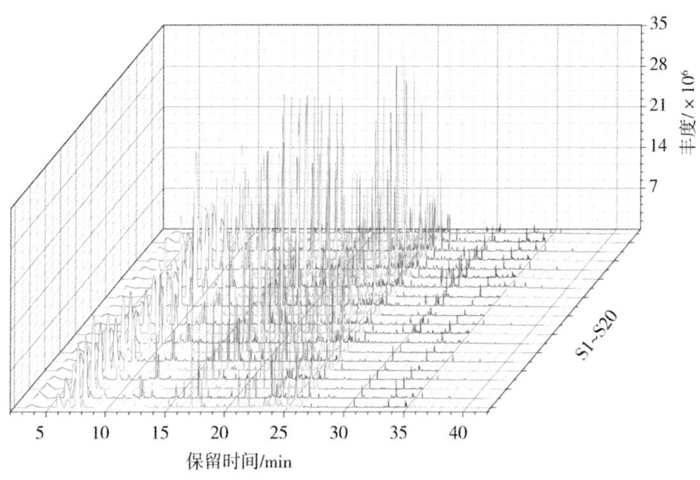

图 2-7　20 个香椿样品的总离子流图

注：图 4-3、图 5-2、图 6-9、图 6-18 卧排于图 6-17 后方。

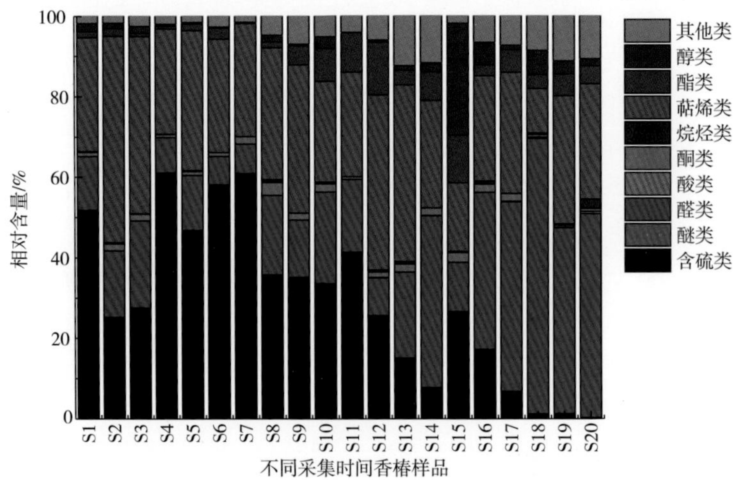

图 3-1　整个生长期香椿香气成分种类及其相对含量

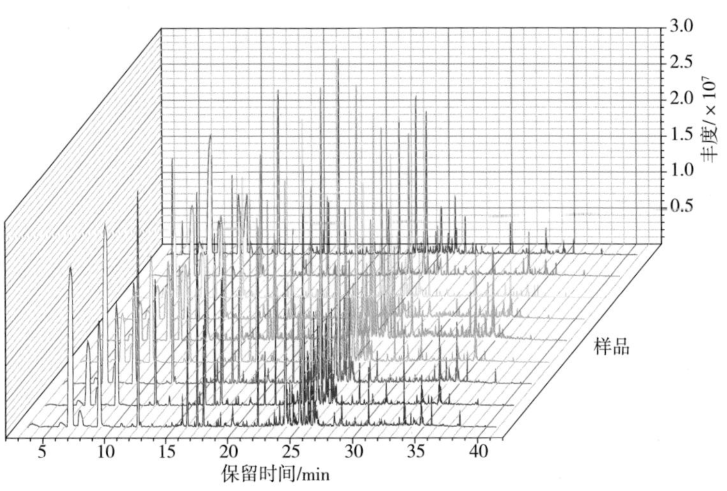

图 3-5　不同栽培环境香椿挥发性成分的总离子流图

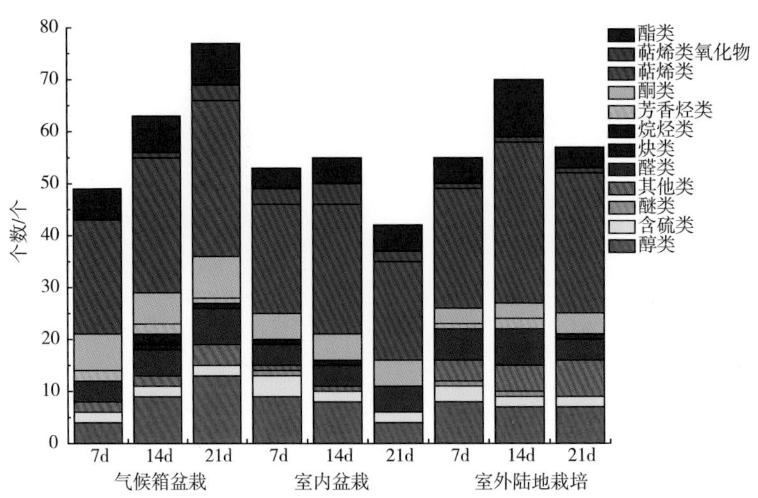

图 3-6　不同栽培环境香椿的挥发性成分数量变化

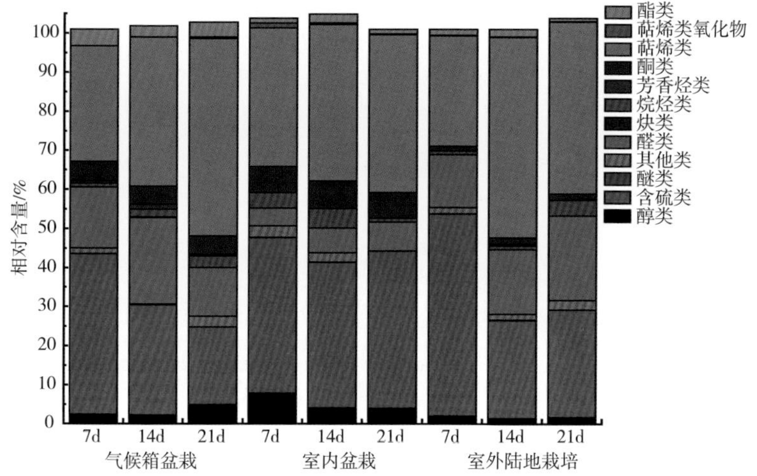

图 3-7　不同栽培环境香椿挥发性成分相对含量变化

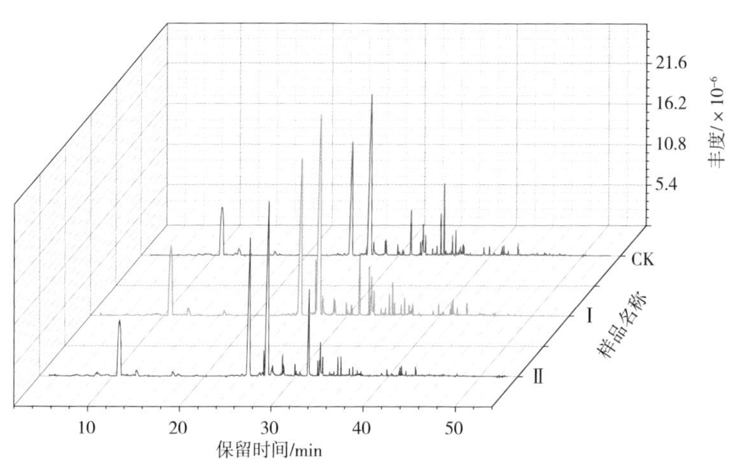

图 3-10　光强胁迫前后香椿中挥发性化合物的总离子流图

注：Ⅰ：弱光；Ⅱ：强光；CK：对照组。

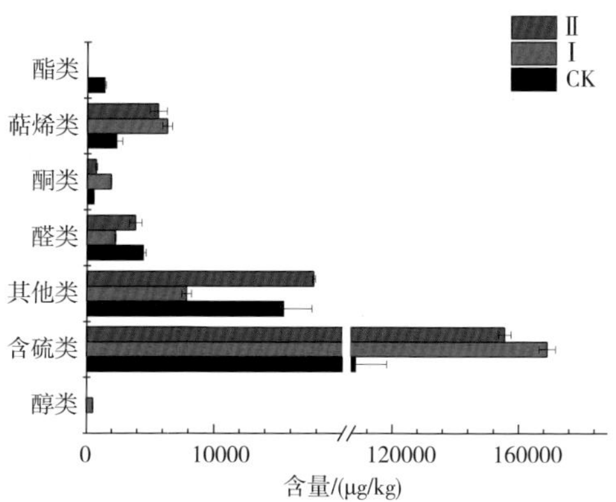

图 3-11　不同光强诱导胁迫处理 7d 后香椿中挥发性化合物含量变化

注：Ⅰ：弱光；Ⅱ：强光；CK：对照组。

Ⅱ
Ⅰ
CK
2,4-二甲基噻吩
3,4-二甲基噻吩
反-2-乙基-3-甲基噻吩
3,5-二乙基-1,2,4-三硫杂环戊烷
烯丙基二硫代丙酸酯
二烯丙基硫醚
环八硫
2-巯基-3,4-二甲基-2,3-二氢噻吩
1-丙烯基（2,4-二甲基噻吩-5-基）二硫醚
0
1000
40000
80000
120000
含量/(μg/kg)

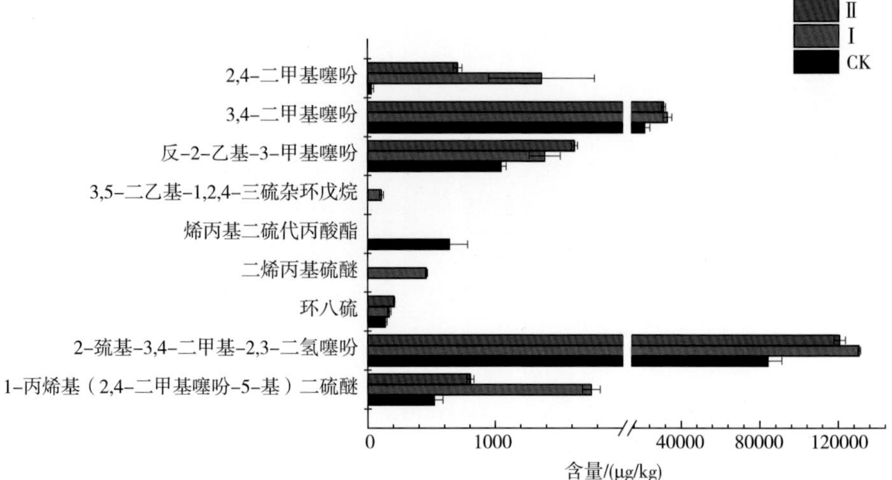

图 3-12　不同光强诱导胁迫处理 7d 后香椿特征含硫类物质含量变化

注：Ⅰ：弱光；Ⅱ：强光；CK：对照组。

烯丙基二硫代丙酸酯
顺-3-己烯基丁酯
塞舌尔烯
蛇床烯
6-甲基-5-庚烯-2-酮
雅榄蓝烯
（2π3π）-1-甲基-腊梅啶
2-己烯醛
1-丙烯基（2,4-二甲基噻吩-5-基）二硫醚
(-)-α-雪松烯
（E）-2-己烯醛
α-紫罗酮
二烯丙基硫醚
卡丁-1,4-二烯
3,5-二乙基-1,2,4-三硫杂环戊烷
罗汉柏烯-I3
2,4-二甲基噻吩
β-紫罗兰酮
（E）-石竹烯
3,4-二甲基噻吩
古巴烯
2-巯基-3,4-二甲基-2,3-二氢噻吩
β-榄香烯
愈创木烯
绿叶烯
γ-古芸烯
(-)-异丁香烯
α-律草烯
环八硫
（E）-2-乙基-3-甲基噻吩
β-环柠檬醛
1
0.5
0
-0.5
-1
CK
Ⅰ
Ⅱ

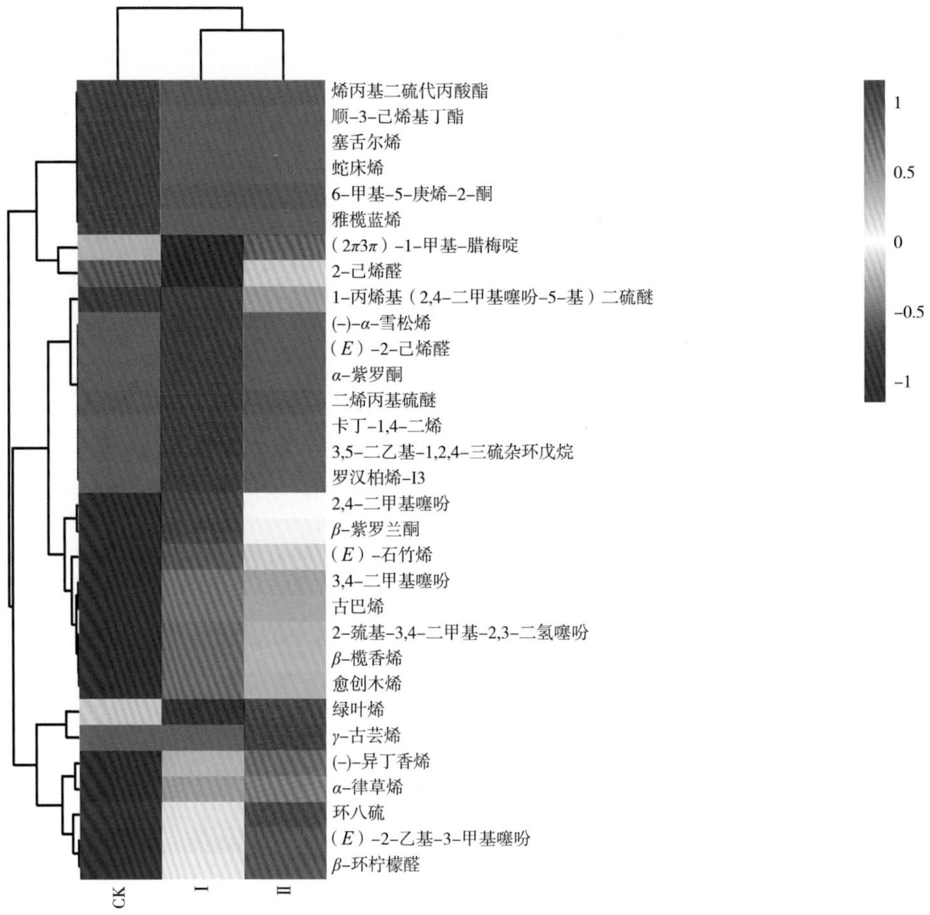

图 3-14　不同光强诱导胁迫处理 7d 后香椿挥发性成分含量变化的聚类分析热图

注：Ⅰ：弱光；Ⅱ：强光；CK：对照组。

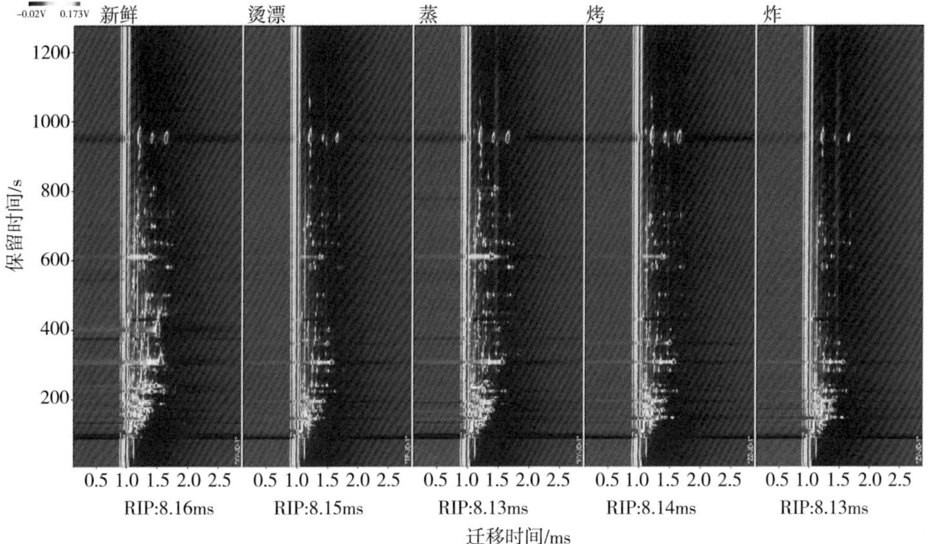

图 5-1 不同热处理的香椿样品挥发性成分的 GC-IMS 二维图谱

注：RIP：迁移时间。

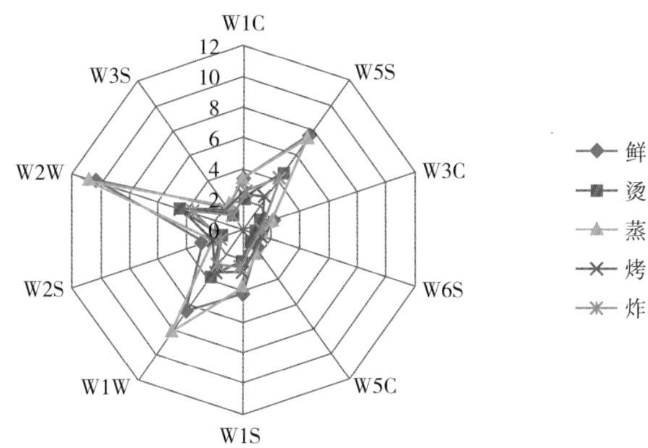

图 5-4 不同热处理香椿挥发性成分的电子鼻雷达图

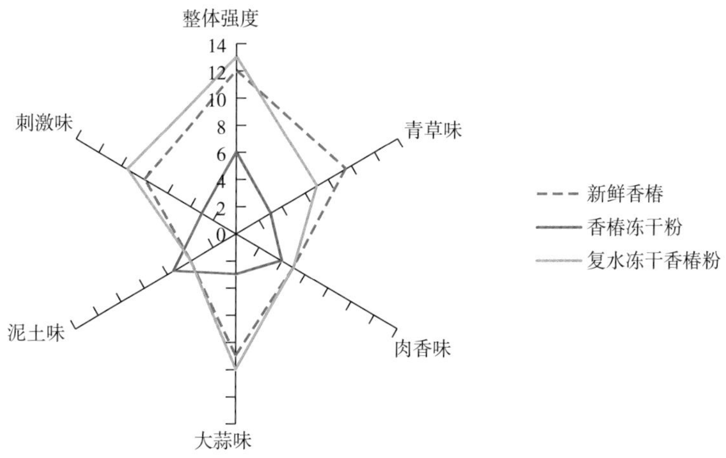

图 6-1 3 种香椿样品的感官评价

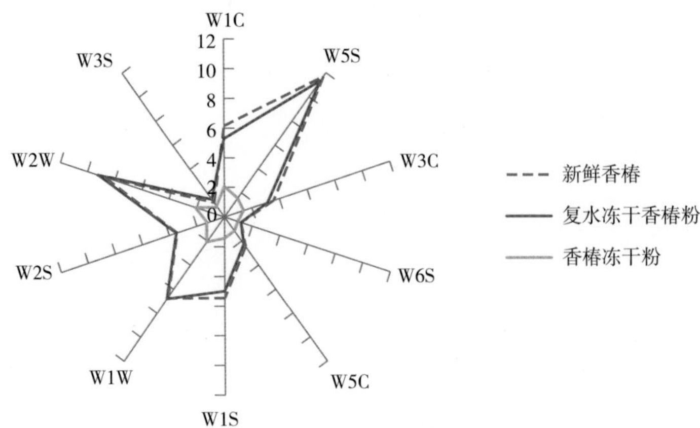

图 6-2　3 种香椿样品的电子鼻雷达图

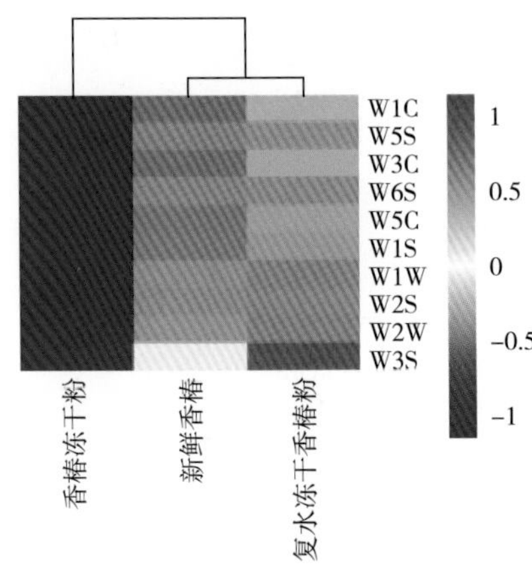

图 6-4　3 种香椿样品电子鼻响应值的聚类分析热图

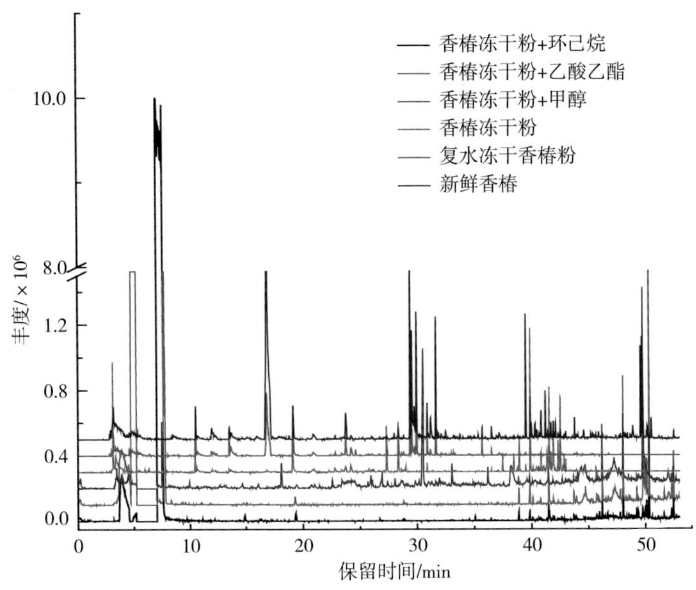

图 6-5　3 种香椿样品的总离子流图

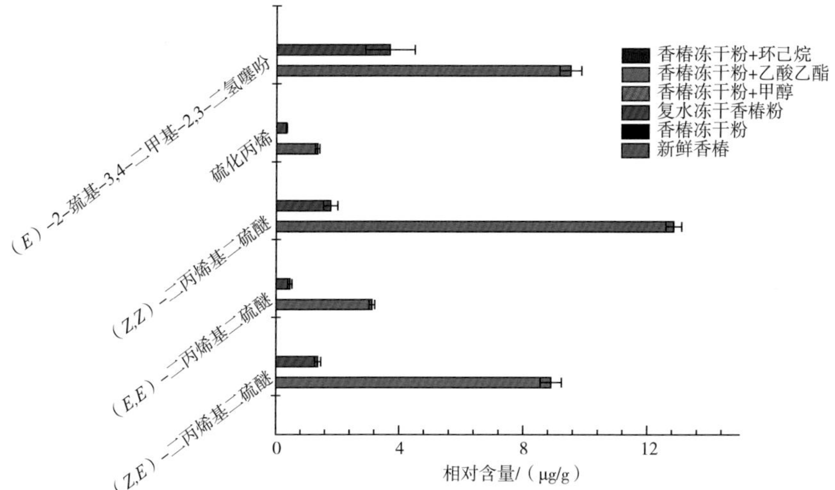

图 6-6 3 种香椿样品中特征含硫化合物的相对含量

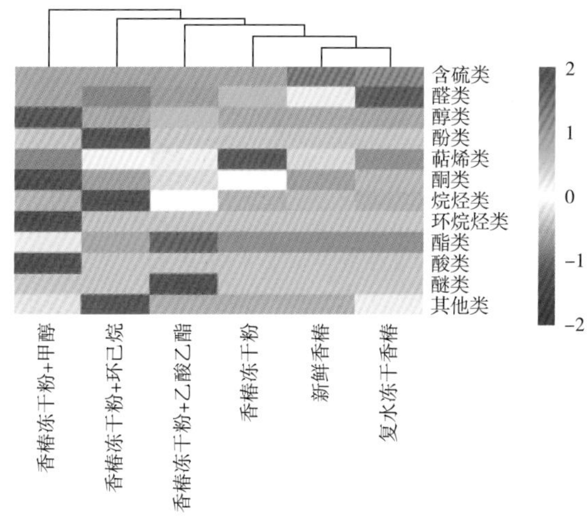

图 6-7 3 种香椿样品中挥发性物质的聚类分析热图

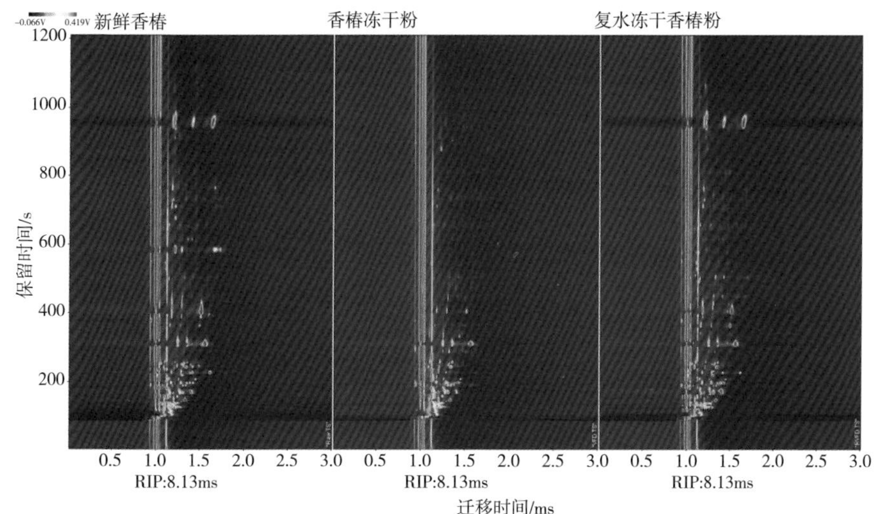

图 6-8 3 种香椿样品挥发性成分的 HS-GC-IMS 二维图谱

注：RIP：迁移时间。

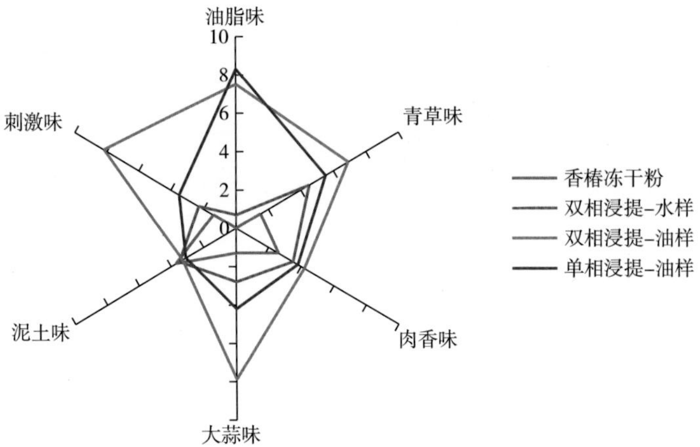

图 6-12　4 种样品的感官评价

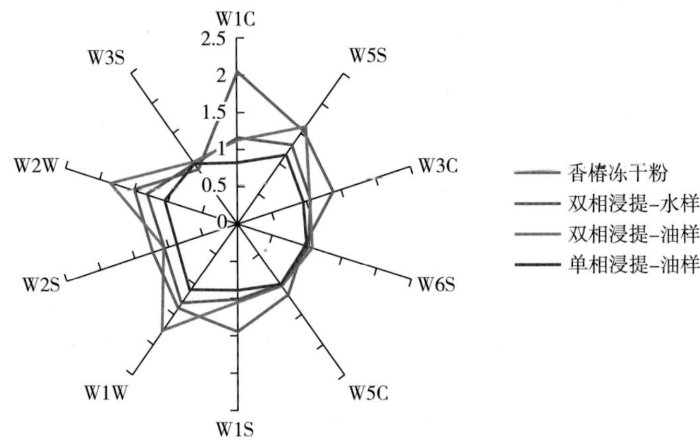

图 6-13　4 种样品的电子鼻雷达图

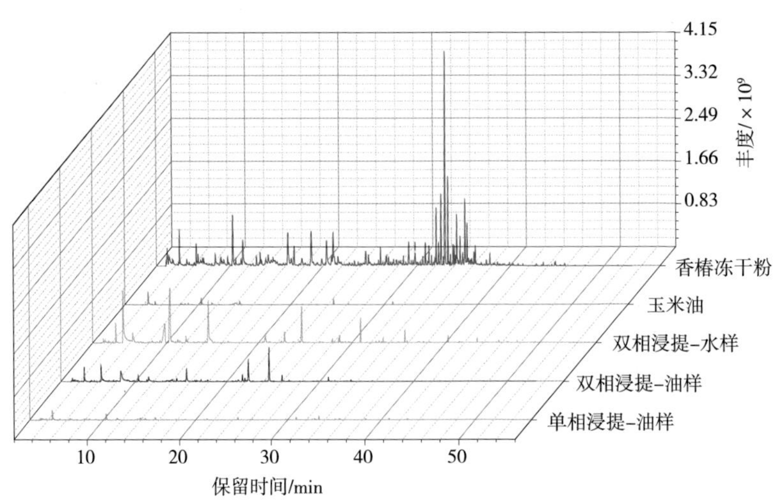

图 6-15　5 种样品挥发性成分的总离子流图

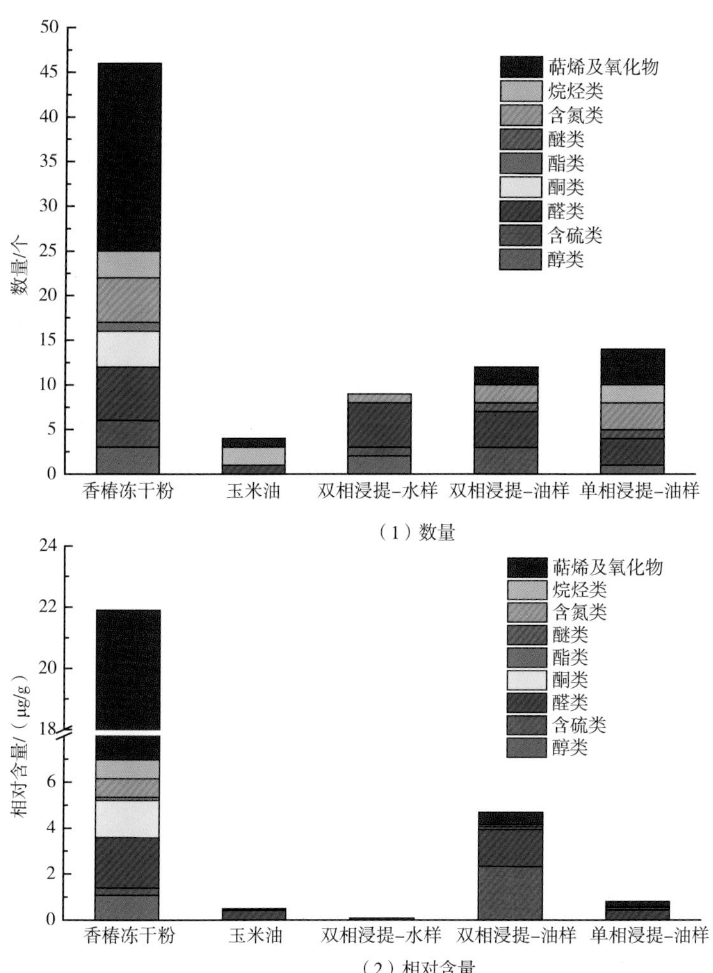

图 6-16　5 种样品挥发性化合物的数量和相对含量

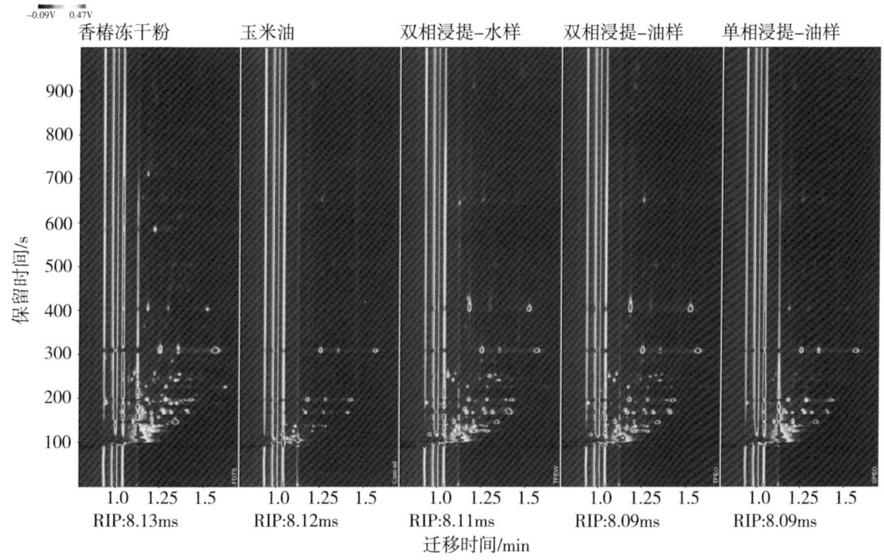

图 6-17　5 种样品挥发性化合物的 GC-IMS 二维图谱

注：RIP：迁移时间。

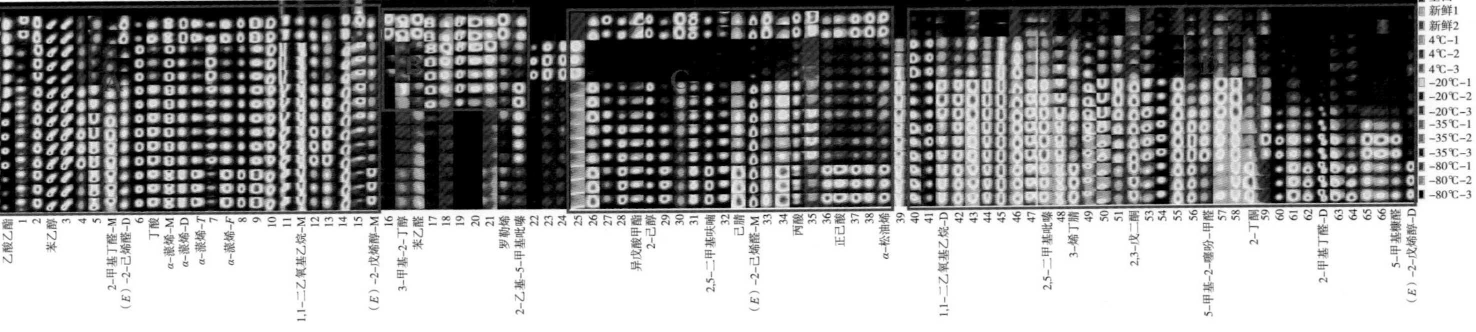

图4-3　不同低温处理的香椿样品挥发性成分的指纹图谱

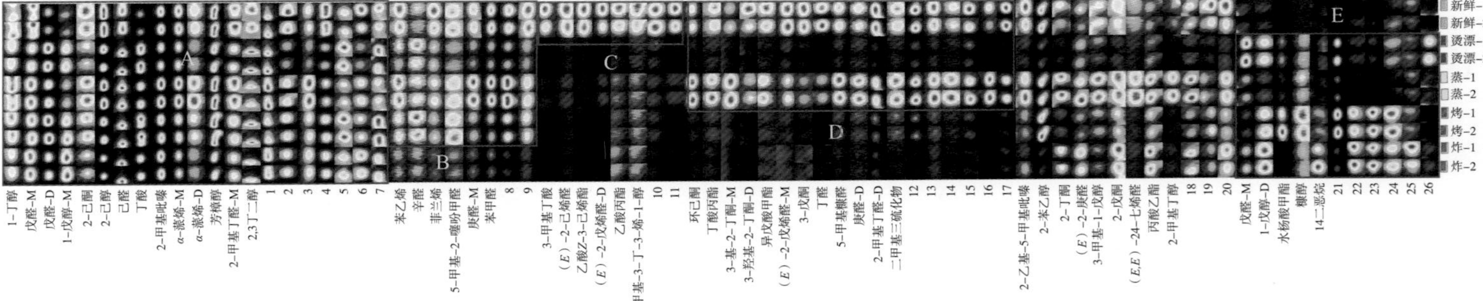

图5-2　GC-IMS检测下不同处理方式香椿样品挥发性成分的指纹图谱

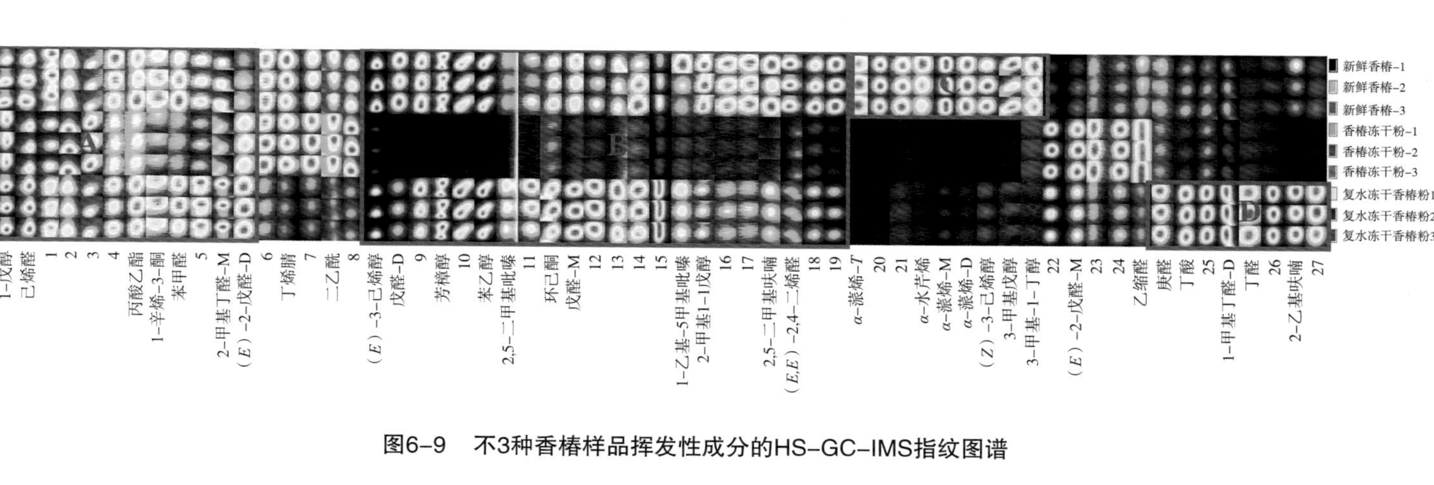

图6-9　不3种香椿样品挥发性成分的HS-GC-IMS指纹图谱

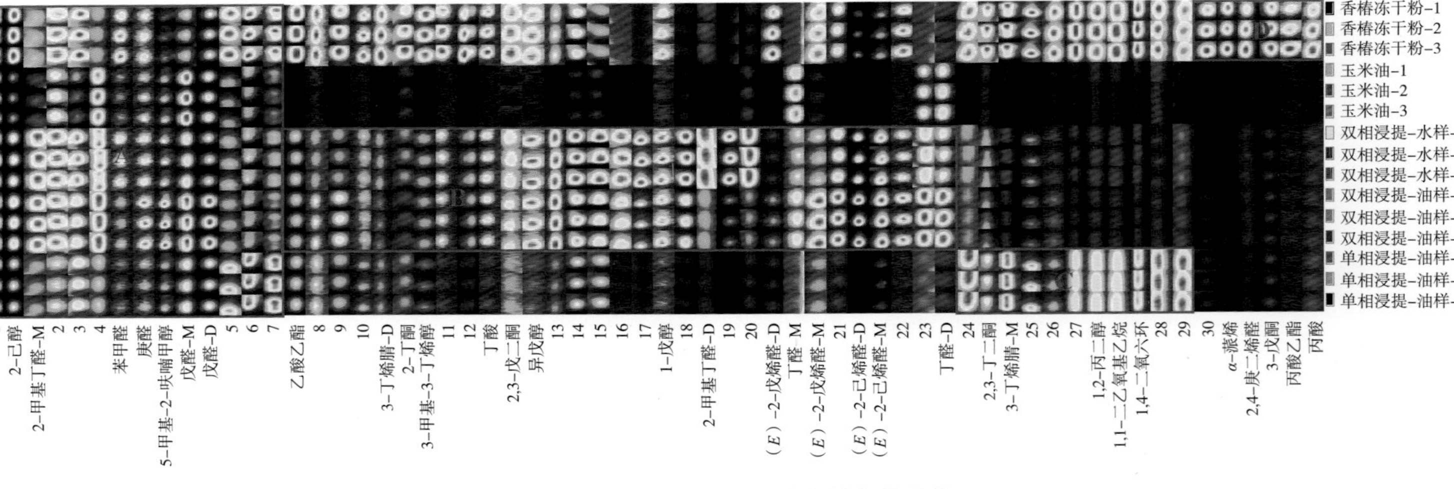

图6-18　5种样品挥发性化合物的指纹图谱